기초 PLC 제어

Basic PLC Control

김중배 저

북스힐

PREFACE

머리말

기계 분야를 전공한 학생들은 산업 현장에 진출해서 다양한 직무 분야에서 종사하고 있다. 특히 자동화와 관련된 포괄적인 분야에서 직무를 수행할 경우 담당하는 업무들은 시퀀스 제어 또는 PLC 제어와 연계되는 것이 일반적이다. 그러나 기계 분야를 전공하는 학생들은 시퀀스 제어 또는 PLC 제어를 생소한 분야로 인식하여 쉽게 접근하지 못하는 것이 현실이다.

이 교재의 목적은 기계 분야를 전공하는 학생들 또는 현장에서 기계 분야의 기술자로서 직무를 수행하고 있는 기술자들이 PLC 제어를 처음 접할 경우를 가정하여 PLC 제어에 대한 기초적인 지식을 전달하고 이를 통해 현장에서의 직무 수행에 도움을 줄 수 있도록 하는 것이다. 이 교재를 학습함에 있어서 사전에 릴레이 기반의 시퀀스 제어 또는 전기공학 등에 대한 기초 지식이 있으면 매우 효율적일 수 있다.

1장에서는 PLC의 하드웨어와 소프트웨어에 대한 개론적인 내용들을 설명하고 있는데 프로그램의 수행 방식, 입출력 접속, 릴레이 제어와의 비교 등에 대해서 서술하고 있다.

2장에서는 PLC 소프트웨어의 구조, 데이터 타입, 변수, 주소 등을 설명하고 있다. 특히 변수의 개념과 주소는 PLC 프로그램을 작성함에 있어서 매우 중요한 사항들이므로 정확하게 이해하고 사용할 수 있어야 한다.

3장에서는 PLC 프로그램 언어로서 가장 기본적이면서 널리 사용되는 언어인 LD의 기본 그래픽 요소, 릴레이 회로를 LD로 표현하는 방법 등에 대해 학습한다. 그리고 IEC 61131-3에 준해 LD를 작성할 수 있는 XG5000의 기본적인 사용법을 익히고 접점과 코일을 이용한 프로그램 작성과 시뮬레이션 방법에 대해 학습한다. 이 장을 학습하게 되면 접점과 코일을 사용한 기본적인 PLC 프로그램을 작성하고, 디버깅하고, 시뮬레이션할 수 있게 된다.

4장에서는 기본적인 펑션과 펑션 블록의 개념 및 사용 방법에 대해서 학습한다. 펑션과 펑션 블록을 활용하여 프로그램을 작성함으로써 실무적으로 근접한 프로그램을 작성할 수 있게 되며, 접점과 코일만으로 작성한 프로그램보다 다양한 기능을 구현할 수 있는 프로그램을 작성할 수 있다.

5장에서는 PLC 프로그램 언어의 하나인 SFC에 대해서 학습한다. SFC를 이용하여 복잡한 프로그램을 관리가 가능하고 필요한 기능을 구현하는 작은 프로그램 유닛으로 나누고, 이들 프로그램 유닛 사이의 제어 흐름을 구조적으로 나타내어 프로그램을 작성하게 된다.

6장에서는 LD를 체계적이고 쉽게 작성하기 위한 방법으로서 제어 동작을 플로 차트로 나타내고 이를 이용하여 LD를 작성하는 방법에 대해서 학습한다. 플로 차트를 이용한 LD 작성법에 익숙하게 되면 이를 응용하여 보다 효율적이고 진보된 LD를 작성할 수 있게 될 것이다.

이 교재를 통해 얻은 PLC 제어에 대한 지식으로 산업 현장의 기계기술자들이 각자의 업무 분야에서 소기의 성과를 거둘 수 있기를 바란다.

2017년 1월
저자 씀

CONTENTS

차 례

01
PLC 개요

PLC는 Programmable Logic Controller의 약자이며 프로그램이 가능한 논리회로 제어장치이다. 이러한 PLC는 컴퓨터와 같은 구조를 갖는 컨트롤러이며 산업 현장에서 시퀀스 제어, 논리연산, 산술연산, 타이머와 카운터 기능, 데이터 처리 등을 수행하기 위해서 사용된다.

PLC의 제어 로직은 컴퓨터를 이용하여 프로그램되며 주요 사용 언어는 LD(ladder diagram)와 같은 도식적 언어(graphical language)와 IL(instruction list), SFC(sequential function chart) 등이 있다.

이 장에서는 PLC의 개요에 대해서 살펴보고 앞으로 배우게 될 PLC의 프로그래밍 언어와 외부 기기와의 접속법 등에 대한 기본적인 지식을 학습하도록 한다. 또한 릴레이 회로와 LD의 관계, 릴레이 제어와 비교할 때 LD를 이용한 PLC 제어의 장점들에 대해 학습한다.

1.1 PLC

PLC는 Programmable Logic Controller의 약자이며 프로그램이 가능한 논리회로 제어장치이다. 실제적인 의미는 '릴레이 시퀀스 회로를 논리회로로 프로그래밍한 제어장치'라는 의미이다.

이러한 PLC는 컴퓨터와 같은 구조를 갖는 컨트롤러이며 산업 현장에서 시퀀스 제어, 논리연산, 산술연산, 타이머와 카운터 기능, 데이터 처리 등의 역할을 수행하기 위해서 사용된다. 또한 PLC의 구조는 컴퓨터와 동일하게 마이크로프로세서, 프로그램 메모리(RAM, EPROM), 입출력 모듈, 다른 시스템과 신호와 데이터를 주고받기 위한 통신 모듈 등으로 구성된다.

제어 로직은 컴퓨터를 이용하여 프로그램되며 주요 사용 언어는 LD(ladder diagram)와 같은 도식적 언어(graphical language)와 IL(instruction list), SFC(sequential function chart) 등이 있다. 일반적으로 이들 프로그램 언어는 입력에 대한 다양한 On/Off 값을 설정할 수 있으며 프로그램 실행 결과인 출력을 시뮬레이션할 수 있다.

프로그램 언어 중에서 가장 보편적으로 사용하는 언어는 LD인데 LD는 PLC 메모리에 저장되는 릴레이 회로 형태의 제어 프로그램이다. 이 LD는 제어 대상을 제어 목표에 맞게 제어할 수 있도록 사용자가 직접 작성하는 프로그램이다. 프로그램은 컴퓨터를 이용하여 작성하는 것이 일반적이며, 특히 노트북을 이용한 프로그램 작성 장치가 가장 보편적이다. 노트북의 장점은 휴대성과 기동성이 우수하여 현장에서의 작업에는 필수적이다.

프로그램의 작성, 시뮬레이션 및 디버깅, PLC에 프로그램 전송, 프로그램 실행 모니터링 등을 하기 위해서는 전용 소프트웨어가 필요한데, 예를 들면 LS산전의 경우 PLC 기종에 따라서 GMWIN, XG5000 등을 사용한다.

그림 1.1(a)는 PLC와 주변장치의 구성에 대한 개요도를 나타내고 있다. PLC만을 단독으로 사용한다는 것은 의미가 없다. PLC를 이용하여 어떤 대상을 제어함으로써 그 의미가 있다. 따라서 PLC와 제어 대상이 상호 연결되어 있어야 한다.

제어 대상은 매우 다양하다. 그림에서는 자동화 라인을 제어하기 위해서 6, 7번 신호 라인과 자동화 라인이 연결되어 있다. 그리고 12번의 AC 서보 모터를 제어하기 위해서 8번의 위치결정 모듈 입출력 신호 라인과 10번의 서보 드라이버가 연결되어 있다.

PLC로 제어를 하기 위해서는 프로그램을 작성해야 하는데 프로그램의 작성, 디버깅, 시뮬레이션 등을 수행할 수 있는 소프트웨어가 사용된다. 물론 이러한 소프트웨어는 컴퓨터에 설치되어 있으며 그림의 1번과 같이 일반적으로 노트북을 많이 사용한다.

그리고 사용의 편리성과 독자성을 확보하기 위해서 HMI(human machine interface) 장치가 사용된다. 이 HMI 장치는 그림의 2번에 해당한다. HMI의 모니터를 통해서 명령을 줄 수 있으며 제어가 진행되는 과정에서 각종 정보들을 모니터링할 수 있다.

PLC와 PC의 연결은 일반적으로 RS232C 통신(4번 라인) 또는 Ethernet 통신 방법을 사용하므로 원격지에서 프로그램을 다운로드 및 업로드할 수 있으며, 실시간으로 원격지에서 제어 상황을 PC의 모니터를 통해서 모니터링할 수 있다.

그림 1.1(b)에 서보 또는 스텝 모터를 사용한 1축 직선운동 유닛에 대한 개념도가 제시되어 있다. 테이블의 운동은 모터의 회전운동이 볼스크루와 볼너트에 의해서 직선운동으

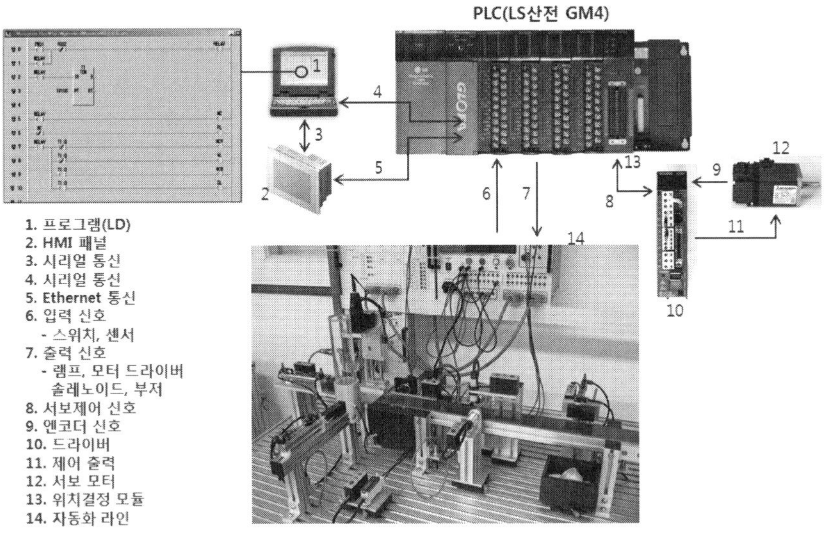

(a) PLC와 주변장치의 구성

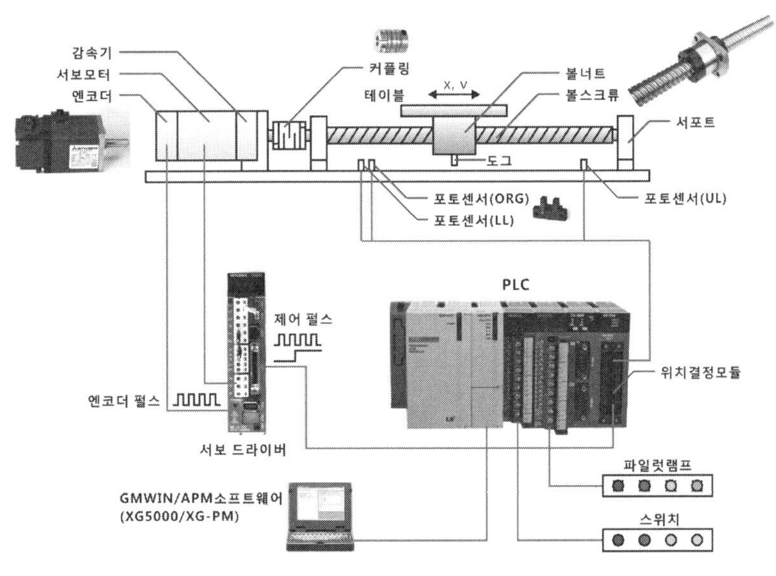

(b) PLC에 의한 1축 직선운동 유닛의 위치 제어

그림 1.1 PLC 제어 시스템의 예

로 변환되어 이루어진다. 모터는 토크를 증대시키기 위해서 필요한 경우 감속기를 사용하며 회전각 검출을 위한 엔코더와 함께 하나의 구조로 이루어진다. 모터의 축은 커플링에 의해서 볼스크루 축과 연결되고 테이블은 볼너트에 고정된다.

또한 테이블은 안정적인 직선운동과 외부하중에 대한 강성도 유지를 위해서 리니어 가이드로 지지된다. 테이블의 위치는 모터에 장착된 엔코더의 펄스 수를 직선변위로 환산하여 계산하는 것이 일반적이나 보다 정밀한 직선운동 제어를 위해서 리니어 스케일을 리니어 가이드 옆에 장착하여 직선변위를 직접 측정하기도 한다. 그리고 기준 위치 설정과 스트로크 리밋 설정을 위해 리밋 스위치 또는 포토 센서가 사용된다.

PLC로 제어하기 위해서는 PLC 기종에 따라서 제어용 프로그램을 GMWIN 또는 XG5000으로 작성하고, 위치결정 제어를 위한 운전정보 설정을 위해 APM 또는 XG-PM 등의 소프트웨어를 사용하여 위치결정 모듈 정보, 운전방법, 운전좌표, 운전속도 등의 정보를 설정한다.

PLC 제어 프로그램이 실행되면 위치결정 모듈로부터 드라이버로 위치 또는 속도 제어를 위한 펄스가 출력되며 드라이버는 이 펄스를 입력받아 모터를 직접 구동한다. 위치결정 모듈은 출력된 펄스의 수와 주파수를 엔코더 출력 펄스와 비교하여 목표대로 정확한 회전각과 회전속도를 확보할 수 있도록 피드백 제어를 수행한다.

PLC는 미국의 완성차 메이커인 GM(General Motors)이 개발하였는데, PLC가 개발되기 전까지는 자동차 제조와 관련된 제어회로, 시퀀스 회로, 안전을 위한 인터록 회로 등은 릴레이, 타이머, 독립된 폐회로 제어기 등을 이용하여 구성하였다. 그런데 매년 자동차 모델의 변경에 따라서 이러한 제어장치들을 업데이트시키는 과정은 시간적으로 그리고 인건비 측면에서 비용이 많이 드는 일이었다. 이에 따라서 1968년 GM의 오토매틱 트랜스미션 디비전에서는 릴레이 기반의 제어 시스템을 전자적으로 대체시키기 위한 요구사양을 관련 개발업체들에게 제시하였으며, Bedford Associate사는 요구사항에 부합하는 최초의 PLC인 '084'를 개발하게 되었다.

PLC는 다양한 산업 분야에서 많이 사용되고 있는데 그중에서도 자동차 산업은 PLC를 가장 많이 사용하는 분야 중의 하나이다. 그리고 반도체 제조산업, 포장산업, 물류산업 등 그 사용 분야는 대다수의 제조 및 설비 산업에 걸쳐 분포한다.

현재 전 세계의 많은 PLC 제조업체들이 다양한 모델의 PLC를 생산하고 있다. 우리나라에서 일반적으로 많이 사용되는 PLC의 메이커들은 우리나라의 LS산전, 일본의

Mitsubishi와 Omron, 미국의 Allen-Bradly, 독일의 Siemens 등을 들 수 있다.

PLC는 기존에 사용하던 제어반 내의 릴레이, 타이머, 카운터 등의 기능을 LSI(large scale integrated circuit), 트랜지스터 등의 반도체 소자로 대체시켜 기본적인 시퀀스 제어 기능에 소프트웨어에 의한 수치연산 기능을 추가함으로써 프로그램에 의한 제어를 가능하도록 하였으며, 이에 따라 자율성과 유연성이 높다.

PLC의 규격을 최초로 제정한 곳은 NEMA(national electrical manufacturers association)이며 NEMA에서는 PLC를 '디지털 또는 아날로그 입·출력 모듈을 통하여 로직, 시퀀싱, 타이밍, 카운팅, 연산과 같은 특수한 기능을 수행하기 위하여 프로그램 가능한 메모리를 사용하고 여러 종류의 기계나 프로세서를 제어하는 디지털 동작의 전자 장치'로 정의하고 있다.

1.2 국제규격 IEC 61131-3

국제전기표준회의(IEC: International Electrotechnical Commission)는 1993년에 산업용 컨트롤러의 프로그래밍 언어에 대한 국제규격을 최초로 제정하였다. IEC 61131은 Programmable Logic Controllers에 대한 국제규격이며 PLC 시스템의 요구사항들을 요약한 규격으로서 PLC의 하드웨어와 프로그래밍 시스템을 포함하고 있다.

이 규격의 Part 3인 'IEC 61131-3 Programming Languages'는 PLC 프로그래밍에 관한 유일한 표준규격이다. 이 규격은 기존에 사용 중이던 PLC 언어를 고려하고, 현대의 소프트웨어 개발방식과 같은 데이터 타입의 개념을 반영하여 다섯 종류의 언어를 표준화하고 있다. 즉, LD(Ladder Diagram), FBD(Function Block Diagram)와 같은 도식적 언어(Graphical Language), IL(Instruction List), ST(Structural Text)와 같은 텍스트 기반 언어(Textual Language), 그리고 SFC(Sequential Function Chart) 등이다.

주요 사항으로서는 프로그래밍 언어에 대한 규격으로서 프로그램의 표기 및 문법 등과 같은 프로그래밍 언어, PLC 및 프로그램의 구성요소, 변수의 정의 등을 표준화하고 있다. IEC 61131-3은 프로그래밍을 위한 가이드라인 성격이며 상세한 규격집은 아니다. 이러한 국제규격에 준해 시스템을 개발하거나 사용할 경우 다음과 같은 유리한 점들을 얻을 수 있다.

PLC 사용자는 다양한 메이커의 PLC 모델들을 사용한다. 이때 PLC 모델별로 사용자

교육이 필요하고 이에 따른 비용과 시간이 문제가 될 수 있다. 그러나 IEC 61131-3에 따른 PLC 시스템을 사용할 경우 각 메이커별 프로그래밍 시스템의 사용법과 PLC의 특징에 대한 교육만이 필요하게 된다. 따라서 PLC 프로그래머는 다양한 메이커의 PLC를 쉽게 사용할 수 있게 됨과 동시에 비용적인 측면에서 매우 유리하다. 그리고 IEC 규격의 PLC일지라도 애플리케이션 프로그램이 서로 다른 PLC 시스템에 대해서는 완전한 호환성을 기대할 수는 없지만, 언어 요소와 프로그램 구조는 상호 유사한 형태이므로 다른 시스템에 대한 프로그램 적용성을 높일 수 있다.

또한 PLC 메이커는 국제규격을 만족하는 소프트웨어의 개발에 공동으로 투자할 수 있어 원가 절감을 기할 수 있다. 즉, 프로그래밍 시스템의 기본 구조는 규격에 따라 결정되므로 하드웨어와 관련된 부분의 소프트웨어를 제외한 많은 부분을 기본적인 소프트웨어로서 공동으로 사용할 수 있다. 또한 공통적인 소프트웨어 규격을 도입함으로써 기술적 교류가 이루어질 수 있으며 소프트웨어 개발 기간의 단축과 개발에 따르는 리스크를 줄일 수 있다.

규격을 제정하는 위원회는 아니지만 PLCopen이라는 국제단체가 있다. 이 단체는 호환성 있는 PLC 소프트웨어의 개발과 사용을 촉진하기 위해 1992년에 설립된 국제단체이며 주요 구성원은 PLC 메이커, 소프트웨어 개발사, 시험연구기관 등이며 기술위원회와 프로모션위원회를 구성하여 활동하고 있다.

1.3 PLC의 종류 및 외형

PLC를 외형에 따라 분류하면 그림 1.2와 같이 블록형과 모듈형으로 구분할 수 있다.

블록형은 CPU와 입출력 단자가 일체로 되어 있으며, 입력단자와 출력단자에 각각 입력기기와 출력기기를 접속하고, 전원단자에 외부전원을 접속할 수 있다. 입출력 접점의 수가 부족할 경우 별도의 확장 입출력 유닛을 연결할 수 있는 구조로 되어 있다.

모듈형은 블록형과는 다르게 전원 모듈, CPU 모듈, 입력 모듈, 출력 모듈 등의 다양한 모듈을 제어에 필요한 만큼 선택한 후 베이스에 장착하여 사용할 수 있도록 되어 있다. 모듈의 종류는 기본적인 입출력 모듈 외에 통신 모듈, 위치결정 모듈, 온도제어 모듈, 고속카운터 모듈 등 다양하다.

베이스는 전원 모듈과 CPU 모듈 외에 모델별로 4, 6, 8, 12개의 모듈을 장착할 수 있

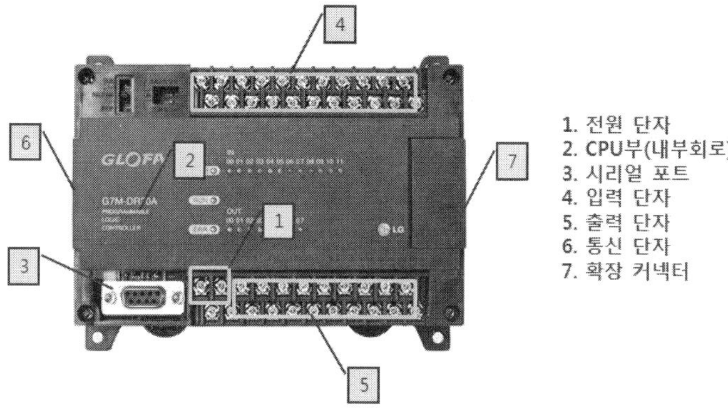

(a) 블록형 PLC, LS산전 GLOFA 시리즈 G7M

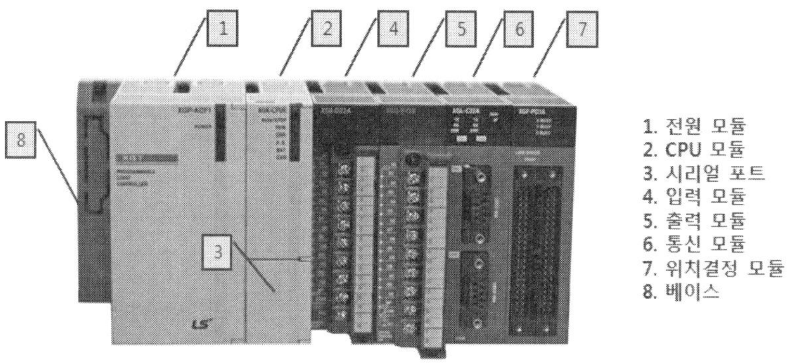

(b) 모듈형 PLC, LS산전 XGT 시리즈

그림 1.2 PLC의 종류별 각부 명칭

도록 슬롯이 있으며, 필요한 경우 추가적으로 베이스를 설치하여 사용할 수 있다.

1.4 PLC의 구조

(1) 전원부(전원 모듈)

전원부는 PLC의 기종에 따라 DC 24 V 또는 AC 220 V의 외부전원을 접속하여 사용하는 것이 일반적이다. 외부로부터 공급되는 교류 전원은 직류로 변환되어 CPU 회로, 입력회로, 출력회로, 통신회로 등에 필요한 전원으로 사용된다.

(2) CPU부(CPU 모듈)

중앙연산장치인 마이크로컴퓨터, 프로그램 메모리, 데이터 메모리, 시스템 메모리 등으로 구성되며 PLC의 두뇌에 해당한다. 사용되는 CPU에 따라서 프로그래밍 기능, 적용 로직의 종류, 메모리의 크기, 연산속도 등이 결정된다.

CPU 연산부는 메모리에 저장되어 있는 프로그램을 해독하여 프로그램을 매우 빠른 속도로 실행한다. CPU 메모리 소자의 종류는 ROM(read only memory)과 RAM(random access memory)의 두 종류이며, 프로그램 메모리에는 사용자가 작성한 프로그램이 저장되고, 데이터 메모리에는 입·출력 접점 상태, 타이머와 카운터의 접점 상태, 설정값 및 현재값 등의 정보가 저장된다. 시스템 메모리에는 OS(operating system)와 같은 시스템 프로그램이 저장된다.

(3) 프로그램용 통신 포트

PC 및 프로그램 콘솔을 접속하는 통신 포트이며 일반적으로 RS232C 시리얼 통신을 사용한다. 또한 RS422, Ethernet 등의 통신과 최근에는 USB에 의한 통신도 많이 사용되고 있다.

(4) 입력단자부(입력 모듈)

스위치 및 센서 등의 검출신호를 접속하기 위한 부분이며 1개의 입력단자를 독립적인 1비트의 입력신호로서 취급한다. 입력단자부는 단자대 형태 또는 커넥터 형태(접점이 많은 경우)로 되어 있다. 입력단자가 입력신호를 감지하면 입력단자부에 있는 입력 인디게이터의 LED가 점등된다.

(5) 출력단자부(출력 모듈)

램프, 릴레이, 솔레노이드 밸브 등을 제어하기 위한 신호를 출력하는 부분이다. 1개의 단자에 대해 독립적으로 1비트의 On/Off 제어 또는 다수의 단자에 대해 byte 또는 word 등의 단위로 제어를 할 수 있다. 출력단자부는 단자대 형태 또는 커넥터 형태로 되어 있다. 일반적으로 출력단자로 신호가 출력되면 출력 인디게이터 LED가 점등된다.

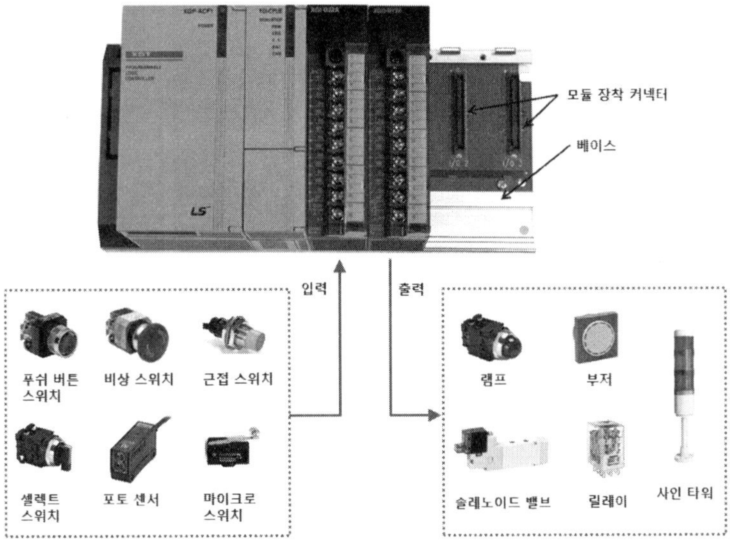

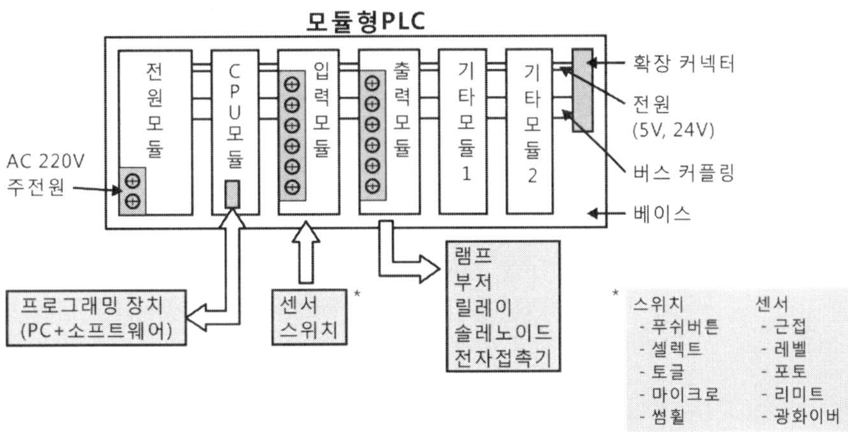

(a) 모듈형 PLC의 구조

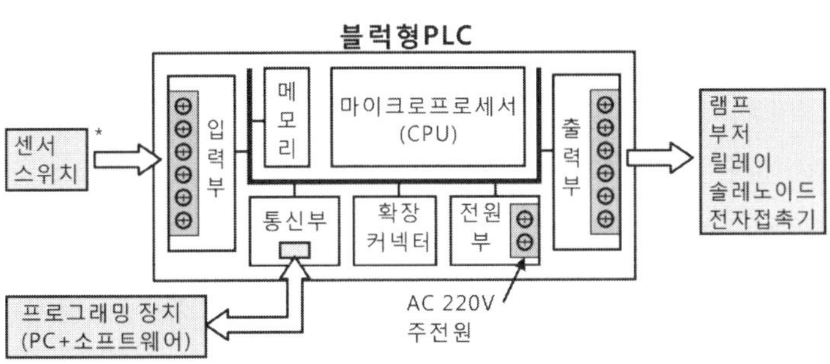

(b) 블록형 PLC의 구조

그림 1.3 PLC의 구조

1.5 PLC의 일반 규격

PLC의 일반 규격은 PLC 모델별로 차이는 있으나 일반적으로 국제규격 또는 메이커 자체의 규격을 만족하도록 제조되므로 대부분 유사하다고 할 수 있다. PLC를 사용할 경우 PLC의 일반 규격에 제시된 전기적, 기계적, 환경적 특성을 고려해야 한다. 표 1.1은 LS산전의 XGT 시리즈 PLC의 일반 규격을 제시하고 있다.

표 1.1 PLC의 일반 규격(LS산전 XGT 시리즈 PLC)

<table>
<tr><th>No.</th><th>항 목</th><th colspan="4">규 격</th><th>관련 규격</th></tr>
<tr><td>1</td><td>사용 온도</td><td colspan="4">0~55 ℃</td><td></td></tr>
<tr><td>2</td><td>보관 온도</td><td colspan="4">−25~70 ℃</td><td></td></tr>
<tr><td>3</td><td>사용 습도</td><td colspan="4">5~95 % RH, 이슬이 맺히지 않을 것</td><td></td></tr>
<tr><td>4</td><td>보관 습도</td><td colspan="4">5~95 % RH, 이슬이 맺히지 않을 것</td><td></td></tr>
<tr><td rowspan="8">5</td><td rowspan="8">내진동</td><td colspan="3">단속적인 진동이 있는 경우</td><td>–</td><td rowspan="8">IEC 61131−2</td></tr>
<tr><td>주파수</td><td>가속도</td><td>진 폭</td><td>횟 수</td></tr>
<tr><td>5≤f≤8.4 Hz</td><td>–</td><td>3.5 mm</td><td rowspan="6">X, Y, Z
3방향
각 10회</td></tr>
<tr><td>8.4≤f≤150 Hz</td><td>1 G</td><td>–</td></tr>
<tr><td colspan="3">연속적인 진동이 있는 경우</td></tr>
<tr><td>주파수</td><td>가속도</td><td>진폭</td></tr>
<tr><td>5≤f≤8.4 Hz</td><td>–</td><td>1.75 mm</td></tr>
<tr><td>8.4≤f≤150 Hz</td><td>0.5 G</td><td>–</td></tr>
<tr><td>6</td><td>내충격</td><td colspan="4">최대 충격 가속도: 15 G
인가 시간: 11 ms
펄스 파형: 정현 반파 펄스(X, Y, Z 3방향 각 3회)</td><td>IEC 61131−2</td></tr>
<tr><td rowspan="5">7</td><td rowspan="5">내노이즈</td><td>방형파 임펄스
노이즈</td><td colspan="3">±1,500 V</td><td>LS산전 내부
시험규격 기준</td></tr>
<tr><td>정전기 방지</td><td colspan="3">전압 : 6 kV(접촉방전), 8 kV(기중방전)</td><td>IEC 61131−2
IEC 61000−4−2</td></tr>
<tr><td>방사 전자계
노이즈</td><td colspan="3">80~1000 MHz, 10 V/m</td><td>IEC 61131−2
IEC 61000−4−3</td></tr>
<tr><td rowspan="2">패스트
트랜지언트
/버스트 노이즈</td><td>구분</td><td>전원
모듈</td><td>디지털/아날로그 입·출력,
통신 인터페이스</td><td rowspan="2">IEC 61131−2
IEC 61000−4−4</td></tr>
<tr><td>전압</td><td>2 kV</td><td>1 kV</td></tr>
<tr><td>8</td><td>주위 환경</td><td colspan="4">부식성 가스, 먼지가 없을 것</td><td></td></tr>
<tr><td>9</td><td>사용 고도</td><td colspan="4">2,000 m 이하</td><td></td></tr>
<tr><td>10</td><td>오염도</td><td colspan="4">2 이하</td><td></td></tr>
<tr><td>11</td><td>냉각방식</td><td colspan="4">자연 공랭식</td><td></td></tr>
</table>

1.6 CPU 모듈

PLC의 CPU 모듈의 성능은 PLC 모델별로 상이하다. 일반적으로 고가의 하이엔드 제품은 보급형 제품과 비교할 때 연산방식과 사용되는 명령어 수 등에서는 큰 차이가 없으나 연산처리속도와 실수연산의 정밀도에서 우수하고, 메모리 용량이 크며, 최대 입출력 접점 수가 크다. 따라서 PLC CPU 모듈의 선정은 제어 용도에 맞게 적합한 수준의 기종을 선정해서 사용하는 것이 비용적인 측면에서 유리하다.

표 1.2 CPU 모듈의 성능 규격(LS산전 XGI－CPUU/D, 기타 모듈은 XGI CPU 모듈 사용설명서 참조)

항 목	규 격	비 고
연산방식	스캔 프로그램: 반복연산, 정주기연산, 고정주기 스캔 태스크 프로그램: 초기화, 정주기, 내부접점 기동	
입·출력 제어 방식	스캔동기 일괄처리 방식(리프레시 방식) 명령에 의한 다이렉트 방식	
프로그램 언어	LD(Ladder Diagram) SFC(Sequential Function Chart) ST(Structured Text)	
명령어 수	연산자: 18, 기본펑션: 136+실수연산펑션, 기본펑션블럭: 43, 전용펑션블럭: 특수기능 모듈별 전용펑션블럭, 통신전용 펑션블럭(P2P)	
연산처리속도 (기본 명령)	기본: 0.028 μs/명령어 MOVE: 0.084 μs/명령어 ±: 0.392 μs(S), 0.924 μs(D) ×: 0.896 μs(S), 2.240 μs(D) ÷: 0.924 μs(S), 2.254 μs(D)	S: 단장 D: 배장
프로그램 메모리 용량	1 MB	
입·출력 접점 수 (설치 가능)	6,144점	
최대 입출력 메모리 접점	131,072점	
데이터 메모리	자동변수 영역(A): 512 KB, 입력변수(I): 16 KB, 출력변수(Q): 16 KB, 직접변수(M/R/W): 256 KB/ 64 KB *16블록/1,024 KB, 플래그 변수(F/K/L/N/U): 8/16/22 /42/8 KB	

표 1.2 (계속)

항 목	규 격	비 고
플래시 영역	2 MB, 32블록	
타이머	점수 제한 없음 시간 범위: 0.001 sec~4,294,967.295 sec(1,193 hr)	1점당 자동 변수 영역의 20바이트 점유
카운터	점수 제한 없음 계수범위: 64비트 표현 범위	1점당 자동 변수 영역의 8바이트 점유
프로그램 구성	총 프로그램 수: 256개, 초기화 태스크: 1개 정주기 태스크: 32개, 내부 디바이스 태스크: 32개	
운전 모드	RUN, STOP, DEBUG	
리스타트 모드	콜드, 웜	
자기진단기능	연산지연감시, 메모리 이상, 입·출력 이상, 배터리 이상, 전원 이상 등	
정전 시 데이터 보존방법	기본 파라미터에서 리테인 영역 설정	
최대 증설 베이스 수	7단	총연장 15 m
내부 소비전류	960 mA	
중량	0.12 kg	

1.7 프로그램

1.7.1 수행 방식

(1) 반복 연산방식

PLC 프로그램의 기본적인 수행 방식이며 작성된 프로그램을 처음부터 마지막 스텝까지 반복적으로 연산하는 방식이다. 또한 이러한 과정을 프로그램 스캔이라고 한다. 그림 1.4에 반복 연산방식 프로그램의 수행 과정이 제시되어 있다(스텝: PLC 명령어의 최소 단위, a 접점, b 접점, 출력 코일 등의 명령이 스텝에 해당).

'초기화 처리'는 스캔 처리를 시작하기 위한 단계이며 전원을 투입하거나 리셋을 실시한 경우 한 번 수행된다. 입출력 모듈 리셋, 자기진단 실행, 데이터 클리어, 입출력 모듈의 주소 할당 및 종류 등록 등을 수행한다.

'입력 이미지 영역 리프레시'는 프로그램 연산을 시작하기 전에 입력 모듈의 상태를 읽어 입력 이미지 영역에 저장하는 과정이다.

'프로그램 연산'은 프로그램의 시작 스텝부터 마지막 스텝까지 순서대로 연산을 처리하는 과정이다.

'출력 이미지 영역 리프레시'는 프로그램의 연산 종료 시 출력 이미지 영역에 저장된 내용을 출력 모듈에 출력하는 과정이다.

'종료 처리'는 CPU가 1스캔 후 처음 스텝으로 돌아가기 위한 처리 단계이며 타이머 및 카운터 등의 현재값 갱신, 사용자 이벤트 및 데이터 트레이스 서비스, 자기진단, 고속 링크 및 P2P 서비스, 모드 설정 키 스위치 상태 점검 등을 수행한다.

그림 1.4에서 입력 이미지 영역 리프레시 → 프로그램 연산 → 출력 이미지 영역 리프레시 → 종료 처리 과정을 거친 후 다시 이러한 과정이 반복되는데, 이러한 과정을 PLC 프로그램의 스캔 사이클이라고 한다. 이를 개념적으로 나타내면 그림 1.5와 같다.

(2) 인터럽트 연산방식(정주기, 내부 디바이스 기동)

PLC 프로그램의 실행 중에 우선적으로 처리해야 할 상황이 발생한 경우, 실행 중인 프로그램의 연산을 일시 중지하고 즉시 인터럽트 프로그램에 해당하는 연산을 처리하는 방식을 말한다(PC의 인터럽트와 같은 개념으로 이해할 수 있음). 이러한 상황을 CPU에 알

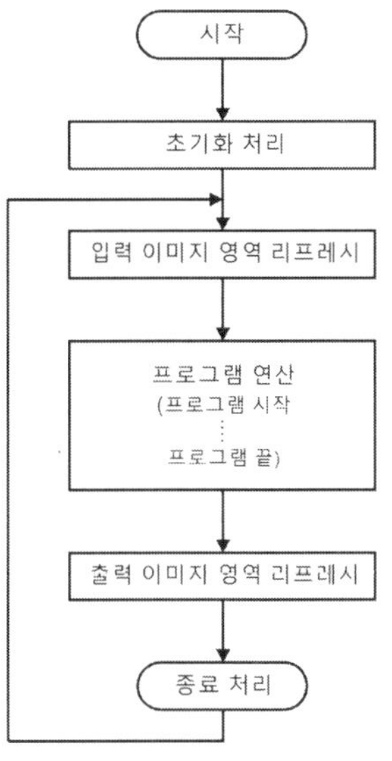

그림 1.4 반복 연산방식의 과정

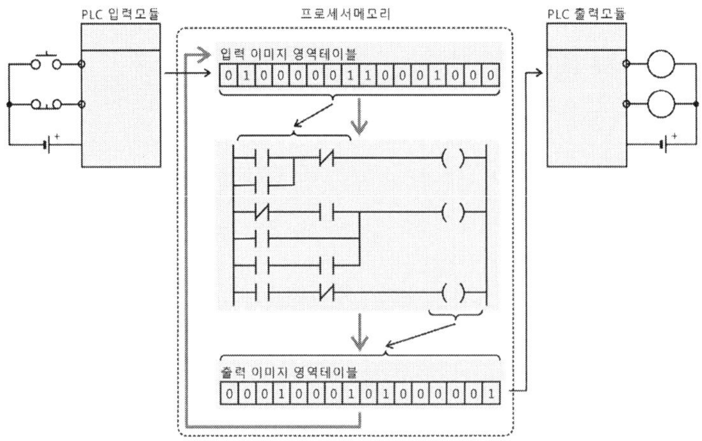

그림 1.5 PLC 프로그램 스캔 사이클 과정

려주기 위한 신호를 인터럽트 신호라고 하며 정해진 시간마다 실행되는 연산방식을 정주기 연산방식이라고 한다. 또한 내부의 지정된 디바이스의 상태 변화에 따라서 실행되는 내부 디바이스 기동 연산방식도 있다.

(3) 고정주기 스캔

스캔 프로그램을 정해진 시간마다 수행하는 연산방식을 말한다. 스캔 프로그램을 모두 실행한 후 잠시 대기하고 있다가 지정된 시간이 되면 프로그램 스캔을 다시 시작하는 방식이다.

1.7.2 스캔 사이클 타임(scan cycle time)

프로그램의 0번 스텝부터 다음 사이클의 0번 스텝까지 1회의 제어 동작을 완료하는 데 소요되는 시간을 스캔 사이클 타임이라고 하며 이것은 PLC를 이용한 제어 시스템의 제어 성능과 직접적인 관계가 있다. 스캔 사이클 타임이 짧을 경우 별다른 문제없이 제어를 수행할 수 있으나, 프로그램이 방대하거나 또는 CPU의 연산속도가 느려서 스캔 사이클 타임이 클 경우 제어의 관점에서 문제가 발생할 수 있다.

예를 들면 CPU의 프로그램 스캔 사이클 타임이 10 ms라고 하고, 입력 접점의 On/Off 동작이 매 5 ms마다 발생된다면 프로그램은 접점의 변화에 대응할 수 없게 된다. 즉, 매 스캔 사이클마다 입력 접점의 On/Off 상태를 정확히 읽어 들여 프로그램 연산에 반영할 수 없게 된다. 따라서 이러한 경우 스캔 사이클 타임은 최소한 5 ms보다 충분히 작아야 한다.

XGI CPU 모듈의 스캔 사이클 타임은 다음과 같이 계산된다. 즉, '스캔 사이클 타임 = 스캔 프로그램 처리 + 시스템 체크 및 태스크 프로그램 처리 + I/O 데이터 리프레시 + 네트워크 서비스 + XG5000 서비스 + 사용자 태스크 프로그램 처리'이다. 여기서 스캔 프로그램 처리는 태스크 프로그램으로 저장되지 않은 사용자 프로그램의 처리 시간이다.

프로그램 수행 중의 스캔 사이클 타임은 _SCAN_MAX, _SCAN_MIN, _SCAN_CUR 등과 같은 플래그를 이용하여 값을 구할 수 있다.

스캔 프로그램은 스캔마다 일정하게 반복되는 신호를 처리하기 위해 프로그램이 작성된 순서대로 처음부터 마지막 스텝까지 반복적으로 연산을 수행하는 프로그램이다. 스캔 프로그램의 실행 중에 정주기 인터럽트 또는 입력에 의한 인터럽트가 발생하여 인터럽트의 실행 조건이 성립하면 프로그램의 실행은 현재 실행 중인 스캔 프로그램의 상태를 중지하고 해당되는 인터럽트 프로그램을 수행한 다음 다시 복귀되어 스캔 프로그램을 수행한다.

태스크 프로그램은 설정된 시간 간격마다 프로그램이 실행되는 정주기 태스크 프로그램, 스캔 프로그램 실행이 완료된 후 실행 조건에 따라 실행되는 싱글 태스크 프로그램, 인터럽트 모듈에 입력되는 외부 신호에 따라 실행되는 인터럽트 태스크 프로그램 등이 있다.

1.8 PLC 입·출력 모듈

PLC의 입·출력 모듈 중에서 디지털 입·출력 모듈에 대해 알아본다.

디지털 입력 모듈(DC 입력 모듈)은 스위치, 센서 등의 기기와 접속되어 있으며, 기기의 상태(예로서 스위치가 On 또는 Off에 따라 입력단자에 걸리는 전압 또는 전류에 대한 정보)를 CPU에 제공하는 역할을 한다. CPU는 이러한 입력 정보를 이용하여 연산을 하고 그 결과를 출력시키는 작업을 한다.

디지털 출력 모듈(DC 출력 모듈)은 CPU에서 연산된 결과를 출력시키기 위해 사용되는 모듈이다. 출력단자에는 램프, 솔레노이드, 릴레이, 모터 드라이버 등의 기기가 연결되며 CPU의 연산 결과대로 출력을 발생시킨다.

DC를 사용하는 디지털 입력 형식에는 전류 싱크 입력과 전류 소스 입력이 있다. 이 두 종류의 입력 형식에 따라서 외부에서 공급되는 전원의 연결방법이 서로 다르므로 입력기기와 PLC 입력 모듈의 입력 형식을 고려해야 한다. 그리고 트랜지스터 방식의 디지털 출력 형식도 전류 싱크 출력과 전류 소스 출력이 있다.

1.8.1 싱크(sink)와 소스(source)

PLC는 입·출력 모듈을 통해서 외부의 입·출력 기기와 연결된다. 입·출력 기기를 PLC에 연결할 때는 그 기기들이 PLC 입·출력부의 사양에 부합하는지를 검토해야 한다.

이러한 문제에 대해서 자주 언급되는 두 개의 용어가 있는데 바로 '싱크'와 '소스'이다. 이 두 개념은 PLC의 입·출력부와 외부의 기기를 올바르게 연결시키는 데 매우 중요하다. 간단하게 설명하면 싱크형은 Common 단자에 GND Line(−)이 연결되는 형태이고, 소스형은 Common 단자에 Vcc Line(+)이 연결되는 형태이다. 싱크 또는 소스 입력과 출력은 단지 한 방향으로만 전류를 흘릴 수 있으므로, 이때의 입력과 출력은 DC 전원이 공급될 경우에만 해당된다.

그림 1.6에는 소스형 입력 모듈, 소스·싱크형 입력 모듈에 대한 결선도의 예를 나타내고 있다. 일반적으로는 소스·싱크형 입력 모듈이 많이 사용되고 있다.

소스형 입력 모듈을 사용할 경우에는 외부접속기기가 DC 전원 마이너스(−) 단자와 PLC의 DC 입력 단자 사이에 위치한다. 예를 들어 외부접속기기인 스위치의 접점이 닫히면(접점의 값이 1 또는 On) 전류가 DC 입력 모듈 단자로부터 외부접속기기로 흘러나간다(전류 i의 흐름을 나타내는 화살표 방향을 참고). 소스·싱크형 입력 모듈의 경우는 DC 전원의 방향에 관계없이 결선이 가능한 구조로 되어 있다.

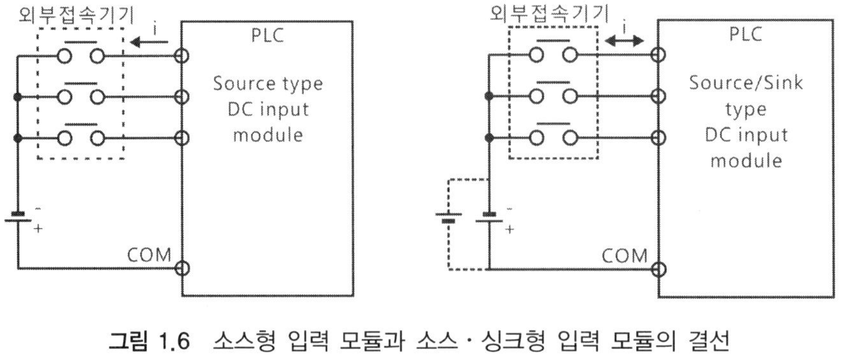

그림 1.6 소스형 입력 모듈과 소스·싱크형 입력 모듈의 결선

그림 1.7은 소스형 출력 모듈, 싱크형 출력 모듈의 결선도의 예를 나타내고 있다.

소스형 출력 모듈을 사용할 경우에는 외부접속기기가 DC 전원 마이너스(−) 단자와 PLC의 DC 출력 단자 사이에 위치한다. 따라서 PLC의 출력이 1(On)이 되면 전류가 DC 출력 단자로부터 외부접속기기로 흘러나간다. 싱크형 출력 모듈의 경우는 PLC의 출력이 1(On)이 되면 전류가 DC 출력 단자로 흘러들어온다. 그림에서 외부접속기기를 L로 표시하였는데 이것은 전기적인 부하를 의미하는 Load의 약자이며 일반적으로 램프, 솔레노이드, 기타 전기회로로 구성되는 부하를 의미한다.

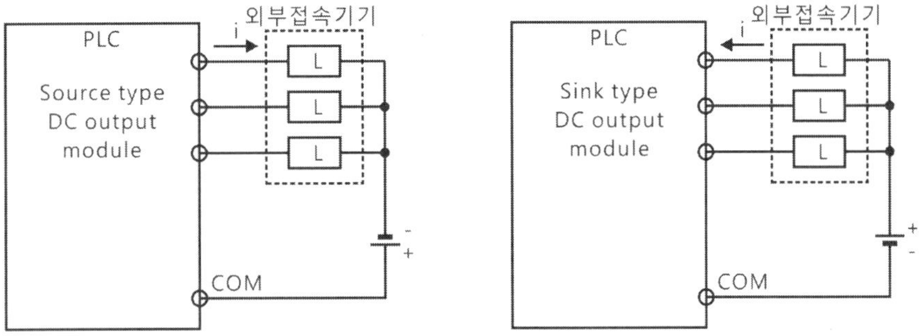

그림 1.7 소스형 출력 모듈과 싱크형 출력 모듈의 결선

그림 1.8은 소스·싱크형 DC 입력 모듈에 대표적인 센서의 출력형인 NPN Open Collector형 센서의 접속을 나타낸다. 센서 출력부의 베이스에 트리거링 신호가 걸리면 그림과 같이 전류가 PLC의 내부 회로를 거쳐 컬렉터에서 이미터로 흐르게 되어 PLC 입력단(IN)의 상태가 On으로 된다.

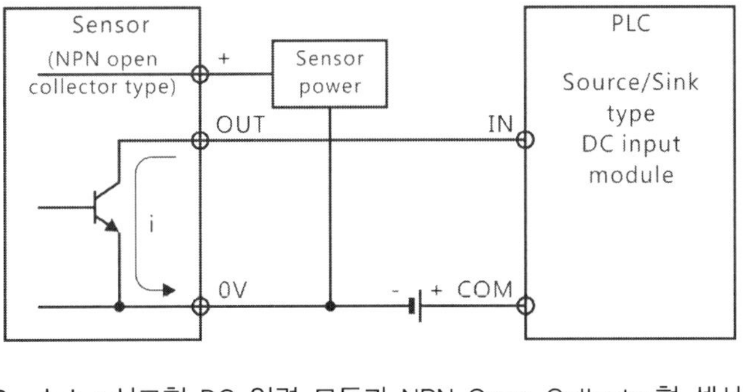

그림 1.8 소스·싱크형 DC 입력 모듈과 NPN Open Collector형 센서의 결선

1.8.2 디지털 입력 모듈

디지털 입력 모듈은 입력기기로부터 On, Off 신호를 입력받기 위해 사용한다. 입력 모듈의 단자에는 각종 스위치와 센서 등이 접속된다. 입력 모듈에 접속되는 기기는 그 종류 및 용도에 따라 다른 전압을 사용하므로 이에 따른 적합한 입력 모듈을 사용해야 한다. 예를 들면 입력 전압에 따라 DC 입력 모듈과 AC 입력 모듈이 있으며, 8접점, 16접점 등 필요한 접점 수의 모듈을 선정하여 사용하도록 한다.

표 1.3은 8점 DC24 V 디지털 입력 모듈의 규격 예이며 그림 1.9는 XGI－D21A 입력 모듈 접속도이다. 그리고 그림 1.10은 GLOFA GM7U 기종의 입력부 접속도를 나타내고 있다.

1.8.3 디지털 출력 모듈

디지털 출력 모듈은 출력값 1(On) 또는 0(Off) 신호를 출력단자에 출력하여 이와 접속되어 있는 기기를 동작시킨다. 주요 출력기기로는 램프, 릴레이, 솔레노이드 등이 있다. 이들 출력기기는 그 종류 및 용도에 따라 서로 다른 전압을 사용하므로 이를 고려하여

표 1.3 8점 DC24V 입력 모듈(소스/싱크 타입), LS산전 XGI－D21A

항 목	규 격
입력 점수	8점
절연방식	포토 커플러 절연
정격 입력 전압	DC24 V
정격 입력 전류	약 4 mA
사용 전압 범위	DC20.4～28.8 V(리플률 5 % 이내)
On 전압/On 전류	DC19 V 이상/3 mA 이상
Off 전압/Off 전류	DC11 V 이하/1.7 mA 이하
입력저항	약 5.6 kΩ
응답시간	Off→On: 1～100 msec(CPU 파라미터로 설정) On→Off: 1～100 msec(CPU 파라미터로 설정)
코먼 방식	8점/COM
내부 소비전류	20 mA
동작 표시	입력 On 시 LED 점등
중량	0.1 kg

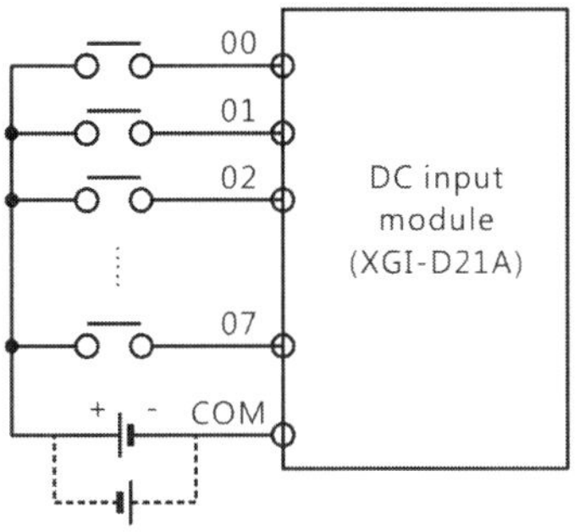

그림 1.9 DC 입력 모듈 접속도(LS산전 XGI－D21A)

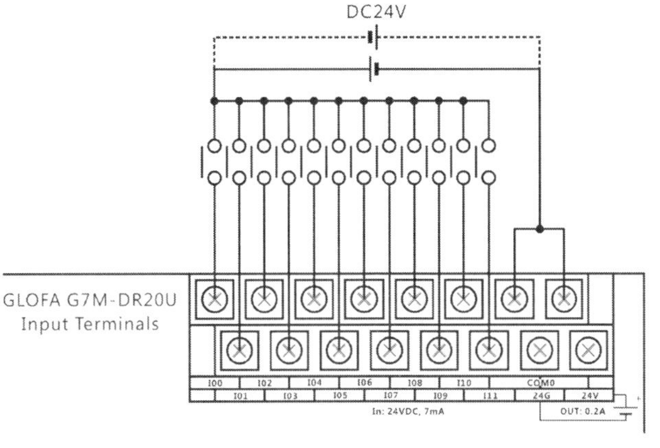

그림 1.10 DC 입력부 접속도(LS산전 GLOFA G7M－DR20U)

출력 모듈을 선정하거나 요구되는 별도의 전원을 공급하도록 회로를 구성해야 한다. 디지털 입력 모듈과 마찬가지로 출력기기를 동작시키기기 위해 별도의 외부전원이 필요하다.

출력 모듈은 출력 접점의 종류에 따라 릴레이 출력, TR(transistor) 출력, SSR(solid－state relay)출력 등이 있다. 표 1.4는 8점 DC24 V/AC220 V 디지털 출력 모듈의 규격 예이며, 그림 1.11은 XGQ－RY1A 출력 모듈 접속도이다. 그리고 그림 1.12는 GLOFA G7MU 기종의 출력부 접속도를 나타내고 있다.

표 1.4 8점 릴레이 출력 모듈, LS산전 XGQ−RY1A

항 목	규 격
출력 점수	8점
절연방식	릴레이 절연
정격 부하 전압/전류	DC24 V 2 A(저항 부하), AC220 V 2 A(cosΨ = 1)
최소 부하 전압/전류	DC5 V/1 mA
최대 부하 전압/전류	AC250 V, DC125 V
Off 시 누설 전류	0.1 mA(AC220 V, 60 Hz)
최대 개폐 빈도	3,600회/시간
서지 킬러	없음
수명(기계적)	2,000만 회 이상
수명(전기적)	정격 부하 전압/전류 10만 회 이상 AC200 V/1.5 A, AC240 V/1 A(cosΨ = 0.7) 10만 회 이상 AC200 V/1 A, AC240 V/0.5 A(cosΨ = 0.35) 10만 회 이상 DC24 V/1 A, DC100 V/0.1 A (L/R = 7 ms) 10만 회 이상
응답시간	Off→On: 10 msec 이하, On→Off: 12 msec 이하
코먼 방식	1점/1COM(독립접점)
내부 소비전류	260 mA(전점 On 시)
동작 표시	출력 On 시 LED 점등
외부접속방식	18점 단자대 커넥터(M3 × 6나사)
중량	0.31 kg

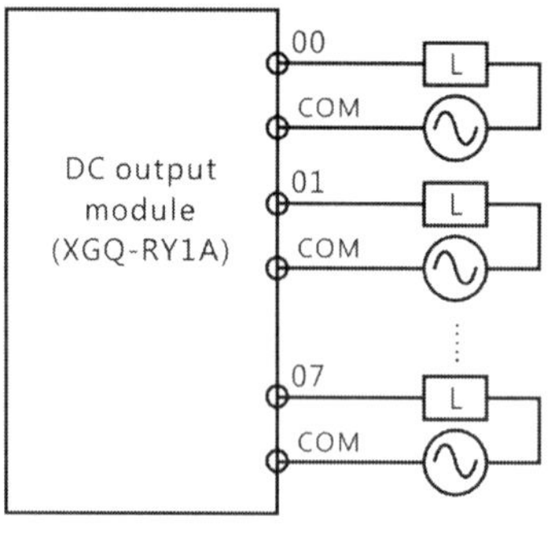

그림 1.11 DC 출력 모듈 접속도(LS산전 XGQ−RY1A)

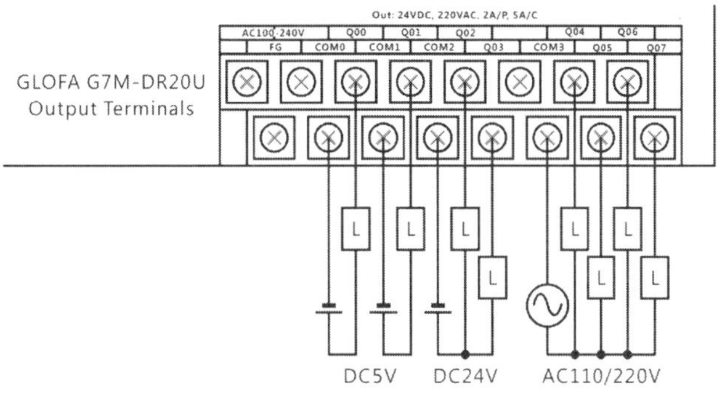

그림 1.12 DC 출력부 접속도(LS산전 GLOFA G7M-DR20U)

1.9 릴레이 제어와 PLC 제어

1.9.1 PLC가 제어에 사용되는 이유

PLC의 많은 장점 때문에 산업 현장의 자동화 기계의 대부분을 PLC로 제어하고 있으며, PLC는 제어장치로서의 위치가 확고하다. 특히 내구성, 작업성, 제어성, 응용성 등에서 다른 제어장치와 비교할 때 우수한 점들이 많다.

PLC를 이용한 제어를 일반적인 제어방법인 릴레이 제어, PC 제어 그리고 마이콤 제어와 비교하여 보면 표 1.5에 제시된 바와 같다.

PLC 제어는 릴레이 제어와 비교할 때 간단하게 프로그램 수정을 통해서 제어 동작의 변경이 가능하며, 다수의 입출력을 제어할 경우 배선을 위한 노력이 적은 장점이 있다. 또한 HMI용 터치 패널을 이용할 수 있고, 상위 및 하위 기기와 통신하여 데이터를 주고받을 수 있으며 통신 네트워크를 구성할 수도 있다.

PLC 제어는 PC 제어와 비교할 때 크기가 작고 발열량도 적어서 컨트롤 박스에 장착할 수 있으며 내환경성도 우수하다. 그리고 기계적인 부분이 없어 하드웨어적으로 안정적이며 정전에 의해 시스템이 정지된 후에도 재가동이 쉬운 특징이 있다. 그러나 PLC는 기계장치를 제어하기 위해 만들어진 전용의 컨트롤러이므로 데이터 수집 및 처리와 같은 기능은 PC 제어와 비교할 때 떨어진다.

이와 같이 PLC는 우수한 점들이 부각되어 있어 많이 사용되고 있으나 릴레이 제어와 PC 제어 또한 그 특성에 부합하는 제어방법으로 널리 사용되고 있다. 또한 전용의 마이콤 보드로 구성되는 제어방법도 현재 널리 사용되고 있는 상황이다.

표 1.5 제어방법별 특성의 비교

구 분	릴레이 제어	PLC 제어	PC 제어	마이컴 제어
핵심 제어요소	릴레이, 타이머, 카운터	PLC	PC, 입출력 보드	마이컴 보드
프로그램 작성 및 개발	하드웨어만으로 시퀀스 제어회로 구성	프로그램 작성 소프트웨어를 이용하여 LD, SFC 등으로 프로그램 작성	다양한 PC용 언어로 프로그래밍 가능	C 컴파일러 등을 이용하여 프로그램 작성
제어 동작의 변경	배선의 수정 및 제어기기의 변경	프로그램 수정 및 필요한 경우 기기 변경	프로그램 수정 및 필요한 경우 기기 변경	프로그램 수정 및 필요한 경우 기기 변경
제어 입출력 접점 수	배선의 복잡성으로 실용적으로 최대 수십 접점 정도	PLC 기종에 따라서 차이가 있으며, 수천 접점까지 가능	입출력 보드 1장당 보통 64접점까지가 일반적이며, PC 1대당 수 개의 보드 장착 가능	마이컴 보드당 보통 64접점까지가 일반적이며 확장 가능
정전 시의 동작	래치 릴레이 이외는 초기화되며 즉시 재가동 가능	래치 릴레이 및 데이터 메모리는 상태를 유지하며 즉시 재가동 가능	정전에 의한 시스템 장애 발생 가능, 재가동에 시간이 걸림	정전에 따른 데이터 손실 발생 가능, 즉시 재가동 가능
내환경성 및 수명	컨트롤 박스에 설치되어 내환경성은 좋으나 접점의 열화로 수명이 짧은 편임	컨트롤 박스에 설치되어 내환경성이 좋으며 수명이 길고 진동에 강함	보통 노출된 상태로 설치되므로 내환경성이 좋다고 할 수 없으나, 일부 고가의 장비는 예외적임	케이스 또는 컨트롤 박스에 설치되어 내환경성이 좋으며 수명이 길고 진동에 강함
데이터 수집 및 처리 기능	없음	소량의 데이터에 대응	대량의 데이터 수집 및 처리가 가능	대량의 데이터 수집 및 처리가 가능
통신 기능 및 네트워크	없음	Serial, Ethernet은 물론 다양한 통신에 대응, PLC－상하위 기기, PLC－PLC 등의 통신 네트워크 기능	일반적인 모든 통신과 다양한 네트워크에 대응	일반적인 통신과 다양한 네트워크에 대응 가능
유저 인터페이스	제어 패널(스위치, 램프, 패널 미터 등으로 구성)	제어 패널, 터치 패널, PC 모니터 상의 제어 화면	제어 패널, PC 모니터 상의 제어 화면	제어 패널, 터치 패널, PC 모니터 상의 제어 화면
구축 비용	접점 수가 적을 경우 매우 유리, 접점 수가 수십 개 이상일 경우 비용에 관계없이 구축 불가	접점 수가 일정 규모 이상일 경우 유리, 수천 개 이상의 대규모 접점에도 입출력 모듈 증가로 대응 가능	접점 수가 일정 규모 이상일 경우 유리, 접점 수가 적을 경우 비용 측면에서 매우 불리	전용 기기이므로 최초 개발 비용이 고가임, 대량 생산에 적합

1.9.2 릴레이 회로와 LD의 관계

PLC로 제어하기 위해서 프로그램을 작성하는 부분은 릴레이 회로의 논리연산 부분이다. 그림 1.13의 점선으로 나타낸 릴레이의 논리연산 회로를 LD로 표현하면 그림 1.14(a)와 같다. 이 LD를 기계어로 변환하여 PLC의 메모리에 저장하고, 저장된 프로그램을 실행시켜 릴레이를 사용한 논리연산과 동일한 제어를 하는 것이 PLC를 이용한 제어이다.

LD를 실행한 결과 입력의 변화에 따라 출력 코일의 On/Off 상태가 변화되었을 경우, 외부 출력 인터페이스를 사용하여 출력 단자의 상태를 변화시킨다. 이에 대한 개념도가 그림 1.14(b)에 나타나 있다. 즉, 프로그램상에서 출력 코일이 On되면 이와 동일한 번호(주소)의 출력을 통해서 실제로 출력신호가 발생한다.

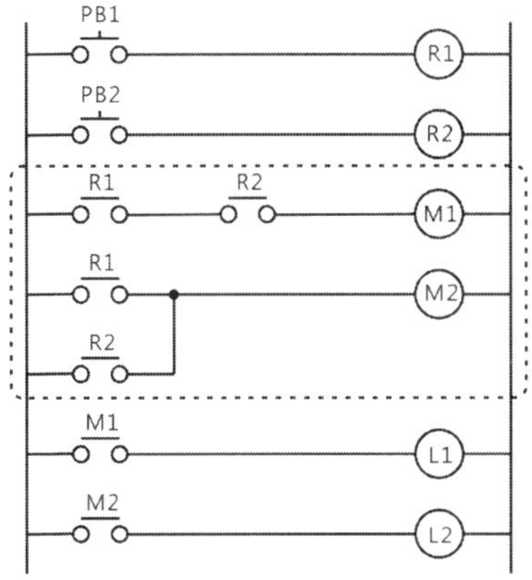

그림 1.13 릴레이 시퀀스 회로

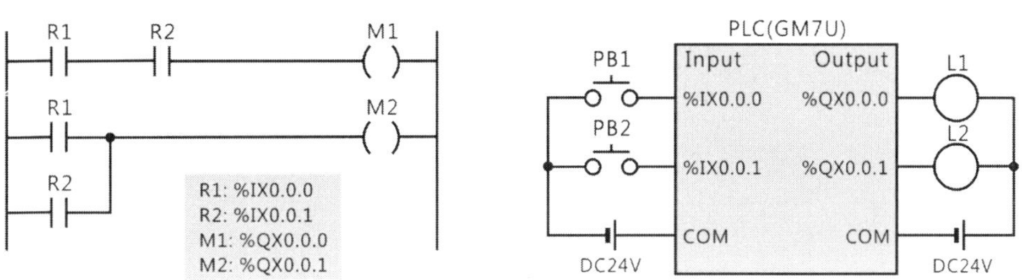

(a) (b)

그림 1.14 LD와 PLC 제어 시스템 개념도

1.9.3 릴레이 제어와 PLC 제어의 비교

릴레이 제어와 PLC 제어의 차이점에 대해서 다음의 예를 들어 살펴보고, PLC 제어의 필요성과 우수성에 대해서 알아보도록 한다.

(1) 램프 On/Off 제어

릴레이 제어에 의한 램프 On/Off 제어

그림 1.15는 램프를 On/Off 제어하기 위한 릴레이 제어의 예이다. 시퀀스도의 회로를 시퀀스 기기를 이용하여 회로를 구성한 예가 제시되어 있다. 그림과 같이 릴레이 제어에서는 시퀀스도에 표현된 시퀀스 기기들을 적절하게 배치하고 이들을 전선으로 배선하여 구성한다. 시퀀스도에서 PB1, PB2는 각각 a 접점, b 접점의 푸시 버튼 스위치이며 R는 릴레이, L은 램프이다.

최초에 PB1을 1회 누르면(푸시 버튼 스위치 PB1을 눌렀다가 원상태로 복귀시키면) 릴레이 코일 R가 여자되어 릴레이의 a 접점 2개가 닫히고 동시에 자기유지된다. 그리고 램프 L에 전류가 흘러 램프가 점등된다. 이후 PB2를 1회 누르면(푸시 버튼 스위치 PB2를 눌렀다가 원상태로 복귀시키면) 릴레이 코일 R가 소자되어 릴레이의 a 접점 2개가 열리고 램프 L에 흐르는 전류가 차단되어 램프가 소등된다.

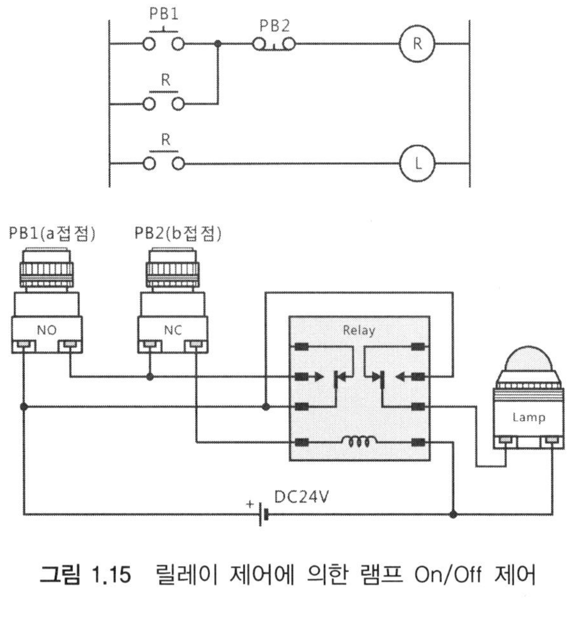

그림 1.15 릴레이 제어에 의한 램프 On/Off 제어

PLC 제어에 의한 램프 On/Off 제어

그림 1.16은 램프를 On/Off 제어하기 위한 PLC 제어의 예이다. 먼저 시퀀스도를 이해하고 이를 구현하기 위해 PLC 프로그램(본 예에서는 ladder diagram)을 작성한다. 이와 같이 작성된 프로그램이 그림 1.16의 상단에 제시되어 있다. 이 프로그램은 일반적으로 PC에 설치된 전용 소프트웨어를 이용하여 작성한다.

프로그램이 작성되면 프로그램의 정상 동작을 확인하기 위해 시뮬레이션 과정을 거치게 되며 이때 오류가 있다면 프로그램을 수정한다. 이후 PLC의 입·출력 모듈에 입·출력 기기를 연결하여 제어를 실시하게 되는데 이에 대한 결선 방법이 그림 1.16의 하단에 제시되어 있다. 결선 방법은 앞에서 언급된 디지털 입·출력 모듈(그림 1.10, 1.12)과 PLC 메이커에서 제공하는 PLC 사용설명서의 PLC 외부접속도를 참고하면 된다.

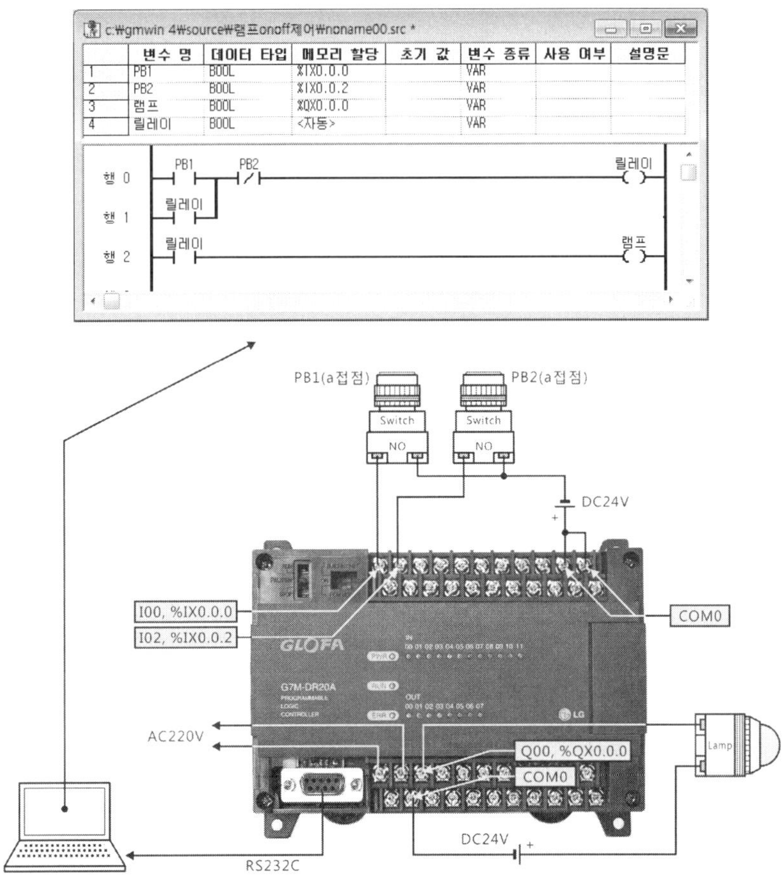

그림 1.16 PLC 제어에 의한 램프 On/Off 제어

그림 1.15의 릴레이 제어와 비교할 때 그림 1.16의 PLC 제어에서는 하드웨어로서 사용된 릴레이가 소프트웨어로 대체되어 있음을 알 수 있다. 즉, 릴레이의 연산 로직은 프로그램으로 작성되어 있으며, 이는 PLC의 CPU에서 연산처리된다. 그리고 이 예에서는 PLC의 장점이 크게 나타나지는 않고 있는데 그 이유는 회로가 간단하여 접점의 수가 작을 경우 PLC를 사용하는 장점이 부각되지 않기 때문이다.

예제 1.1

그림 1.15와 그림 1.16에서 사용된 푸시 버튼 스위치 PB2를 비교할 때 그림 1.16의 PLC에 접속된 PB2를 a 접점으로 사용한 이유를 설명하라.

풀이 PLC의 입력부는 스위치의 On, Off에 따라서 전기적인 신호를 입력받아 이에 대한 정보를 CPU에 전달한다. 따라서 스위치의 접점 종류가 중요한 것이 아니라 접점의 On, Off 동작에 따라서 입력 회로에 전류가 흐르는지 아닌지가 중요하다. 따라서 PB2를 a 접점으로 사용해야 스위치를 누르면 PLC 입력 단자를 통해 전류가 흘러 그 값이 1이 되고 스위치를 떼면 전류가 흐르지 않아 그 값이 0이 된다.

PB2의 값이 1이 된다는 것은 그림의 LD에서 PB2의 값이 1이 되는 것을 의미하고 PB2는 b 접점으로 프로그램되어 있으므로 b 접점이 열리는 것을 의미한다. 이에 대한 보다 구체적인 사항은 3장에서 다루도록 한다. ■

(2) 램프 On－Delay 제어

릴레이 제어에 의한 램프 On－Delay 제어

그림 1.17은 타이머에 의해 램프를 한시 동작(On－Delay) 제어하기 위한 릴레이 제어의 예이다. 시퀀스도에 제시된 회로를 시퀀스 기기를 이용하여 회로를 구성한 예가 제시되어 있다. 시퀀스도에서 PB1, PB2는 각각 a 접점, b 접점에 해당하며 R는 릴레이, L은 램프, T는 한시 동작 타이머이다.

최초에 PB1을 1회 누르면 릴레이 코일 R가 여자되어 릴레이의 a 접점이 닫히고 동시에 자기유지된다. 그리고 타이머 코일에 전류가 흘러 타이머가 동작하기 시작한다. 타이머의 설정 시간이 경과되면 타이머의 한시 동작 a 접점이 닫혀 램프 L이 점등되고 이 상태가 계속 유지된다.

이후 PB2를 1회 누르면 릴레이 코일 R가 소자되어 릴레이의 a 접점이 열리고 타이머 코일에 흐르는 전류가 차단되어 타이머는 리셋된다. 또한 한시 동작 a 접점이 열리고 램

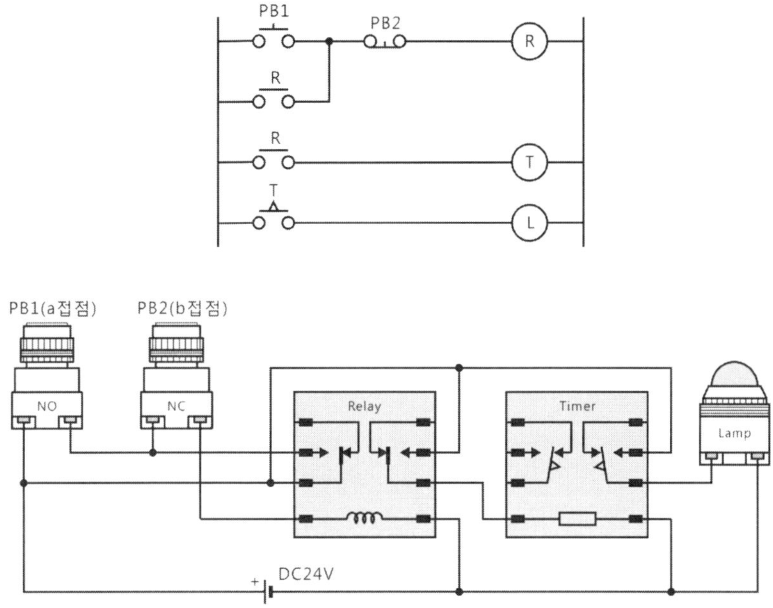

그림 1.17 릴레이 제어에 의한 램프 On-Delay 제어

프 L에 흐르는 전류가 차단되어 램프는 소등된다.

PLC 제어에 의한 램프 On-Delay 제어

그림 1.18은 램프를 한시 동작 제어하기 위해 PLC를 이용한 예인데, 작성된 프로그램이 그림 1.18의 상단에 제시되어 있다. 그리고 PLC의 입·출력 모듈에 입·출력 기기를 연결한 외부접속도가 그림의 하단에 제시되어 있다.

그림 1.17의 릴레이 제어의 경우와 비교할 때 그림 1.18에서는 릴레이와 타이머가 사용되지 않고 있음을 알 수 있다. 즉, 릴레이의 로직과 타이머는 PLC의 CPU에서 프로그램으로 연산되어 처리되고 있음을 알 수 있다. 이와 같이 PLC를 사용할 경우 하드웨어의 많은 부분을 소프트웨어로 처리할 수 있으므로 시퀀스 기기를 사용하는 시퀀스 제어에 비해 제어회로가 복잡할 경우 비용적인 측면과 전체 시스템의 유연성 측면에서 매우 유리하다.

만일 사용된 릴레이와 타이머의 수가 증가되더라도 필요한 입·출력 기기의 수는 2개의 스위치와 1개의 램프로서 동일하며, 증가된 릴레이와 타이머에 의한 제어 로직은 모두 소프트웨어로 대체된다.

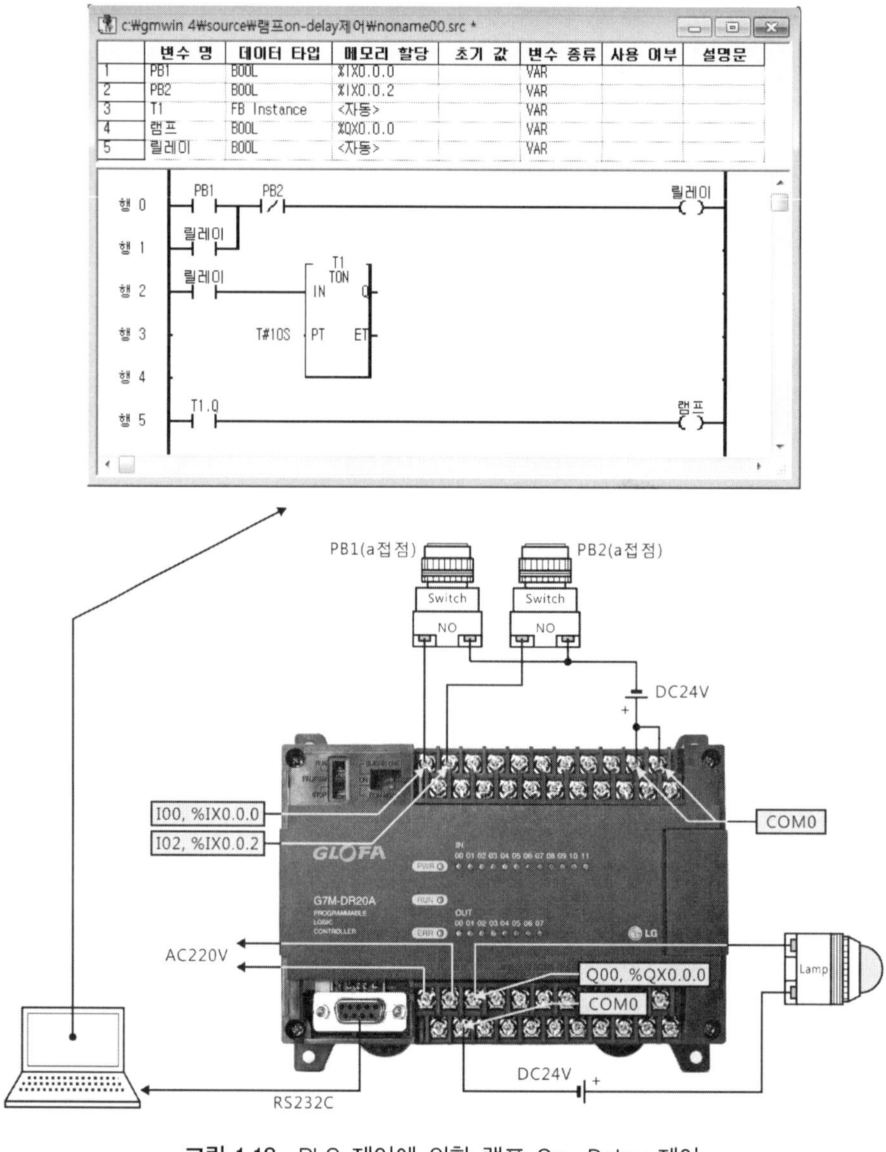

그림 1.18 PLC 제어에 의한 램프 On-Delay 제어

(3) 대용량의 모터 제어

일반적으로 출력이 큰 3상 유도전동기와 같은 모터를 PLC를 이용하여 제어하고자 할 경우, 일반적인 방법은 인버터를 PLC에 의해 제어하고 인버터에 3상 유도전동기를 연결하여 속도 또는 토크 제어를 한다.

그러나 고전적인 방법으로서 전자개폐기와 타이머를 이용한 Y-Δ 운전제어를 PLC로

할 경우, PLC의 출력으로 전자개폐기를 직접 On/Off 제어할 수는 없다. 그 이유는 PLC 출력부의 정격 부하 전류가 전자개폐기를 동작시키기에는 충분하지 못하기 때문이다. 따라서 PLC의 출력부와 전자개폐기 사이에 릴레이를 연결하여 PLC에 의해 릴레이를 제어하고, 릴레이에 의해 전자개폐기를 제어하게 하는 방식을 취한다. 이러한 방식을 통해 PLC를 이용하여 큰 출력의 모터를 제어할 수 있다.

1.9.4 PLC 프로그램 작성

PLC로 램프를 On−Delay 제어하기 위한 프로그램을 작성하는 과정을 설명한다. 시퀀스도는 그림 1.17과 같으며 PLC 프로그램 작성을 위해서 다음의 과정을 거친다.

(1) 제어 대상의 시스템에 대한 정확한 이해가 필요하며 이러한 제어 시스템을 어떻게 구성할 것인가에 대해 종합적이면서 구체적인 검토를 실시한다. 즉, 제어는 PB1을 1회 누름으로써 시작되며 이에 따라 릴레이 코일 R가 여자되어 릴레이의 a 접점이 닫히고 동시에 릴레이는 자기유지된다. 그리고 타이머 코일에 전류가 흘러 타이머가 동작하기 시작하고, 타이머의 설정 시간이 경과되면 타이머의 한시 동작 a 접점이 닫혀 램프 L이 점등되고 이 상태가 계속 유지된다. PB2는 릴레이와 타이머를 리셋하는 데 사용한다. 이러한 동작을 PLC로 구현하기 위해서는 PLC 외부에 2개의 a 접점 스위치를 사용하여 입력기기로 사용하고 램프를 출력기기로 사용한다. (※ 릴레이 제어 회로를 구성할 경우 a 접점과 b 접점을 사용해야 하나, PLC를 이용할 경우 입력값으로서 1(On) 또는 0(Off)의 정보만을 입력하면 되므로 a 접점만을 사용한다.)

(2) PLC에 연결되는 입·출력 기기들은 PLC 입·출력 모듈의 특정 단자에 연결되어야 하므로 이들에 대한 연결 위치, 즉 입·출력 주소를 할당한다. 즉, 입력기기인 PB1, PB2와 출력기기인 램프에 대한 입·출력 주소를 할당한다. 이에 대한 예가 표 1.6에 제시되어 있다.

(3) PLC의 CPU에서 처리될 수 있는 릴레이와 타이머를 할당한다. 릴레이 제어와는 달리 PLC 제어에서는 회로 중의 릴레이와 타이머는 소프트웨어로 처리된다. 즉, 하드웨어가 아닌 CPU 내부의 연산처리에 의해 소프트웨어로 연산된다. 사용자는 이러한 사항을 구현하기 위해서 PLC 프로그램 작성기에서 제공하는 명령어들을 이용

하여 프로그램을 작성한다.

(4) PLC 프로그램 작성기를 이용하여 PC에서 프로그램을 작성하고 프로그램의 이상 여부를 검증하기 위해 시뮬레이션을 실시한다. 이상이 없을 때까지 시뮬레이션과 디버깅 작업을 실시한다.

(5) PLC 외부접속도를 참고하여 각각의 주소에 맞게 스위치와 램프를 배선한다. 스위치 PB1의 주소는 %IX0.0.0인데 이는 LS산전의 GLOFA G7M 기종의 경우 입력단자의 첫 번째 단자에 해당한다. 그리고 스위치 PB2의 주소는 %IX0.0.2인데 이는 입력단자의 세 번째 단자에 해당한다. 램프의 주소는 %QX0.0.0인데 이는 출력단자의 첫 번째 단자에 해당한다. 이에 대한 설명이 그림 1.19에 제시되어 있으며 각각

표 1.6 입·출력 할당표

입·출력 단자	주 소	변수명	용 도
입 력	%IX0.0.0	PB1	램프 On 스위치
입 력	%IX0.0.2	PB2	램프 Off 스위치
출 력	%QX0.0.0	램프	출력 램프

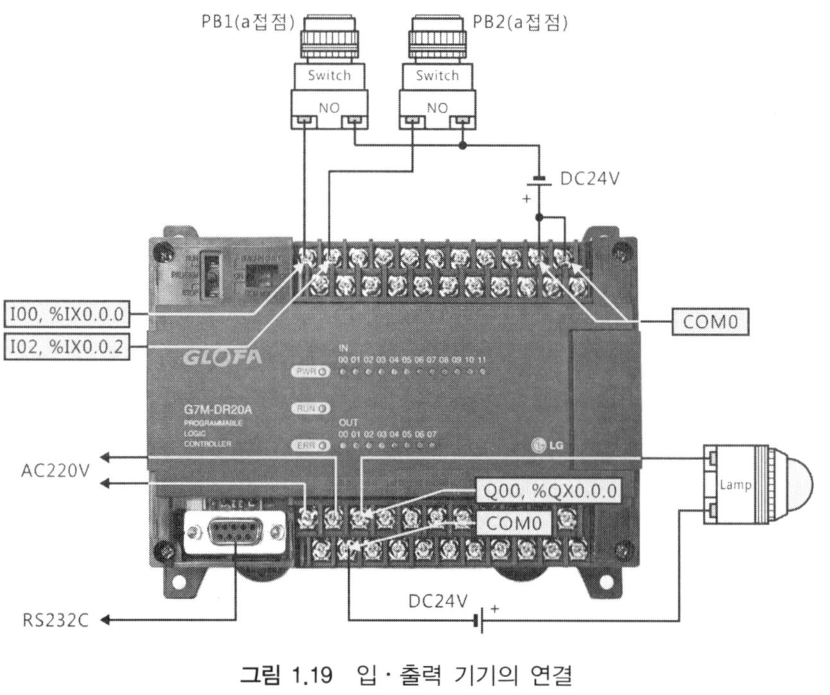

그림 1.19 입·출력 기기의 연결

의 단자에 대한 주소는 그림 1.10과 1.12를 참고할 수 있다.(※ 모듈형 PLC와는 달리 블록형의 경우 입력부와 출력부가 PLC 본체에 같이 존재하므로 입력 주소와 출력 주소는 각각 %IX0.0.0, %QX0.0.0부터 시작한다.)

(6) 배선이 완료되면 다시 한 번 이상이 없는지 체크한다. 이상이 없을 경우 전원을 투입하고 스위치 입력이 올바로 되는지 체크하기 위해서 스위치를 On/Off 동작시킨다. 이때 PLC의 입력 인디게이터인 LED가 스위치 동작에 따라서 On/Off되면 올바로 배선이 된 것이다.

(7) PLC 모드 설정 스위치를 'REM'으로 놓고 프로그램을 PLC에 다운로드하여 제어를 실시한다. 만일 연결된 외부 기기가 올바르게 동작하지 않을 경우 소프트웨어적인 문제인지 아니면 하드웨어적인 문제인지를 정확히 판단하여 디버깅 작업을 실시하고 정상적인 제어가 수행될 수 있도록 한다.

LD와 같은 PLC 프로그램은 실제 기계장치의 동작을 구현하는 것이므로 단순히 전기회로만을 이용해서 프로그램을 작성할 수 없다. 기계장치의 구조, 구성 요소, 운전 특성, 동작 상황, 실린더의 동작 범위와 속도, 컨베이어의 운전 속도 등과 연계된 제어 시의 타이밍에 관한 정보가 반드시 필요하다. 예를 들면 조작 명령을 주었을 경우 어떤 순서로 출력이 제어되며, 마찰과 관성에 의한 기계장치의 특성으로 인해 어느 순간에 어떤 속도로 동작시키는 것이 좋을지를 모르면 정확한 프로그램을 작성할 수 없다.

그러나 일반적으로 처음부터 모든 동작을 정확히 파악할 수는 없다. 따라서 처음에는 어느 정도 기계장치의 동작을 예상하여 프로그램을 작성하고 이에 대한 시뮬레이션을 부분적으로 또는 전체적으로 실시한다. 시뮬레이션에 이상이 없다면 프로그램을 실행하여 기계장치를 동작시킨다. 최적의 동작이 될 수 있도록 프로그램을 디버깅해 나가면서 프로그램을 완성한다.

1장 연습문제

01 다음의 PLC 메이커에서 생산되는 주요 PLC 기종들에 대해 조사하고 기종별 사양들을 간략히 정리하라. PLC 메이커는 LS산전, Mitsubishi, Siemens, Omron 등으로 한다.

02 모듈형 PLC에 사용되는 모듈로서 입력 모듈과 출력 모듈 외에 어떤 모듈들이 있는지 조사하고 각각의 모듈의 기능에 대해서 조사하라.

03 PLC 입력 단자에 외부기기(스위치, 센서 등)를 접속하는 방법은 외부기기의 종류에 따라서 다르다. 각종 외부기기를 PLC 입력 단자에 접속하는 방법에 대해 조사하고 PLC와의 접속도를 작성하라(PLC 사용자 매뉴얼을 참고할 것).

04 자동화 분야의 산업 현장에서 PLC를 활용한 예를 찾아 설명하라.

05 다음의 질문에 답하라.

(1) 스캔 사이클 타임이란 무엇인가?

(2) PLC의 프로그램 수행방식에서 반복 연산방식이란 무엇인가?

(3) PLC의 싱크형 입력 모듈과 소스형 입력 모듈에 대해서 설명하라.

(4) PLC 프로그램 작성 시 입·출력 할당표를 작성하는 이유는 무엇인가?

(5) PLC CPU 모듈의 기능은 무엇인가?

(6) PLC 입 · 출력 모듈의 기능은 무엇인가?

06 릴레이 제어와 PLC 제어를 비교할 때 PLC 제어의 장점은 무엇인가?

07 포토 센서와 근접 센서를 PLC의 입력단자에 접속하는 방법을 설명하라. 또한 이러한 센서들의 출력회로로는 어떤 것들이 있는가?

02

프로젝트, 데이터 및 변수

PLC 제어 프로그램을 작성하기 위해서는 먼저 PLC 시스템을 소프트웨어적으로 구성해야 한다. 이를 위해서는 PLC의 소프트웨어 구조에 대해서 알고 있어야 하며, 하나의 프로젝트로 정의하는 PLC 시스템에 대한 이해가 필요하다. 또한 응용 프로그램을 작성하기 위해서는 프로그램 작성 시 사용되는 다양한 변수들과 이들의 데이터 타입에 대한 지식이 필요하다.

이 장에서는 프로젝트의 구조와 구성 요소들, 응용 프로그램에서 사용되는 각종 데이터 타입, 변수의 종류, 주소, 사용자 플래그 등에 대해서 학습하고 이를 통해서 LD(ladder diagram)를 작성하기 위한 기본적인 지식을 습득하도록 한다.

2.1 프로젝트 구조

PLC 제어를 위한 응용 프로그램을 작성하기 전에 소프트웨어적으로 전체적인 PLC 시스템을 구성한다. LS산전의 XGI PLC에서는 PLC 시스템 전체를 하나의 프로젝트로 정의한다. 이 프로젝트는 하나의 PLC 시스템 운영에 필요한 사항들을 계층적으로 구성하고 정의한다. 그림 2.1에 프로젝트의 구조가 제시되어 있다.

(1) 프로젝트

XGI PLC의 프로그램을 작성하기 위해서는 제일 먼저 프로젝트를 구성해야 한다. 하나의 프로젝트를 구성한다는 것은 하나의 PLC 시스템에 필요한 모든 구성요소를 작성하

프로젝트
- 글로벌/직접변수
- 파라미터 : 기본 파라미터, I/O 파라미터
- 데이터 타입
- 스캔프로그램 : 프로그램1, 프로그램2, ...
- 사용자 펑션/펑션 블록
- 태스크 프로그램

그림 2.1 프로젝트의 구조

는 것이며, 스캔 프로그램, 기본 파라미터, I/O 파라미터 등을 작성하는 것이다.

(2) 글로벌/직접 변수

글로벌 변수, 직접 변수 설명문, 플래그 등의 탭으로 이루어져 있으며 사용자가 필요한 정보를 작성하거나 사용하는 부분이다.

(3) 파라미터

파라미터 부분은 PLC 시스템의 기동 시 필요한 여러 가지 정보를 작성하는 부분이다.

기본 파라미터는 기본 동작 설정(기본 운전, 시간, 리스타트 모드, 출력 제어 등의 설정), 메모리 영역 설정, 에러 동작 설정, 그리고 MODBUS 설정 부분으로 구성되어 있다.

I/O 파라미터는 PLC 슬롯에 사용할 I/O 모듈의 종류(디지털 모듈, 특수 모듈, 통신 모듈)와 파라미터를 설정한다.

(4) 스캔 프로그램

스캔 프로그램은 입력 모듈에서 입력 데이터를 읽어 들인 후 프로그램을 처음부터 끝까지 한 번 실행한 후 그 실행 결과를 출력 모듈에 출력하는 일련의 과정을 반복적으로 실행하는 프로그램으로서 사용자가 작성한 응용 프로그램을 말한다.

PLC 스캔 프로그램은 다수의 프로그램들로 구성될 수 있으며 각각의 프로그램에 대해서 로컬 변수가 지정된다.

(5) 데이터 타입

데이터는 그 데이터의 고유 성질을 나타내는 데이터 타입을 가지고 있다. 예를 들어 수를 나타내는 어떤 변수의 데이터 타입은 short integer(SINT), integer(INT), double integer

(DINT), real numbers(REAL) 등의 데이터 타입을 가질 수 있다.

(6) 사용자 펑션/펑션 블록

사용자 펑션/펑션 블록은 시스템에서 제공하는 펑션/펑션 블록 외에 사용자가 직접 작성하여 만든 펑션/펑션 블록을 말한다. 펑션은 내부에 상태를 보관하고 있는 데이터를 갖지 않으며, 펑션 블록은 내부에 데이터를 가질 수 있다. 펑션 블록은 사용하기 전에 인스턴스를 선언해야 하는데 인스턴스는 펑션 블록에서 사용하는 변수들의 집합을 의미한다.

(7) 태스크 프로그램

태스크 프로그램은 스캔 프로그램처럼 매 스캔마다 반복하여 실행되지 않고, 실행 조건이 발생할 때만 실행을 한다. 실행해야 할 태스크가 여러 개 대기하고 있는 경우는 우선순위가 높은 태스크 프로그램부터 처리한다. 우선순위가 동일한 태스크가 대기 중일 때는 발생한 순서대로 처리한다. 태스크 종류는 정주기 태스크와 내부 접점 태스크가 있다.

2.2 데이터

2.2.1 데이터의 표현

PLC에서 데이터로 사용하는 것은 숫자(numeric literals), 문자열(character strings), 시간문자(time literals)로 구분할 수 있다.

(1) 숫자

숫자는 정수(integer)와 실수(real number)가 있다. 십진수는 일반적인 십진 표현법으로 나타내며, 소수점이 있으면 실수로 구분된다. PLC 프로그램을 작성할 경우 일반적인 정수도 많이 사용하지만 2진수와 16진수를 많이 사용한다.

2진수와 16진수의 표현법은 2진수로 1100의 경우 2#1100, 16진수로 123F인 경우 16#123F로 표현하면 된다. Bool 데이터는 정수 0과 1로 표현한다. 그리고 2진화 10진법인 BCD(binary coded decimal)는 16진수로 표현하되 0에서 9까지의 숫자만을 사용한다. 표 2.1에 각종 숫자의 표현에 대한 예가 제시되어 있다.

표 2.1 숫자의 표현

10진수	2진수	16진수	BCD
0	0	0	0000
1	1	1	0001
2	10	2	0010
3	11	3	0011
4	100	4	0100
5	101	5	0101
6	110	6	0110
7	111	7	0111
8	1000	8	1000
9	1001	9	1001
10	1010	A	0001 0000
11	1011	B	0001 0001
12	1100	C	0001 0010
13	1101	D	0001 0011
14	1110	E	0001 0100
15	1111	F	0001 0101
16	1 0000	10	0001 0110
17	1 0001	11	0001 0111
18	1 0010	12	0001 1000
19	1 0011	13	0001 1001
20	1 0100	14	0010 0000
235	1110 1011	EB	0010 0011 0101
236	1110 1100	EC	0010 0011 0110
237	1110 1101	ED	0010 0011 0111
510	1 1111 1110	1FE	0101 0001 0000
511	1 1111 1111	1FF	0101 0001 0001
512	10 0000 0000	200	0101 0001 0010
9999	10 0111 0000 1111	270F	1001 1001 1001 1001

2진수 및 16진수의 10진수로의 변환

2진수 1110 1100을 10진수로 표현하면?

$$1 \times 2^7 + 1 \times 2^6 + 1 \times 2^5 + 0 \times 2^4 + 1 \times 2^3 + 1 \times 2^2 + 0 \times 2^1 + 0 \times 2^0 = 236_{10}$$

16진수 270F를 10진수로 표현하면?

$$2 \times 16^3 + 7 \times 16^2 + 0 \times 16^1 + 15 \times 16^0 = 9999_{10}$$

◉ 10진수 및 16진수의 2진수로의 변환

10진수 11을 2진수로 표현하면?

$11 \div 2 = 5$, 나머지 $= 1$ LSB
$5 \div 2 = 2$, 나머지 $= 1$
$2 \div 2 = 1$, 나머지 $= 0$
$1 \div 2 = 0$, 나머지 $= 1$ MSB

따라서 $11_{10} = 1011_2$

※ LSB(least significant bit): 2진수에서 가장 오른쪽의 비트, MSB(most significant bit): 2진수에서 가장 왼쪽의 비트

16진수 270F를 2진수로 표현하면?

$2_{16} = 0010_2$, $7_{16} = 0111_2$, $0_{16} = 0000_2$, $F_{16} = 1111_2$

따라서 $270F_{16} = 10\ 0111\ 0000\ 1111_2$

(2) 문자열

두 개의 작은따옴표(' ') 안에 있는 모든 문자가 문자열에 해당되며, 문자열 상수의 경우 영문만 사용할 때 최대 31자까지, 한글만 사용할 때 최대 15자까지 표현할 수 있다. 예로서 'MOTOR－1 STOP'으로 표현한다.

(3) 시간 문자

시간 문자는 경과 시간을 나타내기 위한 데이터와 시작점과 끝점의 날짜와 시각을 나타내기 위한 데이터로 구분된다.

◉ 경과 시간(duration)

예약어 'T#'로 시작하며 일(D), 시(H), 분(M), 초(S), 1/1000초(MS)의 순서로 표기해야 한다. 소수점을 이용하여 표기할 수도 있다.

예로서 T#10S: 10초, T#2H30M40S123MS: 2시간 30분 40초 123/1000초, T#12.5S: 12.5초 등으로 표현한다.

◉ 날짜와 시각(time of day and date)

날짜와 시각의 표현은 날짜, 시각, 날짜와 시각 등의 세 가지가 있다. 날짜 접두어는 'D#', 시각 접두어는 'TOD#', 날짜 시각 접두어는 'DT#'를 사용한다.

예로서 D#2014−05−22, TOD#14:30:21.123, DT#2014−05−22−14:30:21.123 등으로 표현한다.

2.2.2 데이터 타입

PLC 프로그램에서는 다양한 데이터를 사용하는데 이들 데이터에 대한 데이터 타입, 크기, 표현 범위 등에 대해서 정확히 알고 사용해야 한다. 표 2.2는 기본 데이터 타입을 제시하고 있다.

표 2.2 기본 데이터 타입

구 분	예약어	데이터 타입	크기 (비트)	표현 범위
숫자	SINT	Short Integer	8	−128 ~ 127
	INT	Integer	16	−32768 ~ 32767
	DINT	Double Integer	32	−2147483648 ~ 2147483647
	LINT	Long Integer	64	-2^{63} ~ $2^{63}-1$
	USINT	Unsigned Short Integer	8	0~255
	UINT	Unsigned Integer	16	0 ~ 65535
	UDINT	Unsigned Double Integer	32	0 ~ 4294967295
	ULINT	Unsigned Long Integer	64	0 ~ $2^{64}-1$
	REAL	Real Numbers	32	−3.402823E38 ~ −1.401298E−45 4.9406564E−45 ~ 3.042823E38
	LREAL	Long Real Numbers	64	−1.7976931E308 ~ −4.9406564E−324 4.9406564E−324 ~ 1.7976931E308
시간	TIME	Duration	32	T#0S ~ T#49D17H2M47S295MS
날짜/시각	DATE	Date	16	D#1984−01−01 ~ D#2163−6−6
	TIME_OF_DAY	Time of Day	32	TOD#00:00:00 ~ TOD#23:59:59.999
	DATE_AND_TIME	Date and Time of Day	64	DT#1984−01−01−00:00:00 ~ DT#2163−12−31−23:59:59.999
문자열	STRING	Characer String	32×8	영문 31자, 한글 15자
비트 상태	BOOL	Boolean	1	0, 1
	BYTE	BSL 8	8	16#0 ~ 16#FF
	WORD	BSL 16	16	16#0 ~ 16#FFFF
	DWORD	BSL 32	32	16#0 ~ 16#FFFFFFFF
	LWORD	BSL 64	64	16#0 ~ 16#FFFFFFFFFFFFFFFF

* BSL: Bit String of Length

데이터의 초깃값을 지정하지 않을 경우 그 초깃값은 데이터 타입에 따라 표 2.3과 같이 자동적으로 지정된다.

표 2.3 데이터의 초깃값

데이터 타입	초깃값
SINT, INT, DINT, LINT, USINT, UINT, UDINT, ULINT	0
REAL, LREAL	0.0
BOOL, BYTE, WORD, DWORD, LWORD	0
TIME	T#0S
DATE	D#1984-01-01
TIME_OF_DAY	TOD#00:00:00
DATE_AND_TIME	DT#1984-01-01-00:00:00
STRING	' '(empty string)

2.3 변수

프로그램에서 사용되는 데이터는 값을 갖는다. 프로그램이 실행되는 동안 값이 바뀌지 않는 데이터를 상수, 그 값이 변하는 데이터를 변수라 한다. 변수는 PLC의 입력과 출력 데이터, 내부 메모리 데이터 등과 같이 그 값이 변하는 데이터를 나타낸다.

사용자가 변수를 표현하는 방법은 두 가지가 있다. 첫 번째는 식별자에 의해 변수에 이름을 부여하는 방법이고, 두 번째는 PLC의 입력과 출력 또는 메모리의 기억장소에 대해서 직접적으로 표현하는 방법으로서 이와 같은 변수를 직접변수라고 한다.

2.3.1 식별자에 의한 변수

식별자에 의한 변수는 사용자가 변수 이름, 변수 종류, 데이터 타입을 선언하고 사용한다. 변수 이름은 다음과 같은 규칙을 준수해야 한다.

- 한글, 영문, 숫자 및 밑줄 문자('_')를 사용할 수 있음
- 첫 번째 문자로 숫자를 사용할 수 없음
- 빈칸을 포함하지 않아야 함
- 직접변수와 같은 이름으로 사용할 수 없음

식별자에 의해 변수 이름을 선언할 경우에는 그 이름이 변수의 기능을 잘 표현할 수 있도록 설정하는 것이 좋다. 예를 들면 '기동스위치', '정지SW', '스위치1', '누름_검출', 'X축서보_On', 'Auto_Stop' 등이 있다.

변수 종류는 나중에 설명될 것이며 표 2.5에 설명되어 있다. 변수의 데이터 타입은 표 2.2에 제시되어 있는 데이터 타입에서 변수의 특성에 맞는 크기로 설정하면 된다.

2.3.2 직접변수

PLC로 장치를 제어하기 위해서는 입력기기(스위치, 센서 등)와 출력기기(램프, 솔레노이드 밸브 등)가 각각 PLC의 입력 모듈과 출력 모듈에 연결되어야 한다. 이러한 연결 위치를 주소의 형태로 나타내는 것이 직접변수이며 직접변수를 사용해야만 입출력 기기에 대한 정보 입력과 제어가 가능하다.

직접변수는 PLC 메이커에 의해 정해진 메모리 영역의 식별자와 주소를 사용한다. 직접변수에는 %I로 시작하는 입력 위치 변수, %Q로 시작하는 출력 위치 변수 그리고 %M,

표 2.4 직접변수의 접두어 및 표현

항 목	접두어	내 용
위치 접두어	I	입력 위치(input location)
	Q	출력 위치(output location)
	M, R, W	내부 메모리 위치(memory location)
크기 접두어	X	1비트의 크기
	None	1비트의 크기
	B	1바이트(8비트)의 크기
	W	1워드(16비트)의 크기
	D	1더블 워드(32비트)의 크기
	L	1롱 워드(64비트)의 크기
데이터 위치	n1	베이스 번호(0부터 시작)
	n2	슬롯 번호(0부터 시작)
	n3	[크기 접두어]에 해당하는 n3번 데이터 위치(0부터 시작)
직접변수의 표현		%[위치 접두어][크기 접두어]n1.n2.n3

%R, %W로 시작하는 내부 메모리 위치 변수가 있다(%M, %R, %W는 각각 내부 메모리 중 M 영역, R 영역, W 영역 위치를 의미함).

직접변수는 반드시 문자 %로 시작하고 데이터의 위치를 나타내는 위치 접두어, 데이터의 크기를 나타내는 크기 접두어, 그리고 마침표로 구분되는 하나 이상의 부호 없는 정수들로 나타낸다. 표 2.4는 직접변수에 사용되는 위치 접두어와 크기 접두어를 나타낸다. 입·출력 접점 및 내부 메모리에 대한 직접변수 표현의 예를 들면 다음과 같다.

● %IX0.0.2는 다음을 나타낸다.

접두어/데이터 위치	내 용
I	입력 데이터를 의미함
X	1비트의 크기를 나타냄
0	베이스 번호가 0임을 나타냄
0	입력 모듈이 장착된 슬롯 번호가 0임을 나타냄
2	입력 모듈에서의 접점의 위치가 2번 비트임을 나타냄(입력 모듈의 접점은 0부터 시작하므로 입력 모듈에서 위치는 세 번째임)

즉, %IX0.0.2는 입력 데이터로서 비트 크기이며 0번 베이스 0번 슬롯 2번 위치의 비트를 나타낸다.

● %QX0.3.5는 다음을 나타낸다.

접두어/데이터 위치	내 용
Q	출력 데이터를 의미함
X	1비트의 크기를 나타냄
0	베이스 번호가 0임을 나타냄
3	출력 모듈이 장착된 슬롯 번호가 3임을 나타냄
5	출력 모듈에서의 접점의 위치가 5번 비트임을 나타냄(출력 모듈의 접점은 0부터 시작하므로 입출 모듈에서 위치는 여섯 번째임)

즉, %QX0.3.5는 출력 데이터로서 비트 크기이며 0번 베이스 3번 슬롯 5번 위치의 비트를 나타낸다.

직접변수 %IX0.0.2와 %QX0.3.5를 PLC의 입력 모듈과 출력 모듈에 나타내면 그림 2.2와 같다. 일반적으로 모듈형 PLC는 베이스의 좌측으로부터 파워 모듈, CPU 모듈 순서로 슬롯에 장착되고, 이후의 슬롯부터 입출력 모듈, 특수 모듈, 통신 모듈 등이 사용자가 원하는 순서대로 장착된다. 이때 CPU 모듈이 장착된 슬롯의 오른쪽 슬롯부터 슬롯 번호가 부여되며 0번부터 시작된다. 그림에서 입력 모듈은 슬롯 번호 0과 1에 장착되어 있고, 출력 모듈은 슬롯 번호 2와 3에 장착되어 있다. 입력 모듈은 각각 16접점이고 출력 모듈 또한 각각 16접점이다.

그림 2.2에서 0번 슬롯에 장착된 입력 모듈에서 단자 번호는 0에서 15(F)까지이므로 단자는 총 16개이며, 단자 1개당 1비트의 정보를 입력받을 수 있으므로 총 16비트 또는 1워드에 해당한다(일반적으로 PLC 입출력 모듈의 접점 수는 8, 16, 32, 64 등으로 되어 있다). %IX0.0.2는 마지막 숫자가 2이므로 이는 2번 비트를 의미하며 그림에서와 같이 2번 비트인 2번 단자, 즉 세 번째 단자의 위치를 나타내는 주소이다.

그리고 %QX0.3.5는 마지막 숫자가 5이므로 이는 5번 비트를 의미하며 그림에서와 같이 5번 비트인 5번 단자, 즉 여섯 번째 단자의 위치를 나타내는 주소이다.

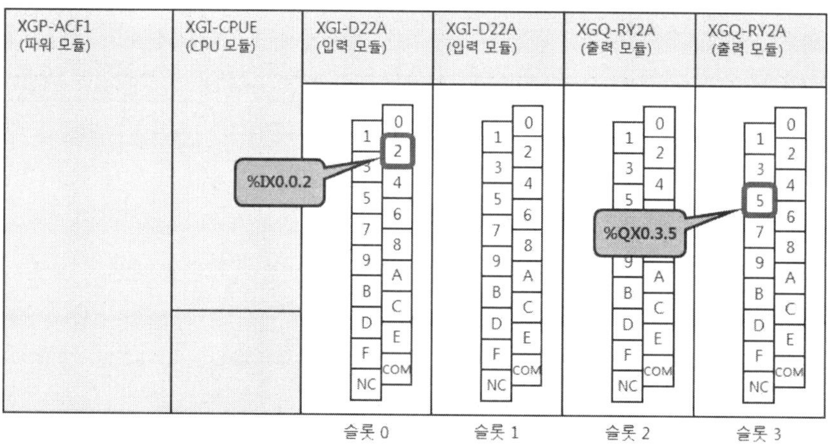

그림 2.2 PLC 입출력 모듈 단자의 주소 예(비트 단위)

예제 2.1

그림 2.2와 같은 PLC에 대해서 %IX0.2.0 또는 %QX0.0.0과 같은 주소를 사용할 수 있는가? 만일 사용할 수 없다면 그 이유는 무엇인가?

풀이 그림 2.2와 같은 PLC에 대해서 %IX0.2.0 또는 %QX0.0.0과 같은 주소를 사용할 수 없다. 그 이유는 %IX0.2.0의 경우 입력 주소인데 2번 슬롯에 입력 모듈이 아닌 출력 모듈이 장착되어 있기 때문이고, %QX0.0.0의 경우도 출력 주소인데 0번 슬롯에 출력 모듈이 아닌

입력 모듈이 장착되어 있기 때문에 상호 간에 입출력이 일치하지 않기 때문이다. ■

예제 2.2

그림 2.2에서 %IX0.1.7과 %QX0.2.10의 단자 위치는 어디인가?

(풀이) %IX0.1.7이 지시하는 단자 위치는 1번 슬롯 7번 비트 위치이며 %QX0.2.10이 지시하는 단자 위치는 2번 슬롯 10번 비트 위치(A)이다. ■

%IW0.1.0은 다음을 나타낸다.

접두어/데이터 위치	내 용
I	입력 데이터를 의미함
W	1워드의 크기를 나타냄
0	베이스 번호가 0임을 나타냄
1	입력 모듈이 장착된 슬롯 번호가 1임을 나타냄
0	입력 모듈에서의 접점의 위치가 0번 워드임을 나타냄

즉, %IW0.1.0은 입력 데이터로서 워드 크기이며 0번 베이스 1번 슬롯 0번 위치의 워드를 의미한다. 즉, 0번부터 15번(F) 비트까지 16개의 접점(16 비트)을 나타낸다.

%QB0.3.1은 다음을 나타낸다.

접두어/데이터 위치	내 용
Q	출력 데이터를 의미함
B	1바이트의 크기를 나타냄
0	베이스 번호가 0임을 나타냄
3	출력 모듈이 장착된 슬롯 번호가 3임을 나타냄
1	출력 모듈에서의 접점의 위치가 1번 바이트임을 나타냄

즉, %QB0.3.1은 출력 데이터로서 바이트 크기이며 0번 베이스 3번 슬롯 1번 위치의 바이트를 의미한다. 즉, 8번부터 15번(F) 비드까지 8개의 접짐(8 비트)을 나타낸다.

직접변수 %IW0.1.0과 %QB0.3.1을 PLC의 입력 모듈과 출력 모듈에 나타내면 그림 2.3과 같다. 그림 2.3에서 0번 슬롯에 장착된 입력 모듈에서 단자 번호는 0에서 15(F)까지이므로 단자는 총 16개이며, 총 16비트 또는 1워드에 해당한다. 따라서 %IW0.1.0은 마지막 숫자가 0이므로 이는 0번 워드를 의미하므로 그림에서와 같이 0번부터 15번(F) 단자 전체에 해당하는 1워드(16 비트)의 위치를 나타내는 주소이다.

그리고 %QB0.3.1은 마지막 숫자가 1이므로 이는 1번 바이트를 의미하며 그림에서와 같이 8번부터 15번(F) 단자까지에 해당하는 1바이트의 위치를 나타내는 주소이다.

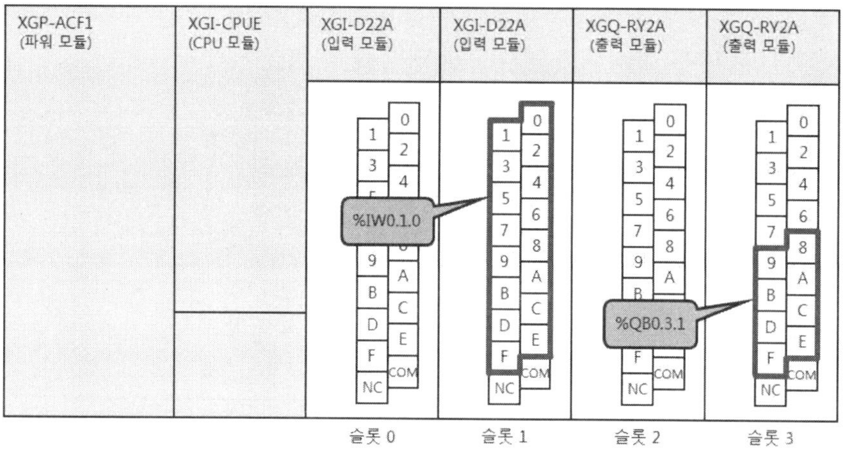

그림 2.3 PLC 입출력 모듈 단자의 주소 예(워드, 바이트 단위)

예제 2.3

그림 2.3에서 %IB0.0.0과 %QB0.3.0의 단자 위치는 어디인가?

%IB0.0.0이 지시하는 단자 위치는 0번 슬롯 0번 바이트 위치이다. 즉, 0번 슬롯의 0번에서 7번 비트까지의 8개의 접점(8비트)을 의미한다. %QB0.3.0이 지시하는 단자 위치는 3번 슬롯 0번 바이트 위치이다. 즉, 3번 슬롯의 0번에서 7번 비트까지의 8개의 접점(8비트)을 의미한다. ■

- **%MX0:** 0의 위치에 있는 비트 단위의 메모리를 나타냄
- **%MB1:** 1의 위치에 있는 바이트 단위의 메모리를 나타냄
- **%MW10.3:** 10의 위치에 있는 워드 단위의 메모리 중 3번 비트를 나타냄
- **%MD4:** 4의 위치에 있는 더블 워드 단위의 메모리를 나타냄

  * 내부 메모리는 베이스 번호, 슬롯 번호가 없음

2.3.3 변수의 선언

프로그램 구성 요소(프로그램, 펑션, 펑션 블록)에서 변수를 사용하기 위해서는 사용할

변수를 선언해야 한다. 변수를 선언하기 위해서는 변수의 종류, 변수의 데이터 타입, 메모리 할당 등을 설정해야 한다. 변수의 종류는 표 2.5와 같이 4개로 분류된다.

표 2.5 변수의 종류

변수 종류	내 용
VAR	읽고 쓸 수 있는 일반적인 변수
VAR_RETAIN	정전 후 복전 시 값이 유지되는 변수
VAR_CONSTANT	읽기만 할 수 있는 변수
VAR_EXTERNAL	외부 변수(VAR_GLOBAL)임을 지정하는 변수

2.3.4 메모리 할당

프로그램 컴파일러는 변수가 선언되면 내부 메모리 영역에 변수의 값이 저장될 주소를 자동으로 할당한다. 예를 들어 '기동스위치'란 이름의 변수에 대해서 사용자가 메모리 할당을 지정하지 않았을 경우, 변수의 내부 위치는 프로그램을 컴파일하는 과정에서 정해지므로 프로그램 작성자는 변수의 데이터 값이 저장되는 위치(메모리에서의 주소)에 대해 고려할 필요가 없다.

반면에 메모리 할당은 사용자가 직접 주소를 지정하는 것을 말한다. 선언된 변수는 입・출력용 변수(%I, %Q)와 내부 메모리 변수에 사용된다.

초기에 변수 이름 '기동스위치'로 정의된 변수에 대해서 주소를 지정하기 위해서는 변수를 선언하는 과정에서 메모리 할당을 하면 된다. 즉, PLC의 입력 모듈의 특정 위치의 단자에 스위치가 연결되어 있고 이 스위치의 변수 이름을 '기동스위치'라고 하자. 스위치의 On/Off에 대한 정보를 PLC가 읽어 들이기 위해서는 연결된 단자의 위치와 변수 '기동스위치'를 일치시켜야 한다. 이를 위해서 변수 '기동스위치'를 선언하는 과정에서 메모리 할당을 하여 스위치가 연결된 단자의 주소를 부여한다.

이와 같이 식별자에 의한 변수에 대해서 입출력 주소에 해당하는 주소를 메모리 할당하는 방법은 PLC 프로그램의 입출력 변수에 가장 일반적으로 사용되는 방법이다.

프로그램을 작성하는 과정에서 입출력 변수에 메모리 할당을 하는 방법은 3장에서 다루도록 한다.

2.3.5 예약변수

예약변수는 시스템에서 미리 선언된 변수로서 플래그(PLC에 미리 입력되어 있는 내부 명령어의 조합)로 사용된다. 이 변수들은 특수한 용도로 사용되며, 사용자는 예약변수와 동일한 이름으로 변수 선언을 할 수 없으며, 예약변수를 사용할 경우에는 변수를 선언하지 않고 사용한다.

표 2.6에 사용자 플래그의 예가 제시되어 있다.

표 2.6 사용자 플래그(LS산전 XGI/XGR/XEC 명령어집)

예약 변수	데이터 타입	내 용
_ERR	BOOL	연산 에러 플래그
_LER	BOOL	연산 에러 시 1스캔 동안 On
_T20MS	BOOL	20 ms 주기 클럭
_T100MS	BOOL	100 ms 주기 클럭
_T200MS	BOOL	200 ms 주기 클럭
_T1S	BOOL	1 s 주기 클럭
_T2S	BOOL	2 s 주기 클럭
_T10S	BOOL	10 s 주기 클럭
_T20S	BOOL	20 s 주기 클럭
_T60S	BOOL	60 s 주기 클럭
_ON	BOOL	항상 On
_OFF	BOOL	항상 Off
_1ON	BOOL	1스캔 On
_1OFF	BOOL	1스캔 Off
_STOG	BOOL	매 스캔 반전
_RTC_DATE	DATE	RTC의 현재 날짜
_RTC_TOD	TOD	RTC의 현재 시간
_RTC_WEEK	UNIT	RTC의 현재 요일
_SCAN_CUR	UNIT	현재 스캔 시간
_SCAN_MAX	UNIT	최대 스캔 시간
_SCAN_MIN	UNIT	최소 스캔 시간

2장 연습문제

01 다음의 2진수를 10진수로 나타내라.

(1) 100
(2) 1001
(3) 1100
(4) 101010
(5) 11000100

02 다음의 10진수를 2진수로 나타내라.

(1) 7
(2) 12
(3) 26
(4) 67
(5) 123

03 다음의 16진수를 10진수로 나타내라.

(1) 5C
(2) A7
(3) FF
(4) 1A3
(5) ABC

04 다음의 16진수를 2진수로 나타내라.

(1) 5C
(2) A7
(3) FF
(4) 1A3
(5) ABC5

05 다음의 10진수를 BCD로 나타내라.

(1) 11
(2) 75
(3) 160
(4) 256
(5) 1234

06 다음의 질문에 답하라.

(1) SINT의 크기는 몇 비트이며 숫자의 표현 범위는 얼마인가?
(2) INT의 크기는 몇 비트이며 숫자의 표현 범위는 얼마인가?
(3) DINT의 크기는 몇 비트이며 숫자의 표현 범위는 얼마인가?
(4) BOOL의 크기는 몇 비트이며 숫자의 표현 범위는 얼마인가?
(5) BYTE의 크기는 몇 비트이며 숫자의 표현 범위는 얼마인가?
(6) WORD의 크기는 몇 비트이며 숫자의 표현 범위는 얼마인가?

07 다음의 질문에 대해 직접변수로서 답하라. (1)~(4)는 해당 위치를 아래의 그림에 나타내라.

(1) 입력 데이터로서 bit 크기이며 0번 베이스 1번 슬롯 0번 위치의 bit는?

(2) 출력 데이터로서 bit 크기이며 0번 베이스 3번 슬롯 5번 위치의 bit는?

(3) 입력 데이터로서 byte 크기이며 0번 베이스 0번 슬롯 0번 위치의 byte는?

(4) 출력 데이터로서 word 크기이며 0번 베이스 0번 슬롯 0번 위치의 word는?

(5) 내부 메모리로서 0의 위치에 있는 bit 크기의 메모리는?

(6) 내부 메모리로서 50의 위치에 있는 word 크기의 메모리 중 4번 bit는?

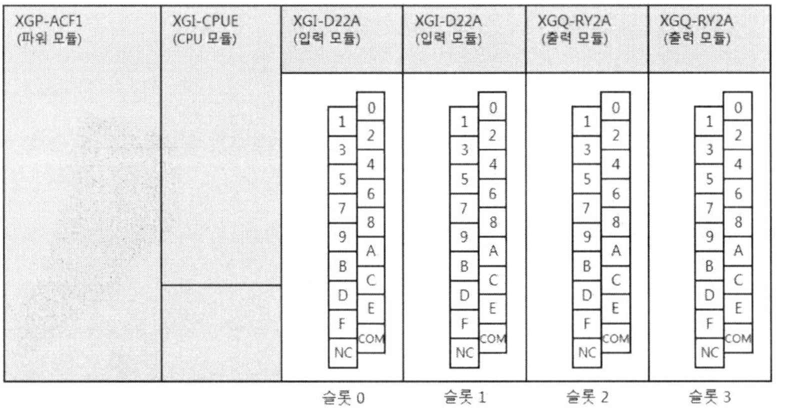

그림 P2.7

08 다음의 질문에 대해 답하라.

(1) 예약변수 _ERR은 무엇인가?

(2) 예약변수 _T1S는 무엇인가?

(3) 예약변수 _ON은 무엇인가?

(4) 예약변수 _1ON은 무엇인가?

(5) T#12.5S는 무엇인가?

(6) TOD#16:25:47.223은 무엇인가?

03

LD(래더 다이어그램)

LD는 PLC의 프로그램 언어로서 가장 기본적이면서 널리 사용되는 언어이며 그래픽 요소들을 이용하여 다이어그램 형태로 프로그램을 작성하는 도식적인 프로그램 언어이다.

이 장에서는 LD의 기본 그래픽 요소, 릴레이 회로를 LD로 표현하는 방법 등에 대해 학습한다. 그리고 IEC 61131−3에 준해 LD를 작성할 수 있는 XG5000의 기본적인 사용법을 익히고 접점과 코일을 이용한 프로그램 작성과 시뮬레이션 방법에 대해 학습한다.

3.1 LD 개요

3.1.1 개요

LD(ladder diagram)는 릴레이 로직 회로와 유사한 다이어그램으로 표현되는 도식적인 프로그램 언어이다. LD라는 이름은 프로그램의 모양이 2개의 수직 방향 모선(power rail)과 이 사이의 접점들이 수평 방향으로 배열된 형태(렁, rung)여서 마치 사다리(ladder) 모양으로 생긴 것에 유래한다.

과거에 LD는 PLC 프로그램을 개발하는 유일한 언어였다. 그러나 PLC 메이커들은 LD를 동일한 형태로 개발하지는 않았으며, PLC 메이커 상호 간에 프로그램의 호환성을 쉽게 얻을 수도 없었다. 또한 LD는 산술연산, PID 제어, 위치결정 제어 등에 적합하지 않았다. 이러한 문제점을 해결하고 PLC 메이커 상호 간의 호환성을 위해 IEC 61131−3 규격이 제정되었으며 현재의 산업용 제어 분야의 트렌드는 이 규격을 사용하는 것이 되었다.

LD는 IEC 61131-3에서 제시하고 있는 PLC 프로그램 언어 중의 하나이며 산업용 제어를 위한 PLC 소프트웨어를 개발하는 데 가장 널리 사용되고 있는 기본적인 언어이다.

LS산전의 XGT 시리즈 PLC의 프로그램 작성 소프트웨어인 XG5000으로 작성한 LD의 예가 그림 3.1(a)에 제시되어 있다. 왼쪽과 오른쪽의 수직선은 모선이라고 하며 접점들은 모선 사이에서 수평으로 배열되어 있는데 이를 렁이라고 한다. 그림의 LD는 2개의 렁을 갖는다. 그림에서 수직 방향 점선을 기준으로 왼쪽에는 입력이, 오른쪽에는 출력이 위치한다. 즉, 렁은 입력과 출력으로 구성된다. 또한 화살표와 같은 방향으로 전원의 흐름이 이루어진다.

그림 3.1(a)는 실행이 되지 않은 상태의 LD이고 그림 3.1(b)는 프로그램이 시뮬레이션 등으로 실행 중인 상태를 나타낸다. 모선에 전원이 인가되어 파란색으로 나타나고 있으며, b 접점 또는 On 상태의 a 접점과 출력 코일은 파란색으로 나타난다. 그리고 On 상태의 접점 또는 출력 코일의 변수 이름은 빨간색으로 나타난다.

그림 3.1(b)에서 첫 번째 렁의 출력 P1은 Off이다. 왜냐하면 접점 C가 열려 있어서 접점 D와 E를 통한 전원 흐름(power flow)을 차단하고 있기 때문이다(전원 흐름이 접점 D

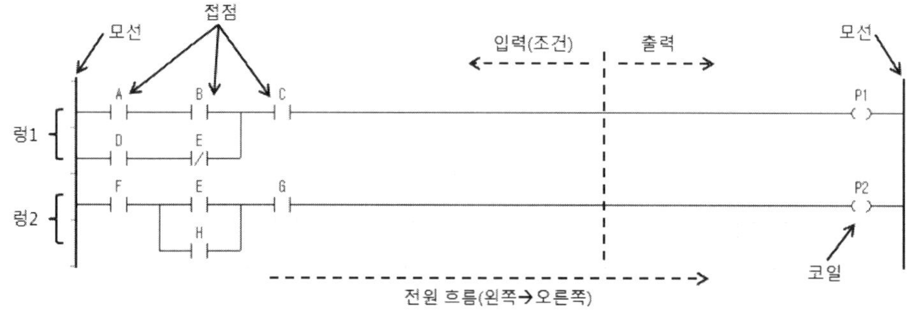

(a) 실행이 되지 않은 LD

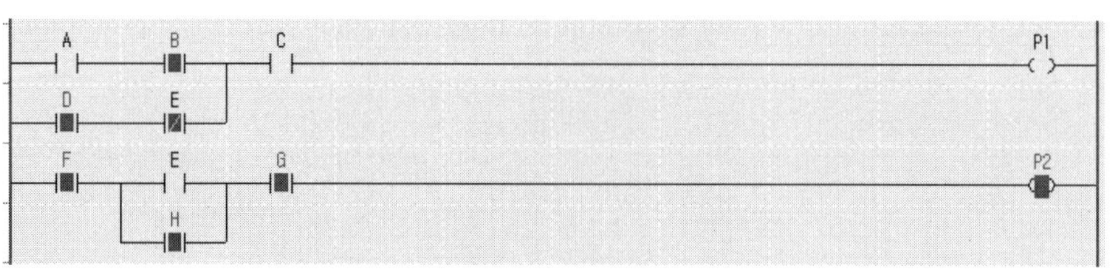

(b) 실행 중인 LD

그림 3.1 LD의 예

와 E를 통해 흘러가다가 접점 C에 의해 차단되고 있으며 접점 A는 열려 있어 좌측 모선으로부터의 전원 흐름이 차단되어 있다).

두 번째 렁의 출력은 On인데 좌측 모선으로부터의 전원 흐름이 접점 F, 접점 H, 접점 G를 통해 출력 P2로 흘러가고 있기 때문이다.

예제 3.1

다음을 만족하는 LD를 작성하라. 파일럿 램프(PL)는 푸시 버튼 스위치1(PB1)을 누르고, 푸시 버튼 스위치2(PB2)를 누르고, 리밋 스위치(LS)를 접촉하지 않으면 On이 된다.

풀이 문제에서 입력은 PB1, PB2, LS이고 출력은 PL이다. 3개의 입력이 동시에 만족되어야 파일럿 램프를 On시키므로 3개의 스위치는 직렬로 연결(AND 조건)되어 있어야 한다. 따라서 파일럿 램프가 On이 되기 위해서는 각각의 스위치는 다음과 같은 종류의 스위치를 사용해야 한다. 푸시 버튼 스위치 PB1은 눌러서 닫히게 해야 하므로 a 접점, 푸시 버튼 스위치 PB2도 눌러서 닫히게 해야 하므로 a 접점, 리밋 스위치 LS는 접촉하지 않은 상태에서 접점이 닫혀 있어야 하므로(리밋 스위치가 Off인 상태에서 전원 흐름이 이루어져야 하므로) b 접점이 사용되어야 한다.

그림 3.2 3개의 스위치로 파일럿 램프를 On하기 위한 LD

■

예제 3.2

예제 3.1의 조건이면 파일럿 램프(PL)가 On이 되고, 또한 포토 센서(SEN)가 물체의 위치를 감지하여 On이 되고, 푸시 버튼 스위치(PB2)를 누르고, 리밋 스위치(LS)를 접촉하지 않으면 파일럿 램프(PL)가 On이 되는 LD를 작성하라.

풀이 포토 센서(SEN)가 물체의 위치를 감지하여 On이 될 경우에도 파일럿 램프 PL이 On이 되기 위해서는 예제 3.1의 조건과 포토 센서의 조건이 OR 조건 또는 논리합 조건을 만족하면 된다. 포토 센서(SEN)는 On이 되어야 전원 흐름이 이루어지므로 a 접점을 사용한다. 이에 대한 LD가 그림 3.3(a)에 제시되어 있다.

참고로 예제 3.1의 조건으로 파일럿 램프(PL)가 On이 되고, 또한 포토 센서(SEN)가 On이 되어도 파일럿 램프(PL)가 On이 되는 LD를 작성하면 그림 3.3(b)와 같다.

(a) 3개의 스위치와 1개의 센서로 파일럿 램프를 On하기 위한 LD

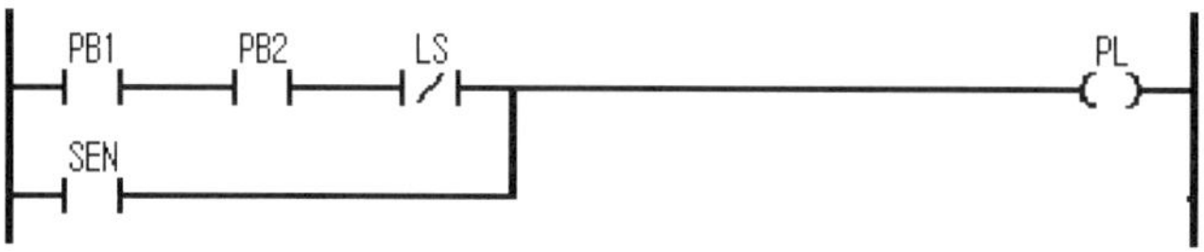

(b) 3개의 스위치 또는 1개의 센서로 파일럿 램프를 On하기 위한 LD

그림 3.3 ■

3.1.2 LD의 기본 그래픽 요소

LD의 실행 결과로 얻어지는 출력은 그래픽 요소의 배치와 접속에 따라 결정되며 요소는 직렬 또는 병렬로 연결되어 프로그램을 구성한다. LD의 기본 그래픽 요소는 모선, 연결선, 접점, 코일 등이다.

(1) 모선

모선은 LD 프로그램의 왼쪽과 오른쪽 세로선이며 전원선의 개념이다.

No	기 호	명 칭	설 명
1	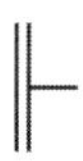	왼쪽 모선	항상 값이 1임
2	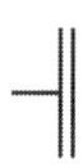	오른쪽 모선	정해져 있지 않음

(2) 연결선

왼쪽 모선의 값(bool type)인 1은 접점 등을 통해 오른쪽으로 전달된다. 이와 같이 전달되는 값을 가진 선을 연결선 또는 전원 흐름선이라고 하며 접점 또는 코일에 연결되어 있다.

No	기 호	명 칭	설 명
1	─────	가로 연결선	왼쪽의 값을 오른쪽으로 전달
2	│	세로 연결선	왼쪽에 있는 가로 연결선들의 논리합

(3) 접점

접점은 왼쪽에 있는 가로 연결선의 상태와 현 접점의 상태를 고려한 값을 오른쪽에 있는 가로 연결선에 전달한다.

No	기 호	명 칭	설 명
1	*** ─┤ ├─	평상시 열린 접점 (normally open contact)	접점의 값이 1(On)일 때 왼쪽 연결선 상태는 오른쪽 연결선으로 복사되며, 0(Off)일 때 오른쪽 연결선의 상태는 Off이다.
2	*** ─┤/├─	평상시 닫힌 접점 (normally closed contact)	접점의 값이 0(Off)일 때 왼쪽 연결선 상태는 오른쪽 연결선으로 복사되며, 1(On)일 때 오른쪽 연결선의 상태는 Off이다.
3	*** ─┤P├─	양변환 검출 접점 (positive transition －sensing contact)	접점의 값이 이전 스캔에서 0이었던 것이 현재 스캔에서 1로 되고 왼쪽 연결선의 상태가 On인 경우에 한해서 오른쪽 연결선의 상태는 현재 스캔 동안만 On이 된다. 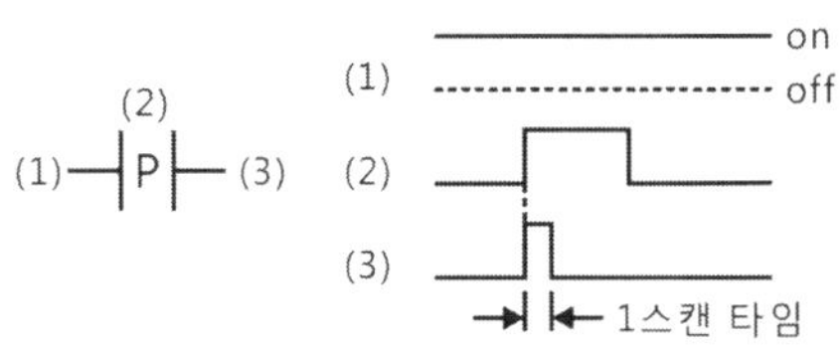
4	*** ─┤N├─	음변환 검출 접점 (negative transition －sensing contact)	접점의 값이 이전 스캔에서 1이었던 것이 현재 스캔에서 0으로 되고 왼쪽 연결선의 상태가 On인 경우에 한해서 오른쪽 연결선의 상태는 현재 스캔 동안만 On이 된다. 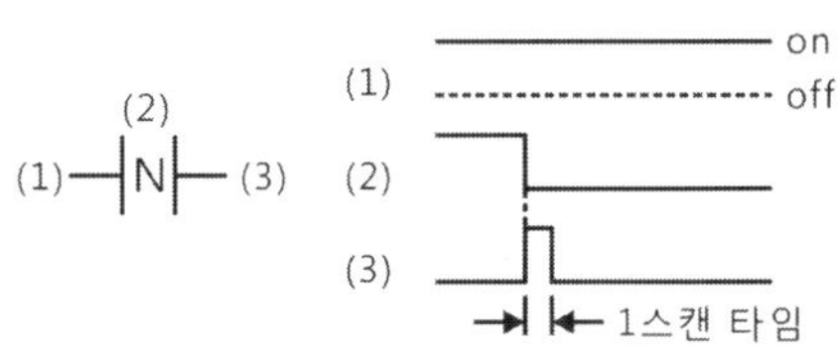

* 평상시 열린 접점과 평상시 닫힌 접점을 정적 접점이라 한다.

* 양변환 검출 접점과 음변환 검출 접점을 상태 변환 검출 접점이라 한다.

(4) 코일

코일은 왼쪽 연결선의 상태 또는 상태 변화에 대한 결과를 값으로 취한다. 코일은 LD의 가장 오른쪽에 위치한다.

No	기 호	명 칭	설 명
1	*** —( )—	코일 (coil)	일반적으로 사용되는 출력 코일의 기능을 갖는다. 왼쪽 연결선의 상태값이 코일의 값이 된다.
2	*** —(/)—	역코일 (negated coil)	왼쪽 연결선의 상태가 Off이면 코일의 값은 1(On), 왼쪽 연결선의 상태가 On이면 코일의 값은 0(Off)이다.
3	*** —(S)—	세트 코일 (set coil, latch coil)	왼쪽 연결선의 상태가 On이면 코일의 값은 1(On)이 되고, 리셋 코일에 의해 리셋되기 전까지는 그 값은 1(On)을 유지한다.
4	*** —(R)—	리셋 코일 (reset coil, unlatch coil)	왼쪽 연결선의 상태가 On이면 코일의 값은 0(Off)이 되고, 세트 코일에 의해 세트되기 전까지는 그 값이 0을 유지한다.
5	*** —(P)—	양변환 검출 코일 (positive transition −sensing coil)	왼쪽 연결선 상태가 이전 스캔에서 Off였던 것이 현재 스캔에서 On으로 변한 경우 코일의 값은 현재 스캔 동안만 1(On)이 된다. 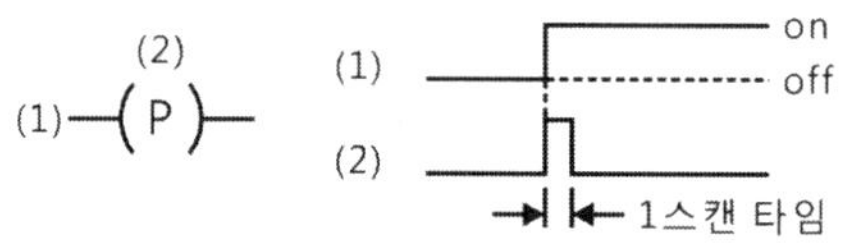
6	*** —(N)—	음변환 검출 코일 (negative transition −sensing coil)	왼쪽 연결선 상태가 이전 스캔에서 On이었던 것이 현재 스캔에서 Off로 변한 경우 코일의 값은 현재 스캔 동안만 1(On)이 된다. 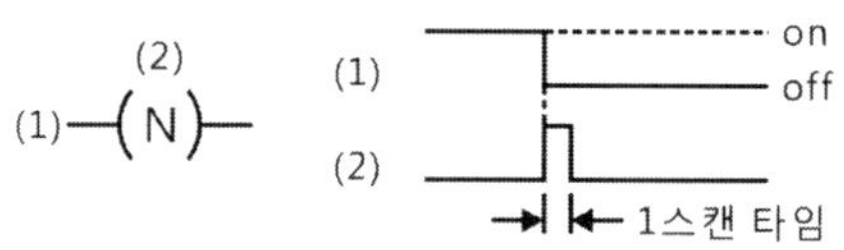

* 코일과 역코일을 임시 코일이라 한다.
* 세트 코일과 리셋 코일을 래치 코일이라 한다.
* 양변환 검출 코일과 음변환 검출 코일을 상태 변환 검출 코일이라 한다.

3.1.3 릴레이 회로와 LD

릴레이 회로로 구성되는 시퀀스 제어 회로를 PLC를 이용하여 제어하기 위해서는 LD

를 작성해야 한다. LD를 작성하기 위해서는 먼저 릴레이 회로를 정확히 이해하고 있어야 하며 릴레이 회로의 논리연산 부분을 LD로 표현해야 한다. 즉, 릴레이 회로에서 릴레이, 타이머, 카운터 등의 하드웨어를 이용하여 구현된 논리회로는 PLC 제어에서는 소프트웨어적으로 처리되며 LD로 프로그램된다.

릴레이 회로에서 입출력에 해당하는 부분은 PLC 입출력으로 고려하고 PLC의 입출력 모듈에 연결하기 위해 주소(직접변수)를 설정해야 한다.

기본적인 릴레이 회로를 PLC로 제어하기 위해서 LD로 작성한 예를 살펴보기로 한다.

(1) 자기유지 회로

그림 3.4는 릴레이 회로의 가장 기본적인 자기유지 회로를 LD로 표현한 예를 나타낸다. 그림 3.4(a)는 릴레이 회로의 입력인 푸시 버튼 스위치 PB1, PB2에 의해 출력인 램프 L을 On/Off하는 회로이며, 릴레이 코일 R와 접점 R에 의해서 자기유지를 위한 논리연산 회로가 구성된다.

그림 3.4(b)는 릴레이 회로를 LD로 표현한 것이다. 입력과 출력은 각각 변수를 선언하는 과정에서 PB1, PB2, L로 변수 이름을 부여하였으며, 2개의 스위치와 램프를 PLC의 입력과 출력 단자에 연결하기 위해 사용자 정의로 메모리 할당을 한다.

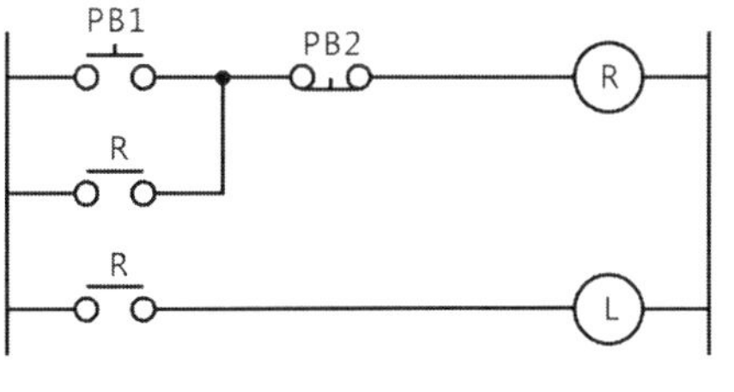

(a) 릴레이 회로

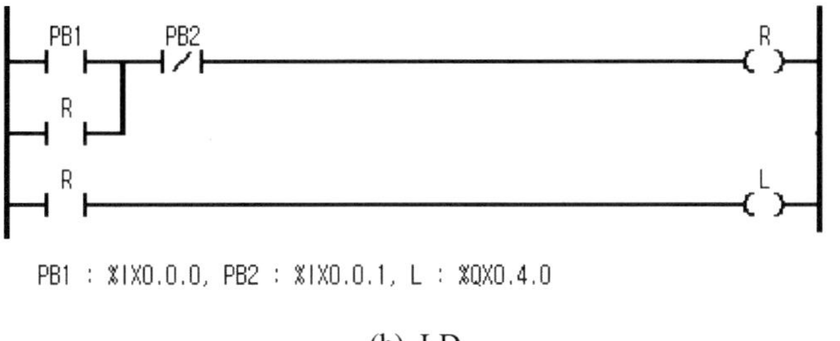

(b) LD

그림 3.4 자기유지 회로

릴레이 회로에서 논리연산을 위해 사용된 릴레이 R에 의한 회로는 LD로 표현되있다. 따라서 PLC에 의한 제어에서는 하드웨어 릴레이는 사용되지 않는다. 이에 대한 사항은 1장의 1.9.3에 개념적으로 설명되어 있다.

LD에서의 접점 PB1과 PB2는 입력 단자에 연결된 스위치로부터 On/Off에 대한 정보를 읽어 들여야 하기 때문에 그림에서와 같이 PB1은 %IX0.0.0, PB2는 %IX0.0.1로 메모리 할당을 하고 출력 코일 L은 출력 단자에 연결된 램프를 On/Off하기 위해서 %QX0.4.0으로 메모리 할당을 한다. 또한 PLC의 입출력 단자의 해당 주소에는 PLC의 접속도에 맞게 스위치 2개와 램프 그리고 전원이 연결된다.

따라서 사용되는 하드웨어는 푸시 버튼 스위치 PB1과 PB2 그리고 램프 L이다.

※ LD에서는 릴레이 회로에서 사용된 푸시 버튼 스위치 a 접점과 릴레이 a 접점을 동일한 종류의 a 접점 기호로 사용하고 있음을 주지하라.

(2) 인터록 회로

그림 3.5는 제어에 많이 사용되는 인터록 회로를 LD로 표현한 예를 나타낸다. 그림 3.5(a)는 릴레이 회로의 입력인 푸시 버튼 스위치 PB1, PB3에 의해 먼저 누른 스위치 쪽의 램프(L1 또는 L2)를 우선적으로 On하는 회로이며, 릴레이 R1과 R2에 의해서 자기유지를 위한 논리연산 회로 및 인터록 회로가 구성된다.

그림 3.5(b)는 릴레이 회로를 LD로 표현한 것이다. 입력과 출력은 PB1, PB2, PB3, PB4와 L1, L2 등으로 변수 이름을 부여하였으며 PLC의 입력과 출력 단자에 연결하기 위해 사용자 정의로 메모리 할당을 한다. 릴레이 회로에서 논리연산을 위해 사용된 릴레이 R1 및 R2에 의한 회로는 접점과 출력 코일을 사용하여 LD로 표현되었다.

따라서 PLC에 의한 제어에서는 릴레이 R1과 R2는 하드웨어적으로 사용되지 않고 소프트웨어로 대체된다. 단지 입력 정보를 주기 위한 푸시 버튼 스위치 PB1, PB2, PB3, PB4와 출력으로 사용되는 램프 L1, L2는 하드웨어를 사용한다.

(3) On－Delay 회로

그림 3.6은 활용도가 높은 On－Delay 회로를 LD로 표현한 예를 나타낸다. 그림 3.6(a)는 릴레이 회로의 입력인 푸시 버튼 스위치 PB1, PB2에 의해 출력인 램프 L을 설정된 시간이 경과된 후 On시키고 원하는 시점에서 Off시키는 회로이다. 릴레이 R에 의해서 자기

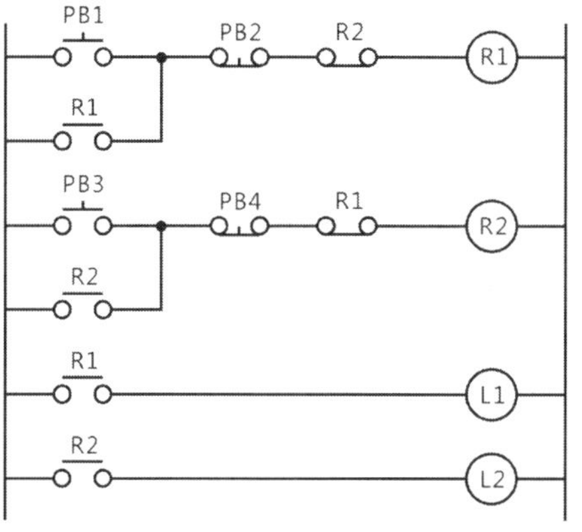

(a) 릴레이 회로

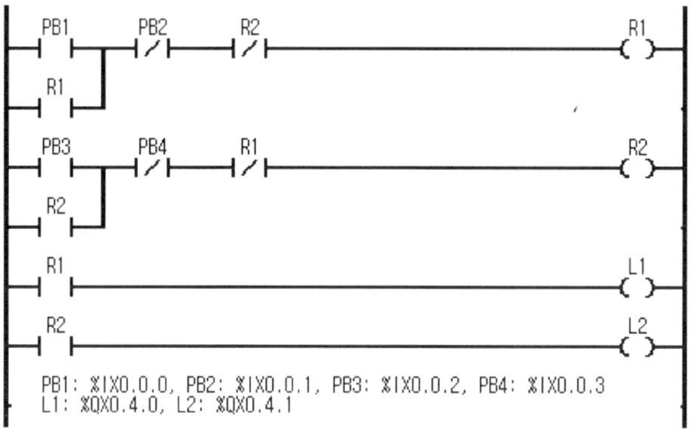

(b) LD

그림 3.5 인터록 회로

유지 회로가 구성되어 있으며 타이머 코일을 On 상태로 유지시킨다. 타이머는 한시 동작 a 접점을 사용하여 타이머 설정시간이 경과되면 접점이 닫혀 램프를 On시킨다.

그림 3.6(b)는 릴레이 회로를 LD로 표현한 것이다. 입력은 PB1과 PB2, 출력은 L로 변수 이름을 부여하였으며 PLC의 입력과 출력 단자에 스위치와 램프를 연결하기 위해 사용자 정의로 메모리 할당을 한다. 릴레이 회로에서 논리연산을 위해 사용된 릴레이 R와 타이머 T는 접점과 펑션 블록(On−Delay 타이머)을 사용하여 LD로 표현되었다.

따라서 PLC에 의한 제어에서는 릴레이와 타이머는 하드웨어적으로 사용되지 않고 소프트웨어로 대체된다. 단지 입력 정보를 주기 위한 푸시 버튼 스위치 PB1과 PB2 그리고 출력으로 사용되는 램프 L은 하드웨어를 사용한다.

※ 타이머의 사용법에 대해서는 4장에서 자세히 설명될 것이며 그림에서는 설정 시간 10초로 프로그램되어 있다. 타이머의 설정 시간 10초가 경과하면 타이머의 출력 T1.Q가 On으로 된다.

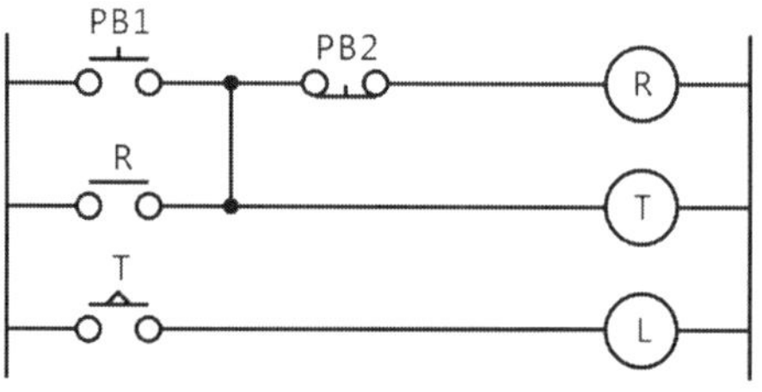

(a) 릴레이 회로

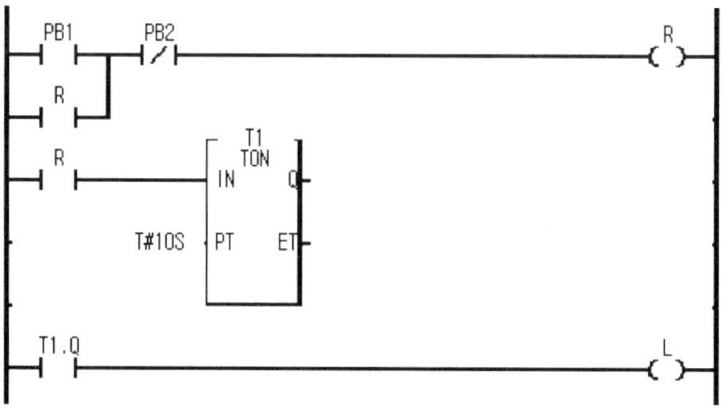

(b) LD

그림 3.6 On−Delay 회로

예제 3.3

다음의 릴레이 회로를 LD로 나타내라.

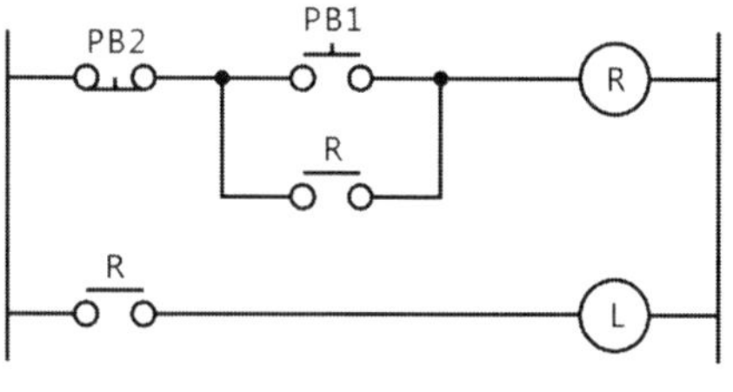

(a) 복귀 우선 자기유지 회로

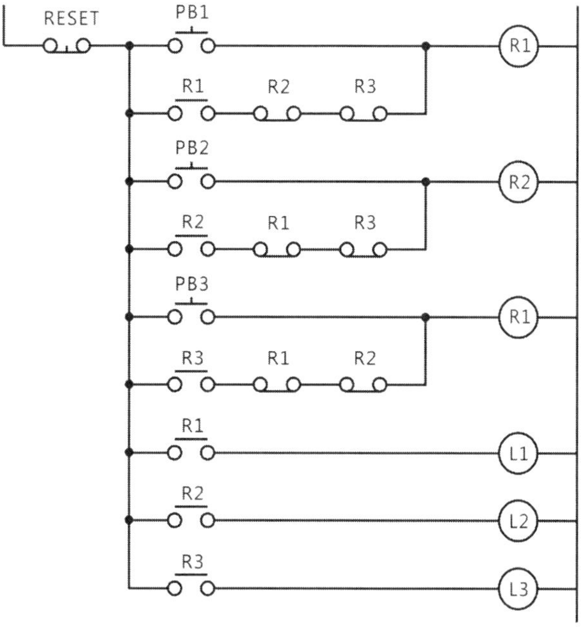

(b) 후입력 우선 회로

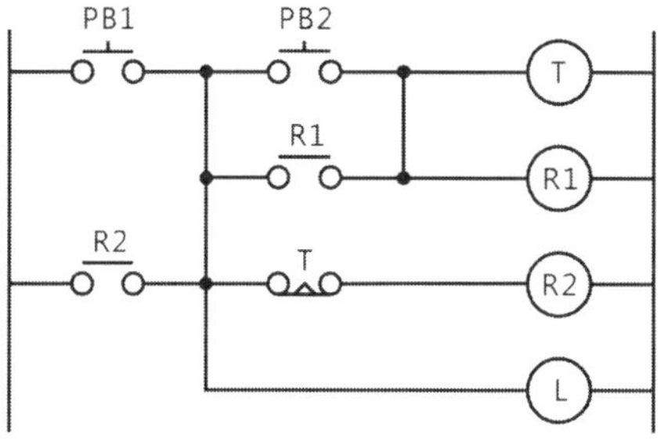

(c) Off-Delay 회로

그림 3.7 예제 3.3

풀이 복귀 우선 자기유지 회로, 후입력 우선 회로, Off-Delay 회로를 그림 3.8과 같이 LD로 작성할 수 있다. 그림 3.8(b)는 3개의 스위치 중에서 나중에 누르는 스위치에 해당하는 램프만 On되는 회로이다. 그림 3.8(c-1)은 펑션 블록 TON을 사용하여 LD를 작성한 예이고, 그림 3.8(c-2)는 펑션 블록 TOF를 사용하여 LD를 작성한 예이다. 타이머의 사용법은 4장에서 자세히 설명할 것이다.

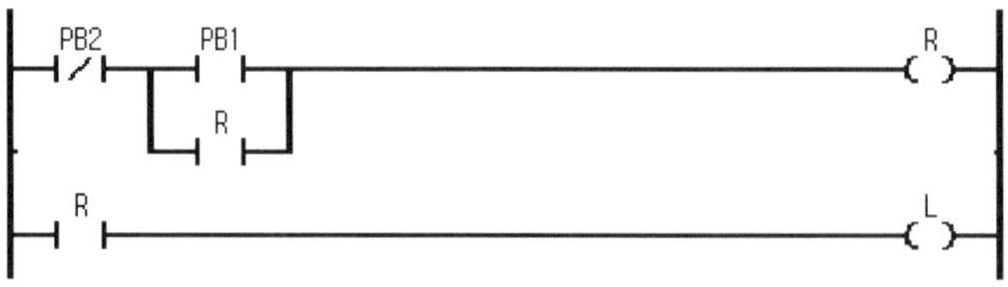

(a) 복귀 우선 자기유지 회로 LD

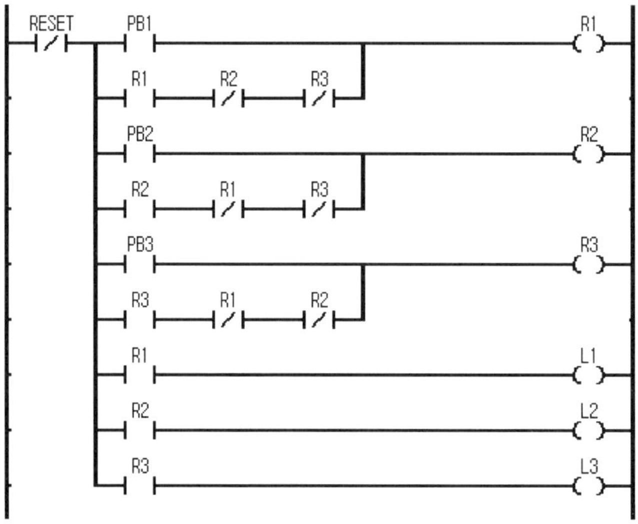

(b) 후입력 우선 회로 LD

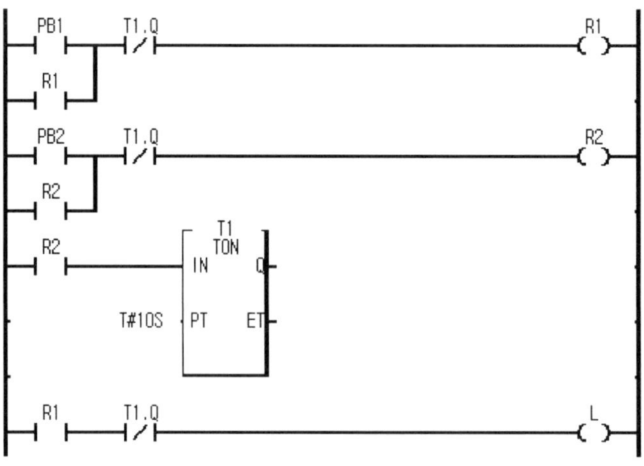

(c-1) TON을 사용한 Off-Delay 회로 LD

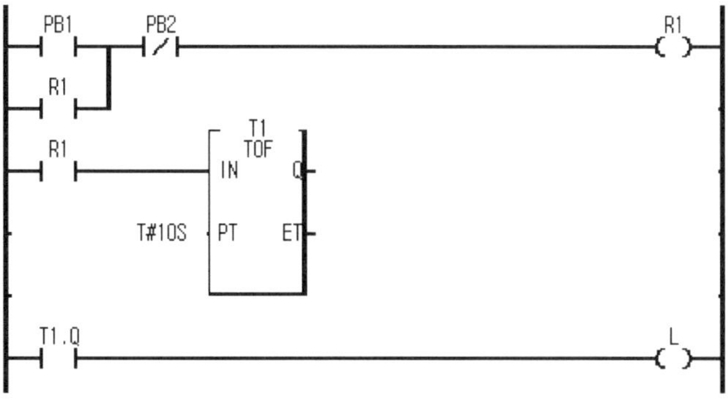

(c-2) TOF를 사용한 Off-Delay 회로 LD

그림 3.8 예제 3.3

■

3.2 GMWIN 사용법

GMWIN은 LS산전의 GLOFA 시리즈 PLC에 대한 프로그램의 편집, 시뮬레이션, 디버깅, 실행파일 작성 및 PLC 전송, PLC 데이터 모니터링 등을 할 수 있는 소프트웨어로서, IEC 61131-3을 만족하는 국제규격의 PLC 언어로서 프로그램을 작성할 수 있다. 또한 프로그램 작성은 다중문서 인터페이스(MDI) 방식으로 동시에 여러 개를 편집할 수 있다.

GMWIN으로 프로그램을 작성할 수 있는 PLC 기종은 GMR, GM1, GM2, GM3, GM4, GM6, GM7, GM7U 등이다.

3.2.1 GMWIN의 실행과 초기 설정

바탕화면의 GMWIN 아이콘을 더블 클릭하거나 일반적으로 「로컬 디스크(C:) ≫ GMWIN 4」에서 gmwin.exe를 실행시키면 GMWIN 초기 화면이 나온다. 초기 화면에서 최초에 1회 접속방식을 설정한다.

화면의 메인 메뉴에서 「프로젝트 ≫ 옵션 ≫ 접속 옵션」을 선택하면 그림 3.9와 같으며 접속 방식에서 RS232C를 선택하여 PC(또는 노트북)와 PLC의 통신방식을 RS232C로 선택한다. 통신 포트는 COM1으로 선택하여 사용하고 만일 통신이 되지 않을 경우 다른 채널의 COM 포트를 선택하여 통신이 이루어지도록 시도한다. 그리고 재시도 횟수는 1, 접속 단계는 로컬 등으로 설정하여 프로그램 초기 설정을 따른다.

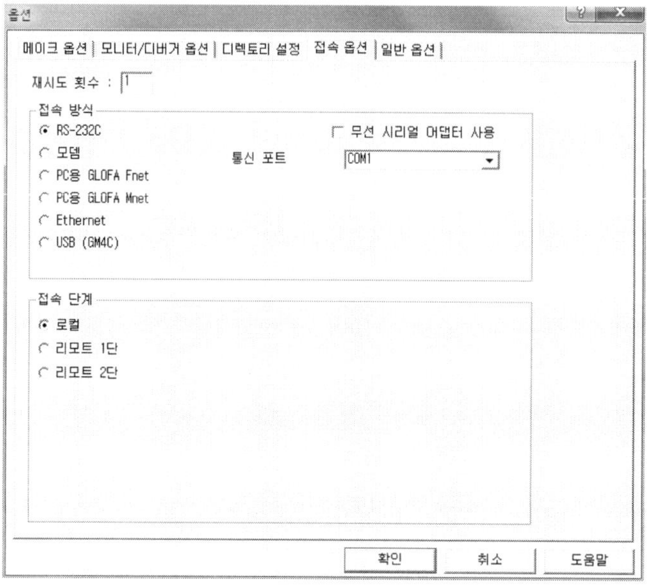

그림 3.9 접속 방식의 설정(GMWIN)

3.2.2 프로젝트 생성

PLC를 이용하여 제어를 하기 위해서는 제어 용도에 맞는 PLC 프로그램을 작성해야 한다. 이를 위해서는 먼저 프로젝트를 생성하여야 한다.

GMWIN 초기 화면의 메인 메뉴에서 「프로젝트 ≫ 새 프로젝트」를 선택하여 새 프로젝트 대화상자를 출력시킨다. 이 대화상자에 대해서 프로젝트 파일 이름, 프로젝트 파일 위치, PLC 종류(기종) 등을 입력하고 선택한다. 여기서 프로젝트 파일 위치는 사용자가 특별히 위치를 지정하지 않을 경우 GMWIN에서는 디폴트로 「c:\gmwin 4\source\ooo」과 같이 프로젝트 파일을 만든다. 여기서 ooo은 사용자가 입력한 프로젝트 파일 이름이다. 즉, 프로젝트 파일 이름과 같은 폴더가 생성되고 이 폴더에 프로젝트 파일이 저장된다. 프로젝트 작성자 이름과 프로젝트에 대한 설명문은 생략해도 된다.

만일 프로젝트 이름을 servomc라고 하고 PLC 종류를 GM4 기종으로 선택하였다면 그림 3.10과 같은 새 프로젝트 대화상자가 나타난다.

3.2.3 프로그램 정의

새 프로젝트 대화상자에서 다음 버튼을 클릭하면 프로그램 정의 대화상자가 나온다.

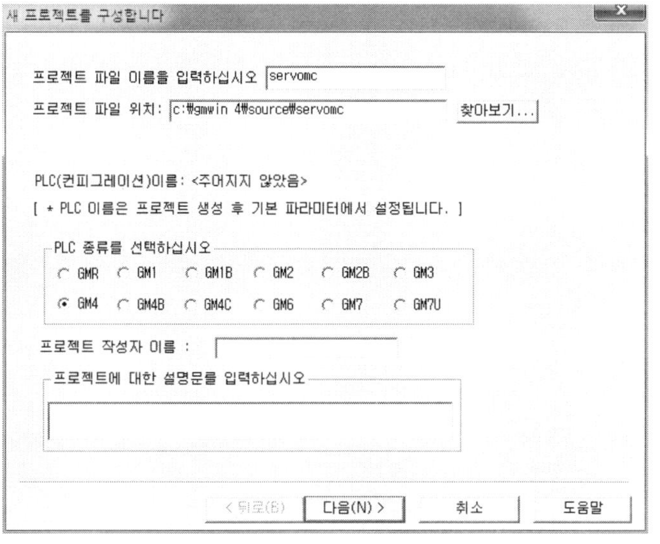

그림 3.10 새 프로젝트 대화상자(GMWIN)

여기서 말하는 프로그램은 일반적으로 사용자가 작성하는 스캔 프로그램을 의미한다. 프로그램 정의 대화상자 입력란에 프로그램 파일 이름, 프로그램 인스턴스 이름, 수행조건 등을 입력한다.

예로서 프로그램 파일 이름을 motorcon.src, 인스턴스 이름을 MOTOR, 수행조건을 스캔 프로그램이라고 할 경우 그림 3.11과 같은 프로그램 정의 대화상자가 된다.

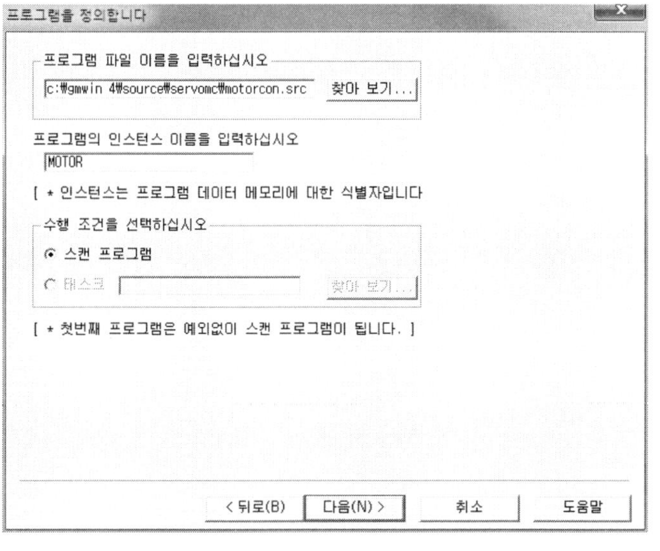

그림 3.11 프로그램 정의 대화상자(GMWIN)

프로그램 정의 대화상자에서 다음 버튼을 클릭하면 프로그램 구성 대화상자가 나온다. 여기서는 프로그램 언어, 프로그램의 종류 등을 선택한다. 프로그램에 대한 설명문은 생략해도 된다.

예로서 프로그램 언어를 LD, 프로그램의 종류를 프로그램 블록으로 선택한 경우, 그림 3.12와 같은 프로그램 구성 대화상자가 나타난다.

이제 그림 3.12에서 마침 버튼을 클릭하면 그림 3.13과 같이 프로그램을 편집할 수 있는 GMWIN 화면이 나타나며 LD로 프로그램을 작성하면 된다. 프로그램의 작성은 도구상자에 있는 필요한 요소, 즉 접점, 코일 등을 클릭하고 프로그램 편집 윈도우의 원하는 위치를 클릭하여 필요한 요소를 위치시키면서 프로그램을 작성해 간다.

그림 3.12에서 프로그램 언어를 SFC로 선택하였다면 SFC로 프로그램을 작성하면 된다. 많은 경우 프로그램은 LD로 작성하므로 이에 대한 방법을 잘 익혀두면 나중에 SFC로 프로그램을 작성하는 경우에도 매우 유용하게 활용할 수 있다.

그림 3.13에서 좌측에 있는 윈도우는 프로젝트 윈도우이고, 우측에 있는 윈도우는 프로그램 편집 윈도우이다. 또한 맨 우측에는 프로그램 편집 시 사용할 접점과 코일 등이 모여 있는데 이를 도구상자라고 한다. 도구상자의 접점과 코일에 대해서는 3.1.2절에서 이미 설명을 하였다. 설명하지 않은 펑션과 펑션 블록에 대해서는 4장에서 자세히 설명하기로 한다.

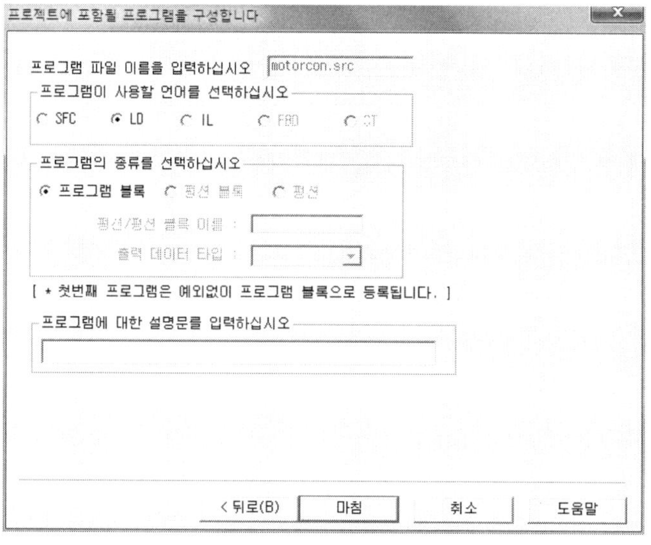

그림 3.12 프로그램 구성 대화상자(GMWIN)

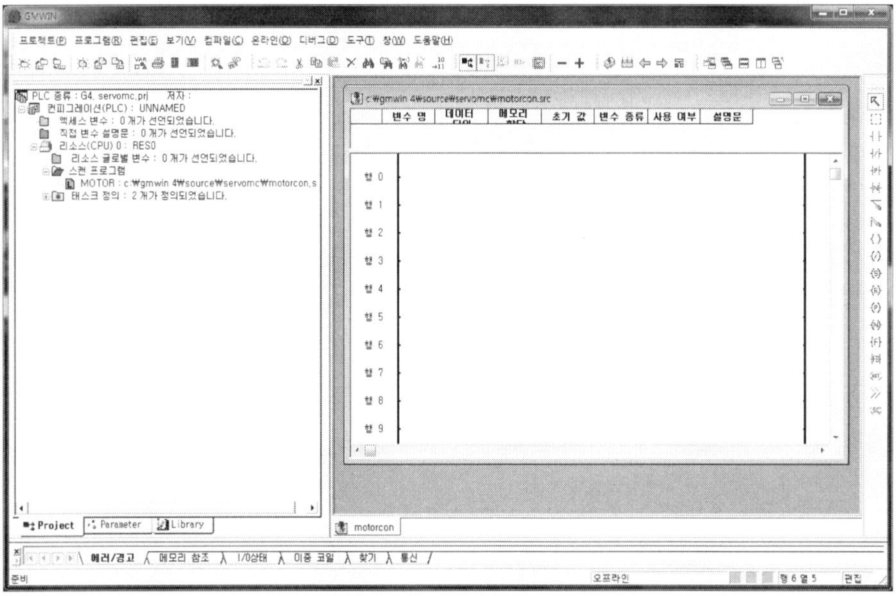

그림 3.13 GMWIN의 화면 구성

3.3 XG5000 사용법

XG5000은 LS산전의 XGT 시리즈 PLC에 대해서 프로그램 작성, 시뮬레이션, 디버깅, 실행파일 작성 및 PLC 전송, PLC 데이터 모니터링 등을 할 수 있는 소프트웨어이며 IEC 61131-3을 만족하는 국제규격의 PLC 언어로 프로그램 작성을 할 수 있다.

이 교재에서는 XGT 시리즈에서 XGI CPU를 사용하는 기종에 대한 PLC 프로그램 작성을 위주로 설명한다. 자세한 프로그램 설치 방법과 설정 방법은 LS산전의 'XG5000 소프트웨어 사용설명서(XGI/XGR용)'를 참고한다.

3.3.1 XG5000의 실행

바탕화면의 XG5000 아이콘을 더블 클릭하거나 일반적으로 「로컬 디스크(C:) ≫ XG5000」에서 XG5000.exe를 실행시키면 XG5000 초기 화면이 나온다. XG5000과 PLC의 통신은 일반적으로 USB 통신 또는 RS232C 통신을 사용한다.

3.3.2 새 프로젝트 생성

GMWIN을 사용하는 GLOFA 시리즈 PLC와 마찬가지로 XG5000으로 PLC 프로그램을 작성하여 제어하기 위해서는 프로그램 작성에 앞서 프로젝트를 생성해야 한다.

XG5000 초기 화면의 메인 메뉴에서 「프로젝트 ≫ 새 프로젝트」를 선택하여 새 프로젝트 대화상자를 출력시킨다. 대화상자에서 프로젝트 이름, 파일 위치, CPU 시리즈, CPU 종류, 프로그램 이름, 프로젝트 설명문(생략 가능) 등을 입력 또는 선택한다. 여기서 프로젝트 파일 위치는 사용자가 특별히 위치를 지정하지 않을 경우 XG5000에서는 디폴트로 「c:\XG5000\ooo」과 같이 프로젝트 파일을 저장할 폴더 ooo을 만든다. ooo은 사용자가 입력한 프로젝트 파일 이름이다. 즉, 프로젝트 파일 이름과 같은 폴더가 생성되고 이 폴더에 프로젝트 파일이 저장된다.

만일 프로젝트 이름을 servomc, CPU 시리즈를 XGI, CPU 종류를 XGI−CPUE, 프로그램 이름을 디폴트로 NewProgram 그리고 프로그램 언어를 LD로 선택하였다면 그림 3.14와 같은 새 프로젝트 대화상자가 나타난다.

프로젝트를 새로 만드는 것 이외에 「프로젝트 ≫ 프로젝트 열기」로 기존에 작성된 프로젝트를 불러올 수 있으며, 「프로젝트 ≫ PLC로부터 열기」로 PLC의 메모리에 저장된

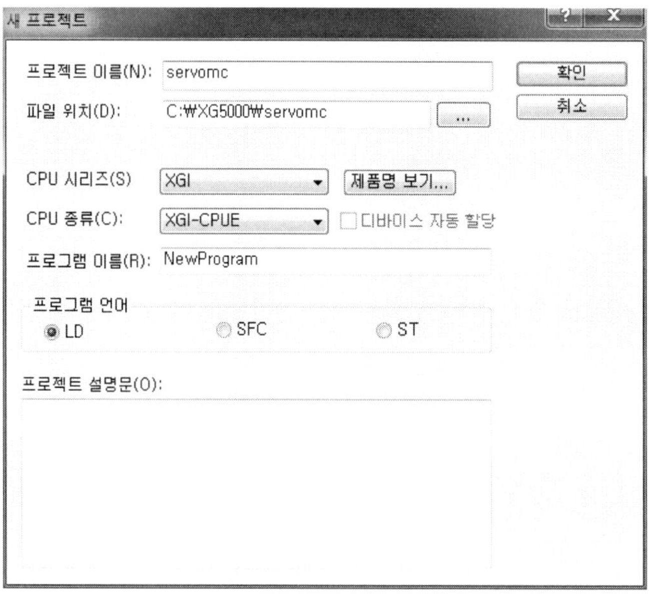

그림 3.14 새 프로젝트 대화상자(XG5000)

프로그램을 읽어 들일 수 있다. 또한 GMWIN에서 작성된 파일을 「프로젝트 ≫ GMWIN 파일 열기」로 불러올 수도 있다.

3.3.3 XG5000 화면 구성

새 프로젝트 대화상자에서 확인 버튼을 클릭하면 그림 3.15와 같이 프로그램을 편집할 수 있는 XG5000 화면이 나온다. 화면의 구성은 크게 프로젝트 윈도우, 프로그램 편집 윈도우, 모니터 윈도우, 메시지 윈도우, 메뉴, 도구모음, 상태 바 등으로 구성된다.

프로그램의 작성은 도구모음에 있는 필요한 요소, 즉 접점, 코일, 펑션/펑션 블록 등을 클릭하고 프로그램 편집 윈도우에서 원하는 위치를 클릭하여 필요한 요소를 위치시키면서 작성해 간다.

최초에 제시되는 XG5000의 화면에서는 프로젝트 윈도우에 나와 있는 것처럼 스캔 프로그램의 이름이 디폴트로 NewProgram으로 되어 있는데, 사용자의 필요에 따라서 이름을 변경하는 것이 편리하다. 이름을 변경하는 방법은 프로젝트 윈도우에 있는 스캔

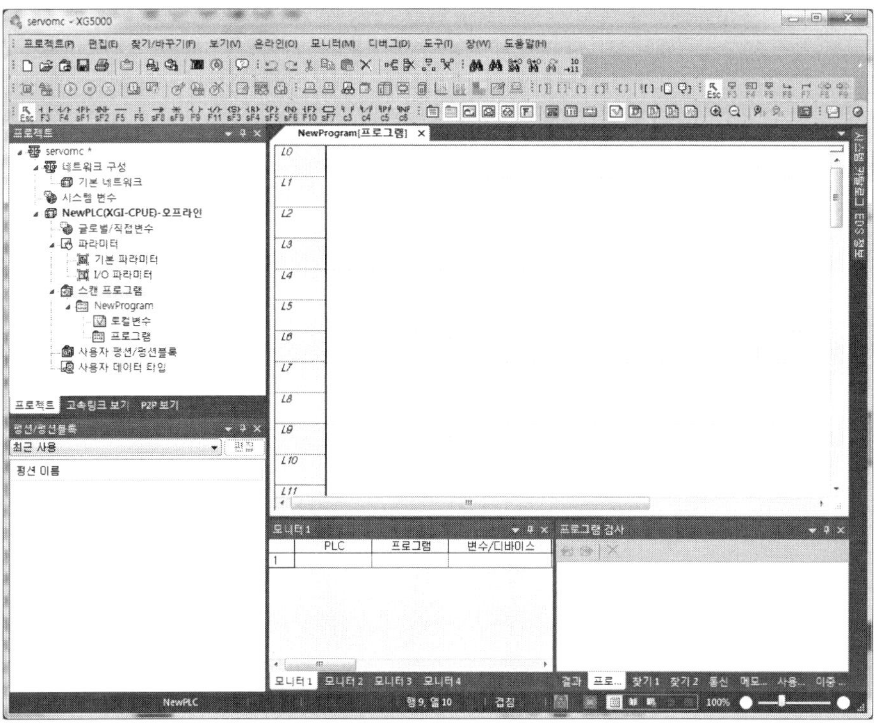

그림 3.15 XG5000의 화면 구성

프로그램 하단의 NewProgram에 마우스 포인터를 위치시키고 마우스 오른쪽 버튼을 눌러 메뉴가 나오게 한 다음, 등록정보를 클릭한다. 그러면 프로그램 대화상자가 나오는데 여기서 프로그램 이름을 사용자가 원하는 이름으로 변경하고 확인 버튼을 클릭하면 된다.

프로그램을 추가하고자 할 경우에는 스캔 프로그램에 마우스 포인터를 위치시키고 마우스 오른쪽 버튼을 눌러 메뉴가 나오게 한 다음, 「항목추가 ≫ 프로그램」을 선택한다.

그러면 프로그램 대화상자가 나오는데 여기서 새로이 추가하고자 하는 프로그램 이름을 입력하고 확인 버튼을 클릭하면 된다. 이와 같이 하면 새로이 추가된 프로그램이 스캔 프로그램 하단에 나타나고, 이제 이 프로젝트에는 2개의 스캔 프로그램이 존재하게 된다.

만일 최초에 생성된 스캔 프로그램인 NewProgram을 motor1으로 그리고 추가된 프로그램의 이름을 motor2로 한 경우, 프로젝트 윈도우에 나타나 있는 스캔 프로그램은 그림 3.16과 같이 2개로 되어 있음을 알 수 있다.

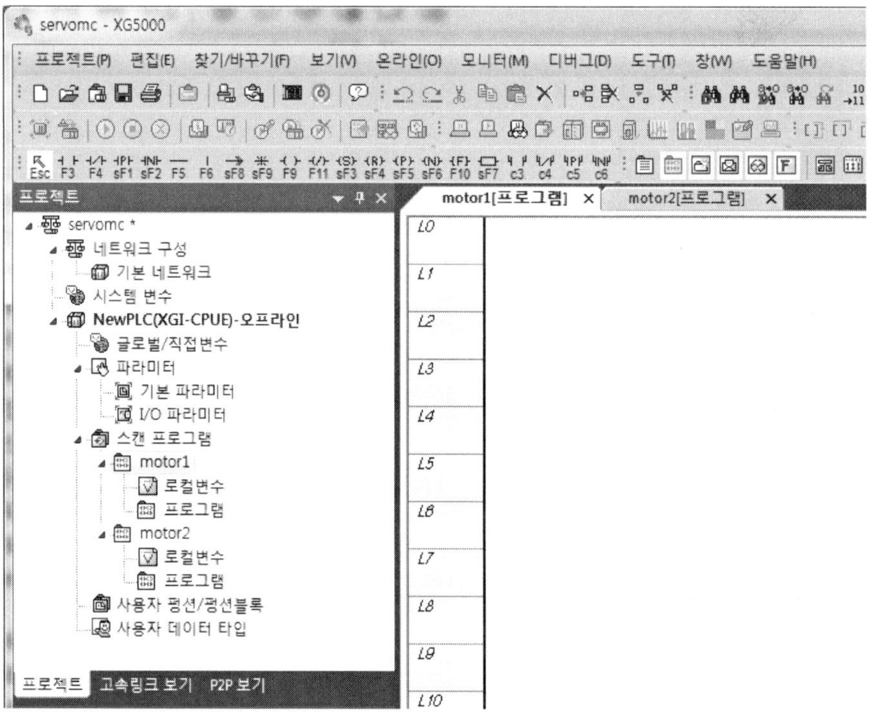

그림 3.16 프로그램 이름 변경과 추가된 프로그램 편집 윈도우(XG5000)

3.4 기본 프로그램의 작성

이제 XG5000을 이용하여 접점과 코일만을 사용한 가장 기본적인 프로그램을 작성하도록 한다. 자기유지 회로, 인터록 회로, 양변환 검출 접점을 이용한 회로, 양변환 검출 코일을 이용한 회로 등에 대한 프로그램을 작성한다.

3.4.1 XG5000을 이용한 기본 프로그램 작성

(1) 자기유지 회로

자기유지 회로는 시퀀스 제어에서 가장 기본적이면서도 중요한 회로이다. 모든 시퀀스 제어에서는 자기유지 회로가 사용되며, 이 회로의 역할은 현재 신호의 상태를 계속 유지하는 것이다. 프로그램에 사용되는 변수와 이에 대한 설명이 다음의 표에 제시되어 있다.

입 · 출력, 내부	주 소	변수 명	용 도
입 력	%IX0.0.0	PB1	LAMP On 스위치, BOOL
입 력	%IX0.0.1	PB2	LAMP Off 스위치, BOOL
출 력	%QX0.2.0	LAMP	출력 파일럿 램프, BOOL
내 부	–	M_1	자기유지를 위한 릴레이, BOOL

● LD의 작성

다음과 같은 순서로 프로그램을 작성한다.

① XG5000을 실행시키고 메뉴에서 「프로젝트 ≫ 새 프로젝트」를 선택한 후 프로젝트 이름을 「자기유지 회로」, CPU 시리즈를 「XGI」, CPU 종류를 「XGI-CPUE」, 프로그램 이름을 「자기유지 회로_프로그램」, 프로그램 언어를「LD」로 선택하고 「확인」 버튼을 클릭한다.

② 프로그램 편집 윈도우에서 그림 3-17(a)와 같이 자기유지 회로에 대한 LD를 작성한다.

③ 앞의 표에 있는 것과 같이 각 접점과 코일에 대해서 변수 이름을 부여하고 주소를 입력한다. PB1을 입력하기 위해서 a 접점을 더블 클릭하면 변수 선택 대화상자가 나오는데, 변수에 「PB1」을 입력하고 변수 종류는 「로컬 변수」를 선택하고 확인 버

튼을 클릭한다. 그러고 나서 그림 3－17(b)와 같은 변수 추가 대화상자가 나오면 메모리 할당에 주소 %IX0.0.0을 입력하고 확인 버튼을 클릭한다. (※ 데이터 타입은 PB1이 a 접점이므로 BOOL을 선택한다.)

④ 이와 같은 방법으로 변수 PB2, LAMP, M_1을 입력하면 그림 3－15(c)와 같이 자기유지 회로의 LD가 완성된다.

작성된 프로그램인 그림 3.17(c)의 LD는 다음과 같이 동작한다. PB1의 값을 1(On)로 하면 M_1의 값이 1(On)이 되고, 이에 따라서 LAMP의 값도 1(On)이 된다. PB1의 값이 다시 0(Off)으로 되어도 M_1과 LAMP의 값은 1(On)을 유지한다. Lamp의 값을 0(Off)으로 하려면 PB2의 값을 1(On)로 하면 된다.

(a) 자기유지 회로의 LD(변수 미입력)

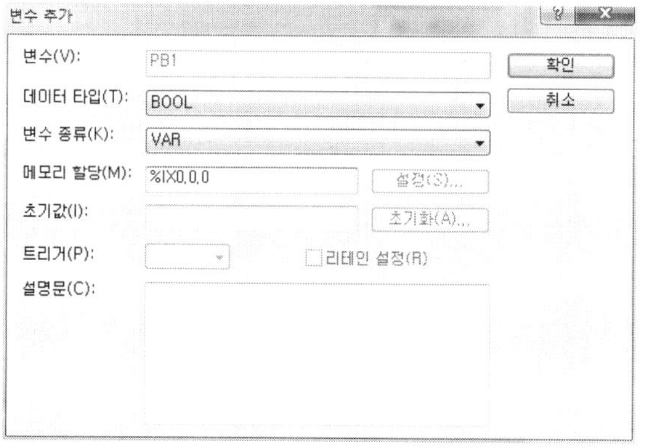

(b) 변수 추가 대화상자

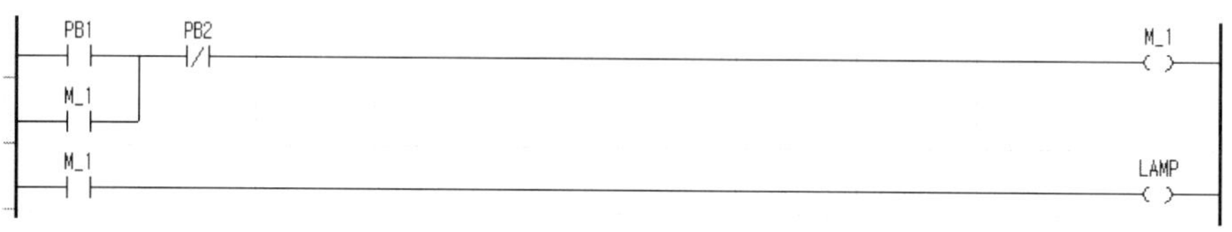

(c) 자기유지 회로의 LD 프로그램

그림 3.17 자기유지 회로의 LD 및 메모리 할당

시뮬레이션 실시

작성된 프로그램을 시뮬레이션하고자 한다면 다음과 같은 순서로 진행한다.

① 「프로젝트 윈도우 ≫ I/O 파라미터」를 선택한 후 더블 클릭한다.

② I/O 파라미터 탭이 나오면 베이스 00에 대해서 슬롯 0의 콤보박스를 클릭하여 「디지털 모듈 리스트 ≫ 입력 모듈 ≫ XGI－D22A/B(DC 24 V 입력, 16점)」을 선택한다. 그리고 슬롯 2의 콤보박스를 클릭하여 「디지털 모듈 리스트 ≫ 출력 모듈 ≫ XGQ－RY2A/B(RELAY 출력, 16점)」을 선택한다. 그 이유는 입력 접점 PB1과 PB2의 주소가 %IX0.0.0, %IX0.0.1이고 출력 접점 LAMP의 주소가 %QX0.2.0이기 때문이다.

* 주소에 대한 이해가 부족할 경우 2.3.2절을 복습한다.

③ 시뮬레이션을 위해 메뉴에서 「도구 ≫ 시뮬레이터 시작」을 클릭하여 시뮬레이터 화면을 실행시키면 XG－SIM이 실행된다. 쓰기 대화상자가 나오면 프로그램 구성 정보와 네트워크 파라미터의 선택 사항을 체크하고 확인 버튼을 클릭한다.

④ 에러가 없을 경우 그림 3－18(a)와 같은 화면이 나오게 된다. 그리고 메뉴에서 「모니터 ≫ 시스템 모니터」를 클릭하면 그림 3－18(b)와 같이 I/O 모듈이 활성화된 PLC 시뮬레이터가 나타난다. 그림에서 입력 모듈(XGI－D22)과 출력 모듈(XGQ－RY2)은 각각 1개씩 나타나고 있는데, 이것은 ②에서 I/O 파라미터를 설정한 것과 같다.

⑤ PB1을 On하기 위해서는 PLC 시뮬레이터 입력 접점(PB1, %IX0.0.0)을 마우스로 클릭하여 On시킨다. 그러면 LD 화면에서 PB1이 On이 되고 출력인 LAMP도 On으로 된다. 이때 PLC 시뮬레이터의 입력과 출력 인디게이터의 색이 변화된다.

⑥ LAMP를 Off시키기 위해서는 PLC 시뮬레이터의 입력 접점(PB2, %IX0.0.1)을 마우스로 클릭하여 On시킨다. 그러면 LAMP는 Off로 된다.

⑦ 시뮬레이션 도중 정지하려면 스톱(STOP) 버튼 ◉을 클릭하여 스톱 모드로 전환시키고 다시 런을 시키려면 런(R) 버튼 ⏵을 클릭하여 런 모드로 전환시킨다. 시뮬레이션을 종료시키려면 메뉴에서 「도구 ≫ 시뮬레이터 끝」을 클릭한다.

※ 변수에 주소를 할당하는 경우 사용하는 PLC 기종이 GM4, XGK, XGI 등과 같이 모듈형일 경우에는 입력은 %IX0.0.0, 출력은 %QX0.2.0 등과 같이 입력과 출력 주소의 슬롯 번호가 각각 0, 2로서 서로 다른 슬롯 위치여야 한다. 그러나 GLOFA GM7U와 같은 블

록형 PLC의 경우 입력과 출력 단자가 동일한 본체에 존재하므로 기본 주소는 입력은 %IX0.0.0, 출력은 %QX0.0.0 등과 같이 슬롯번호가 동일하게 0임에 유의해야 한다.

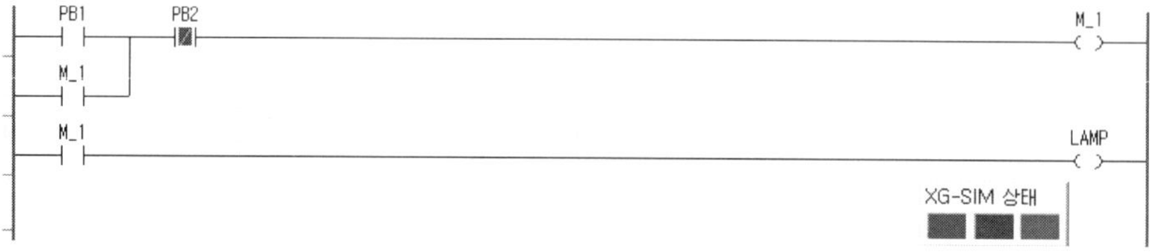

(a) 시뮬레이션이 실행된 LD 화면

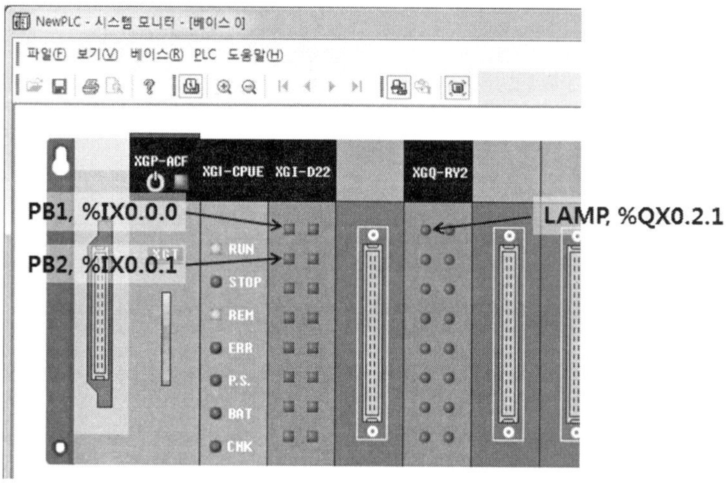

(b) 시스템 모니터에 의한 시뮬레이션

그림 3.18 자기유지 회로의 시뮬레이션

(2) 인터록 회로(램프 제어)

인터록 회로는 기기의 보호와 조작자의 안전을 위해서 상호 관련된 기기의 동작을 구속하여 동작하지 못하도록 하는 회로이다. 대표적인 예로는 모터의 정역운전 회로가 있다. 즉, 모터가 정회전하고 있을 경우 역회전용 스위치를 조작하더라도 모터가 역회전을 하지 못하도록 구속하는 회로가 필요한데 이때 사용하는 회로가 인터록 회로이다.

일반적으로는 상호 관련되는 회로의 출력을 구속하기 위해서 각각의 출력의 b 접점을 상대편 출력 코일의 앞에 위치시켜 상대편 출력을 구속키는 방법을 취한다.

그림 3.19는 인터록 회로의 예를 나타낸다. 회로의 동작은 다음과 같다. 램프 PL1과 램프 PL2를 On하기 위해서 스위치 PB1과 PB3를 동시에 눌렀다고 가정한다. 이때 근소한

차이로 PL1 측의 스위치인 PB1이 먼저 On이 되었다고 가정한다. 그러면 릴레이 코일 M_1은 On이 되고 이에 따라서 PL1은 On으로 된다. 이와 동시에 M_1의 b 접점이 On(접점이 열린 상태)이므로 M_2는 Off이며 따라서 PL2는 Off로 남아 있게 된다.

스위치를 누르고 떼는 동작에 따라서 PB1이 다시 Off로 되더라도 자기유지 회로에 의해서 PL1은 On 상태를 유지한다. 이때 PL2를 On으로 하기 위해서 계속 PB3를 On으로 유지하더라도 인터록 회로에 의해서 PL2는 Off 상태를 유지하게 된다.

PL1을 Off로 하기 위해서는 PB2를 On으로 하면 M_1은 Off가 되고 PL1도 Off가 되어 초기 상태로 된다.

초기에 근소한 차이로 PL2 측의 스위치인 PB3가 PB1보다 먼저 On이 되었다고 가정할 경우에도 동일한 방식대로 PL2는 On으로 PL1은 Off로 유지된다.

프로그램에 사용되는 변수와 이에 대한 설명이 다음 표에 제시되어 있다.

입·출력, 내부	주 소	변수 명	용 도
입 력	%IX0.0.0	PB1	PL1 On 스위치, BOOL
입 력	%IX0.0.1	PB2	PL1 Off 스위치, BOOL
입 력	%IX0.1.0	PB3	PL2 On 스위치, BOOL
입 력	%IX0.1.1	PB4	PL2 Off 스위치, BOOL
출 력	%QX0.3.0	PL1	파일럿 램프 출력, BOOL
출 력	%QX0.3.1	PL2	파일럿 램프 출력, BOOL
내 부	–	M_1	자기유지를 위한 릴레이, BOOL
내 부	–	M_2	자기유지를 위한 릴레이, BOOL

앞의 표를 이용하여 그림 3.19의 LD를 작성하고 디바이스 모니터에 의한 시뮬레이션을 실시한다.

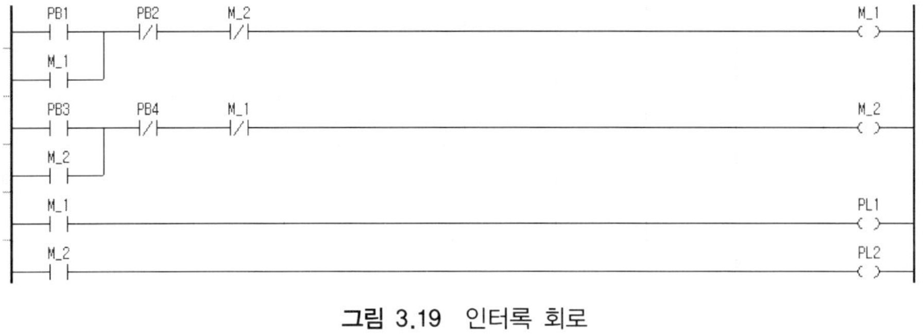

그림 3.19 인터록 회로

(3) 인터록 회로(모터 정역운전)

그림 3.20(a)는 모터를 정역운전하기 위한 인터록 회로이다. 앞서 인터록 회로에 대해 설명한 것과 같이 모터를 정역운전할 때는 모터가 정회전하고 있을 경우 갑자기 모터를 역회전해서는 안 된다. 일반적으로 모터가 정지 상태에서 기동하기 시작할 때는 정상 상태보다 많은 전류가 흐른다. 따라서 모터가 정회전하다가 순간적으로 역회전하려면 기동 시보다도 매우 큰 부하가 작용하며 이에 따라서 모터의 스테이터 코일(소형 dc 모터의 경우 아마추어 코일)을 통해서 매우 큰 전류가 흐르게 된다. 이때 모터의 코일에 흐르는 과전류로 인해 모터의 코일이 과열되어 타버릴 가능성이 매우 크다. 따라서 안전을 위해 정회전 시에는 역회전을 할 수 없도록 안전장치를 회로적으로 마련해야만 한다. 이러한 기능을 갖는 회로가 인터록 회로이다. 역회전을 하려면 일단 모터를 정지시키고 난 후 역회전을 하도록 명령을 내려야 한다.

그림 3.20(a)에서 시계 방향으로 모터를 회전시키기 위한 푸시 버튼 스위치 PB1을 On으로 함으로써 M_1이 On이 되고 이에 따라서 MCW가 On으로 되어 모터는 정회전하게 된다. 이때 M_1의 b 접점에 의해 M_2의 출력 코일은 인터록이 걸려 있으므로 역회전을 위한 M_2는 On이 될 수 없다.

그리고 MCW가 On이 되면 MCW의 b 접점에 의해 MCCW가 인터록이 걸리게 된다. 현실적으로는 MCW와 MCCW의 b 접점에 의한 인터록은 없어도 되나 안전을 위해 그대로 사용해도 문제가 되지는 않는다. 여기서 M_1과 M_2에 의한 인터록을 제어 인터록, MCW와 MCCW에 의한 인터록을 출력 인터록이라고 한다.

모터를 역회전시키기 위해서는 모터 정지용 푸시 버튼 스위치인 PB3를 On으로 하면 M_1과 MCW가 Off가 되어 모터는 정지한다. 이때 모터를 역회전시키기 위한 푸시 버튼

입·출력, 내부	주 소	변수 명	용 도
입 력	%IX0.0.0	PB1	모터 정회전 스위치, BOOL
입 력	%IX0.0.1	PB2	모터 역회전 스위치, BOOL
입 력	%IX0.1.0	PB3	모터 정지 스위치, BOOL
출 력	%QX0.3.0	MCW	모터 정회전 출력, BOOL
출 력	%QX0.3.1	MCCW	모터 역회전 출력, BOOL
내 부	–	M_1	자기유지를 위한 릴레이, BOOL
내 부	–	M_2	자기유지를 위한 릴레이, BOOL

스위치 PB2를 On으로 함으로써 MCCW가 On이 되어 모터는 역회전하게 된다.

PLC 출력은 모터를 정회전 또는 역회전시키기 위해서 MCW와 MCCW 2개의 출력을 사용하였는데, 실제로는 이 2개의 출력을 이용하여 PLC 외부에서 모터를 정역운전하기 위한 회로를 구성해야 한다. 이에 대한 개념도가 그림 3.20(b)에 제시되어 있다.

앞의 표를 참고하여 그림 3.20(a)의 LD를 작성하고 디바이스 모니터에 의한 시뮬레이션을 실시한다.

(a) 모터 정역운전을 위한 LD

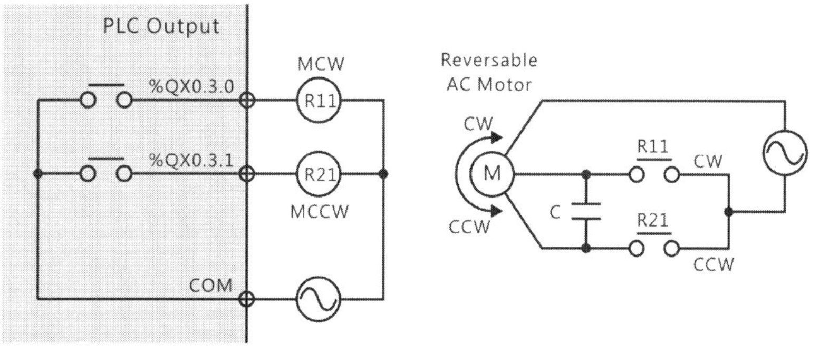

(b) PLC 출력부 개념도

그림 3.20 모터 정역운전을 위한 인터록 회로

(4) 복동 실린더의 1회 동작 제어 회로

공압 실린더를 1회 전진시킨 후 자동으로 복귀시키는 공압회로를 고려한다. 먼저 제어 입력으로 a 접점을 사용하고 4포트 2위치(4/2-way)의 솔레노이드 밸브를 이용하여 복동 실린더를 제어하는 회로를 살펴본다.

a 접점을 사용한 회로

그림 3.21은 a 접점을 이용한 자기유지 회로이며 출력은 복동 실린더를 동작시키기 위한 솔레노이드 밸브(SV)이다. 실린더 전진용 스위치인 PB를 On으로 하면 SV의 값은 On이 된다. 그리고 실린더가 전진하여 전진 위치에 설치된 a 접점의 리밋 스위치(LS)를 도그(dog)가 접촉하게 되면 LS가 On이 되면서 자기유지가 해제되고 실린더는 초기의 위치로 복귀된다. 이에 대한 공압회로는 그림 3.22에 제시되어 있다.

스위치 PB를 1회 짧은 시간 동안 눌렀다가 떼면 문제없이 실린더는 정상적인 동작을 한다. 그러나 스위치 PB를 길게 누르고 있다고 가정하자. 실린더가 전진하여 도그가

입·출력, 내부	주 소	변수 명	용 도
입 력	%IX0.0.0	PB	실린더 전진 스위치, BOOL
입 력	%IX0.0.1	LS	실린더 전진 위치 검출용 리밋 스위치, BOOL
출 력	%QX0.3.0	SV	실린더 동작용 솔레노이드 밸브, BOOL
내 부	–	RC	자기유지를 위한 릴레이, BOOL

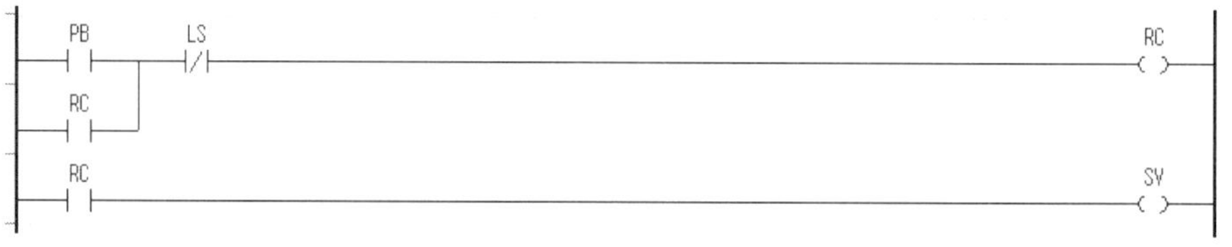

그림 3.21 복동 실린더의 1회 동작 제어(오작동 가능)

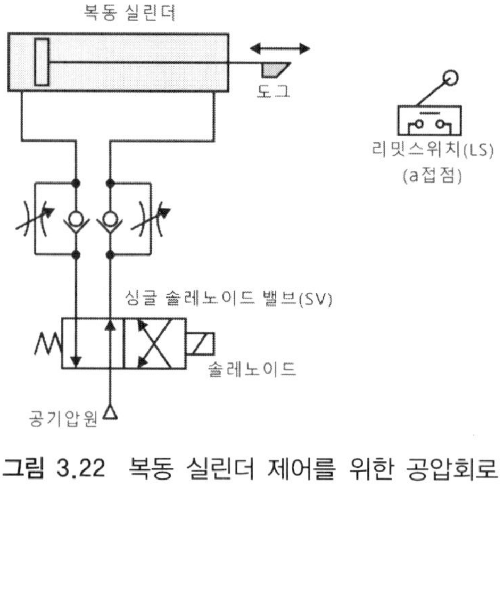

그림 3.22 복동 실린더 제어를 위한 공압회로

리밋 스위치를 접촉하면 실린더는 후진하게 된다. 후진 과정에서 도그와 리밋 스위치의 접촉이 해제되면 다시 리밋 스위치의 접점은 열리고 PB를 누르고 있는 상태이므로 실린더는 다시 전진하게 된다. 따라서 스위치 PB를 길게 누르고 있는 동안 실린더는 전진 위치 근처에서 빠른 속도로 전진과 후진을 반복하는 오동작을 일으키게 된다.

◉ 양변환 검출 접점을 사용한 회로

이러한 오동작을 배제하기 위해서 양변환 검출 접점을 이용할 수 있다. 그림 3.23과 같이 실린더 전진용 스위치인 PB로 a 접점이 아닌 양변환 검출 접점을 사용할 경우 양변환 검출 접점의 특성상 PB를 1회 또는 계속 On으로 하더라도 PB는 1스캔 동안만 On이 되고 코일 RC는 자기유지되어 On인 상태로 실린더는 전진한다. 실린더의 끝에 장착된 도그가 리밋 스위치를 접촉하게 되면 LS는 Off에서 On으로 변경되어 코일 RC와 솔레노이드 밸브 SV는 Off가 되어 실린더는 초기 위치로 복귀하고 정지 상태를 유지한다. 이러한 필요성으로 양변환 검출 접점을 사용한다.

그림 3.23 양변환 검출 접점에 의한 복동 실린더의 1회 동작 제어

양변환 검출 접점은 접점의 값이 이전 스캔에서 0이었던 것이 현재 스캔에서 1로 되고 왼쪽 연결선의 상태가 On인 경우에 한해서 오른쪽 연결선의 상태는 현재 스캔 동안만 On이 된다. 이러한 양변환 검출 접점의 특성을 고려하여 그림 3.23의 LD에 대한 타임 차트를 작성하면 그림 3.24와 같다.

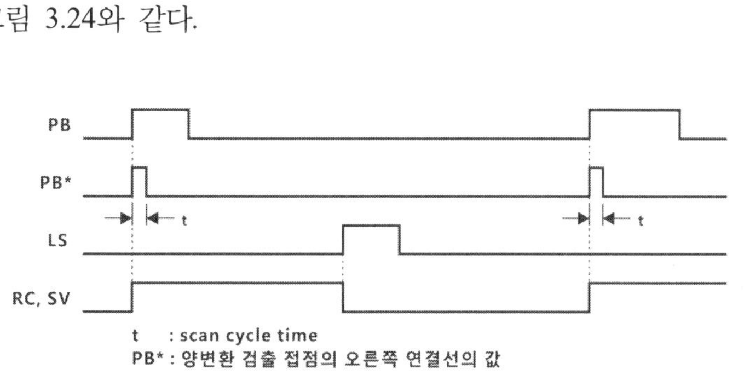

그림 3.24 양변환 검출 접점에 의한 복동 실린더의 1회 동작 제어 타임 차트

여기서 주의해야 할 것은 양변환 검출 접점의 오른쪽 연결선의 값인데 PB의 상승 에지(↑)에서 단 1스캔 동안만 값이 1(On)이다.

양변환 검출 접점의 특성

양변환 검출 접점의 특성에 대해 보다 자세히 알아보기 위해서 다음과 같은 예를 들어 설명한다. 그림 3.25는 그림 3.23의 LD에 추가적으로 1렁의 프로그램 코드를 추가했다. 즉, 양변환 검출 접점과 출력 코일로 구성된 단순한 프로그램이다. 여기서 PB와 LS의 주소는 각각 %IX0.0.0, %IX0.0.1이고 SV1과 SV2의 주소는 각각 %QX0.3.0, %QX0.3.1이다.

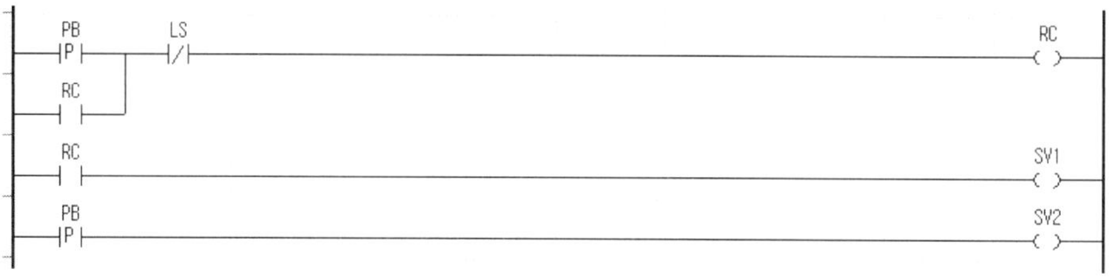

그림 3.25 양변환 검출 접점을 이용한 프로그램

프로그램을 시뮬레이션하기 위해 메인 메뉴에서 「도구 ≫ 시뮬레이터 시작」을 클릭하여 시뮬레이터를 실행시키고, 프로그램 화면에서 PB를 더블 클릭하여 그림 3.26(a)와 같은 현재값 변경 대화상자에서 변수 PB의 값을 온(N)으로 설정하고 확인 버튼을 클릭한다. 그러면 그림 3.26(b)와 같은 결과를 얻을 수 있다. 다시 PB의 값을 오프(F)로 설정하고 확인 버튼을 클릭하면 그림 3.26(c)와 같은 결과를 얻을 수 있다.

그림을 보면 출력 코일 SV1의 값은 1(On)인데 SV2의 값은 0(Off)이다. 이러한 이유는 양변환 검출 접점의 특성상 접점의 오른쪽 연결선의 값이 1스캔 동안만 1이 되고 다시 0으로 되기 때문에 SV1의 값은 자기유지 회로에 의해 1로 유지되지만 SV2의 값은 1스캔 동안만 그 값이 1이고 다시 0으로 되기 때문이다.

디바이스 모니터로 실행 결과를 알아보기 위해서 메인 메뉴에서 「모니터 ≫ 디바이스 모니터」를 클릭하여 디바이스 모니터 윈도우를 나타나게 한 다음 입력과 출력 모듈의 주소별 상태값을 모니터링한다.

PB의 값이 0에서 1로 바뀐 그림 3.26(b)의 경우에 대해서 모니터링한 결과는 그림 3.27과 같다. 그림과 같이 PB의 주소인 %IX0.0.0의 값은 1이다. SV1의 주소인 %QX0.3.0의

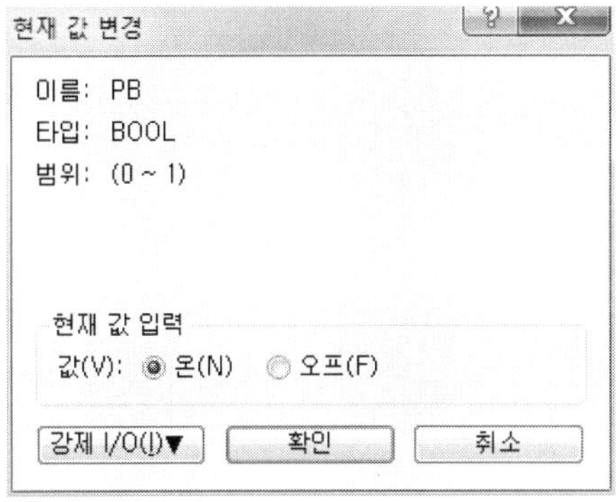

(a) 현재값 변경 대화상자

(b) PB의 값이 0 → 1일 때

(c) PB의 값이 1 → 0일 때

그림 3.26 양변환 검출 접점을 이용한 프로그램 시뮬레이션

값은 1이다. 그러나 앞서 설명된 것과 같이 SV2의 주소인 %QX0.3.1의 값은 0임을 알 수 있다.

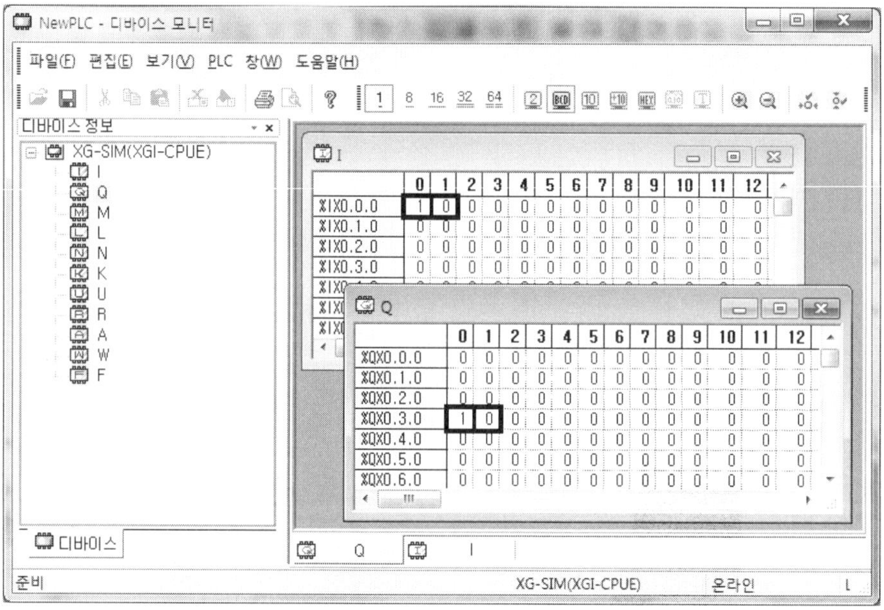

그림 3.27 디바이스 모니터링 결과

예제 3.4

그림 3.23의 LD에서 양변환 검출 접점 대신 음변환 검출 접점(-|N|-)을 사용할 경우 그림 3.22의 실린더가 어떻게 동작하는지 설명하라.

풀이 다음 그림과 같은 LD에서 PB를 On하면 음변환 검출 접점의 특성상 RC는 Off 상태이다. PB의 값이 Off로 되는 순간(1 → 0) PB의 오른쪽 연결선은 1스캔 동안 On이 되고 이에 따라서 RC가 On이 되고 자기유지된다. 그리고 SV는 On이 되고 실린더는 전진한다. 실린더의 복귀는 그림 3.23의 LD와 동일하게 동작한다.

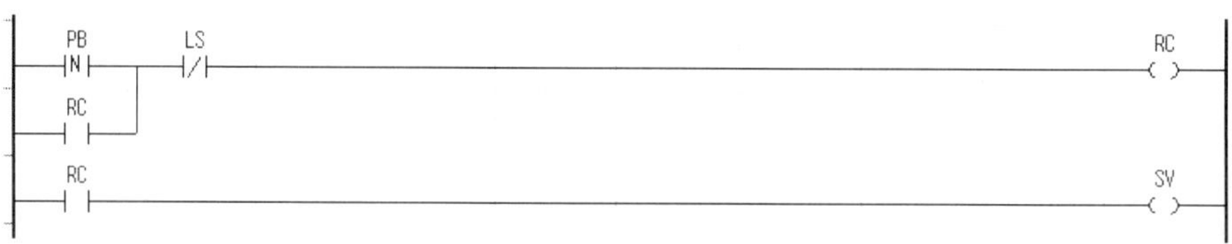

그림 3.28 음변환 검출 접점을 이용한 회로

■

(5) 복동 실린더의 1회 동작 제어 회로(양변환 검출 코일 이용)

(4)의 예에서 설명한 양변환 검출 접점을 이용한 복동 실린더의 제어를 양변환 검출 코

일을 이용하여 실시한다. 양변환 검출 코일의 특성을 이용하기 위해서 그림 3.29와 같이 a 접점 PB를 이용하여 양변환 검출 코일 RP를 PB가 Off에서 On이 되는 순간 1스캔 동안만 On이 되도록 하고, 이에 따라서 코일 RC가 On이 되도록 자기유지시킨다. 따라서 실린더가 전진하여 도그가 리밋 스위치(LS)와 접촉하여 LS가 Off에서 On이 되면 코일 RC와 솔레노이드 밸브 SV가 Off로 되어 실린더는 다시 초기 위치로 복귀하고 정지 상태를 유지한다. 이와 같이 동작하는 LD에 대한 타임 차트를 작성하면 그림 3.30과 같다.

입·출력, 내부	주 소	변수 명	용 도
입 력	%IX0.0.0	PB	실린더 전진 스위치, BOOL
입 력	%IX0.0.1	LS	실린더 전진 위치 검출용 리밋 스위치, BOOL
출 력	%QX0.3.0	SV	실린더 동작용 솔레노이드 밸브, BOOL
내 부	–	RP	1스캔 동안 On을 나타내어 자기유지 회로의 입력으로 사용되는 양변환 검출 코일, BOOL
내 부	–	RC	자기유지를 위한 릴레이, BOOL

그림 3.29 양변환 검출 코일에 의한 복동 실린더의 1회 동작 제어

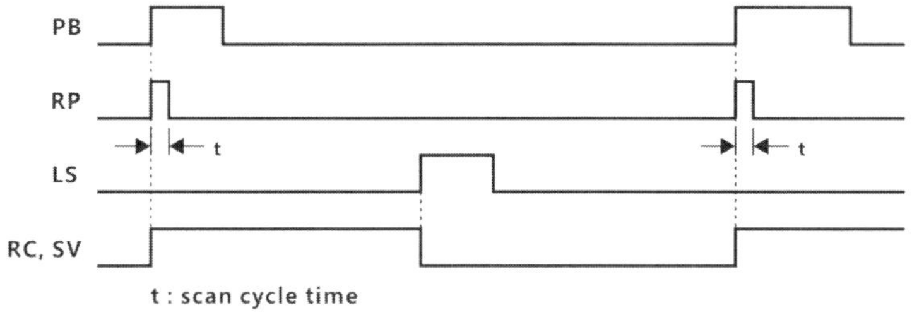

그림 3.30 양변환 검출 코일에 의한 복동 실린더의 1회 동작 제어 타임 차트

3.4.2 글로벌 변수

GLOFA와 XGT 시리즈 등의 PLC는 하나의 CPU 모듈(PLC)에 대해서 복수의 프로그램을 등록하여 사용할 수 있다. 이때 하나의 프로그램에서만 사용할 수 있는 변수를 지역변수(local variable)라 하고 등록된 여러 프로그램에서 공통으로 사용할 수 있는 변수를 글로벌 변수(global variable)라 한다. 다음에 글로벌 변수의 사용법에 대해서 알아본다.

① 새 프로젝트의 이름을 globalvar로 하여 프로젝트를 생성하고 프로그램 이름을 global_1으로 한다.

② 새로운 프로그램을 프로젝트에 추가하기 위해서 메인 메뉴에서 「프로젝트 ≫ 항목 추가 ≫ 프로그램」을 선택한다.

③ 프로그램 대화상자에서 프로그램 파일 이름을 global_2로 입력하고 확인 버튼을 클릭한다.

④ 그림 3.31의 프로그램 편집 윈도우에는 global_1, global_2의 2개의 프로그램이 나타

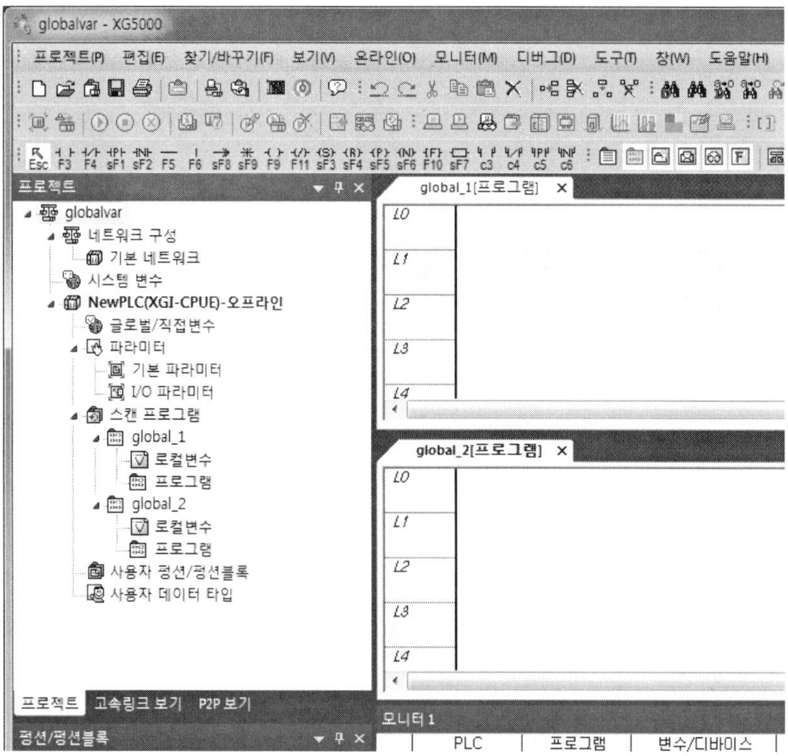

그림 3.31 2개 프로그램의 생성

나 있으며, 프로젝트 윈도우의 스캔 프로그램 항목에서 이들 2개의 프로그램이 있음을 확인할 수 있다.

2개의 프로그램에 대해서 LD를 작성한다. 먼저 global_1을 작성하고 난 후 global_2를 작성한다. 프로그램에 사용된 변수들은 다음의 표에 제시된 사항들을 참고한다. 변수를 선언하는 과정에서 변수 PB1에 대해서는 변수 추가 대화상자에서 그림 3.32(a)와 같이 변수 종류를 VAR_EXTERNAL로 설정한다.

프로그램	변수 명	변수 종류	용 도
global_1	PB1	VAR_EXTERNAL	전체 램프 On 스위치
	PB2	VAR	개별 램프 Off 스위치
	PL	VAR	출력 파일럿 램프
global_2	PB1	VAR_EXTERNAL	전체 램프 On 스위치
	PB2	VAR	개별 램프 Off 스위치
	PL	VAR	출력 파일럿 램프

작성된 프로그램이 그림 3.32(b)에 제시되어 있다. 프로그램은 파일럿 램프를 On/Off시키기 위한 간단한 프로그램인데, 사용된 변수에 유의해서 살펴볼 필요가 있다.

변수 PB1은 2개의 프로그램에서 각각 선언되어 있으며 변수 종류가 VAR_ EXTERNAL로 선언되어 있다. 즉, 변수 PB1은 2개의 프로그램에서 동일하게 공통으로 사용할 수 있다는 의미이다.

그러나 변수 PB2와 PL은 2개의 프로그램에서 각각 선언되어 있으며 변수 종류가 VAR로 선언되어 있다. 따라서 이들 변수는 2개의 프로그램에서 동일하게 공통으로 사용할 수 없다. 즉, 프로그램 global_1에서의 PB2와 프로그램 global_2에서의 PB2는 비록 이름은 같지만 서로 독립적이다. 즉, 각각의 PB2가 선언된 프로그램에서만 사용할 수 있으며 그 값은 해당 프로그램 내에서만 의미가 있다.

시뮬레이션을 통해 프로그램의 동작을 확인하기 위해서 「도구 ≫ 시뮬레이터 시작」을 선택하여 시뮬레이션을 실시한다.

먼저 global_1의 PB1을 더블 클릭하여 현재값 변경 대화상자가 나오면 값으로 온(N)을 선택하고 확인 버튼을 클릭한다. 그러면 2개의 PL이 동시에 On이 된다. 그리고 global_2의 PB1을 더블 클릭하여 값으로 오프(F)를 입력한다. 결과적으로 그림 3.33(a)와 같이

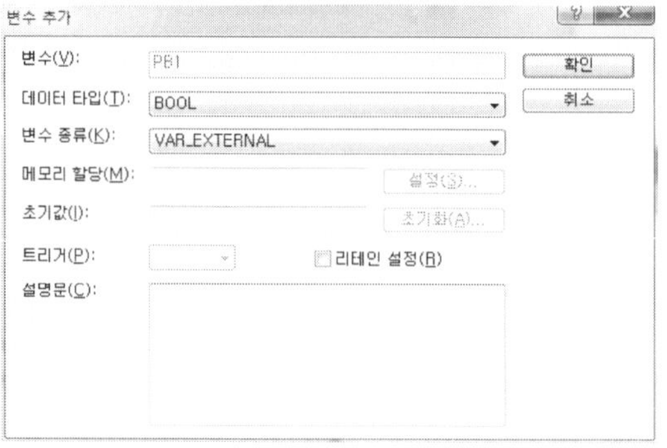

(a) 변수 종류 VAR_EXTERNAL 입력

(b) 글로벌 변수 테스트를 위한 2개의 프로그램

그림 3.32 글로벌 변수를 갖는 프로그램

global_1의 PB1의 값을 변경함으로써 global_1의 PL뿐만 아니라 global_2의 PL의 값까지도 동시에 변경되었다.

이것은 PB1이 VAR_EXTERNAL로 선언되었기 때문에 하나의 프로젝트 globalvar 안에 있는 2개의 프로그램 global_1과 global_2에서 동시에 공통으로 사용되었기 때문이다.

이제 global_1의 PB2를 더블 클릭하여 값으로 온(N)을 입력한다. 결과적으로 그림 3.33(b)와 같이 global_1의 PL은 Off가 되었으나 global_2의 PL은 On 상태를 유지하고 있다. 이것은 PB2의 변수의 종류가 2개의 프로그램에서 각각 VAR로 선언되었기 때문에 global_1에서의 PB2와 global_2에서의 PB2는 서로 다른 변수이기 때문이다.

따라서 global_1에서의 PB2의 값을 변경하더라도 global_2에서의 PB2에 영향을 미치지 않으며 상호 관련성이 없다. 이것은 변수 PL의 경우에도 동일하다.

(a) 글로벌 변수 PB1의 값이 0 → 1 → 0일 때

(b) global_1의 PB2의 값이 0 → 1 → 0일 때

그림 3.33 글로벌 변수를 갖는 프로그램 시뮬레이션

3.5 PLC와 입출력 기기의 접속

PLC로 제어를 하기 위해서는 입력 모듈(입력단자부)로 외부의 신호를 입력받고, 출력 모듈(출력단자부)로부터 제어 출력을 발생하여 출력기기를 제어해야 한다. 이때 입력 모듈에는 스위치, 센서 등의 기기가 접속되고 출력 모듈에는 램프, 솔레노이드 등의 기기가 접속된다.

접속 방식에 대해서는 PLC 사용설명서를 참고하여 각각의 입력과 출력의 규격을 고려해서 기기를 접속한다. 이 책에서는 1.8절을 참고하면 좋으며, XGI PLC의 경우 XGI CPU 모듈 사용설명서에서 입출력 모듈 파트를 참고한다.

(1) 램프 On/Off 제어

1개의 램프를 On/Off 제어하기 위한 입출력 접속에 대해서 살펴본다. LD는 그림 3.34와 같으며 입출력 주소를 고려하여 스위치와 램프를 각각 입력 모듈과 출력 모듈에 접속한다. 입출력 접속은 1.8절을 참고한다.

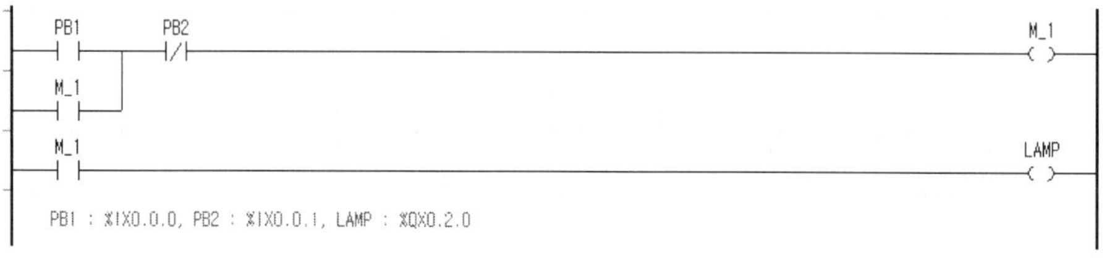

(a) 래더 다이어그램

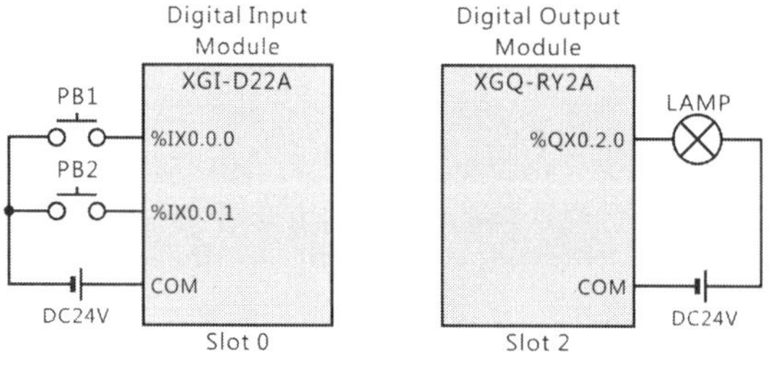

(b) 입출력 접속도

그림 3.34 램프 On/Off 제어를 위한 입출력 접속

(2) AC 리버서블 모터의 제어

AC 리버서블 모터를 정역운전 제어하기 위한 입출력 접속에 대해서 살펴본다. LD는 그림 3.35와 같으며 입출력 주소를 고려하여 스위치와 릴레이 코일을 각각 입력 모듈과 출력 모듈에 접속한다. PB1과 PB2는 각각 정회전과 역회전용 스위치로 사용되고 있으며 PB3는 정지용 스위치로 사용된다.

그림에서 출력 모듈에 2개의 릴레이 코일(MCW, MCCW)이 연결되어 있으며, 이들 코일의 On/Off에 따라서 각각의 릴레이 a 접점이 On/Off되어 모터는 정회전 또는 역회전하게 된다. 즉, PLC 출력 접점을 이용하여 모터를 정회전 또는 역회전시키지 않고 별도의 릴레이 접점을 사용하고 있음을 주지한다.

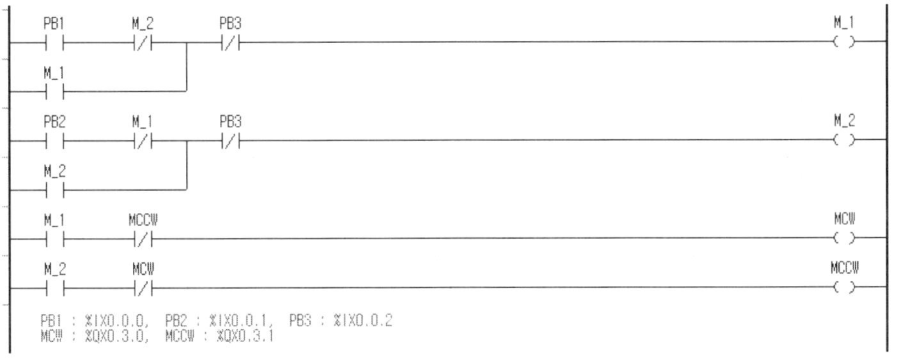

(a) 래더 다이어그램

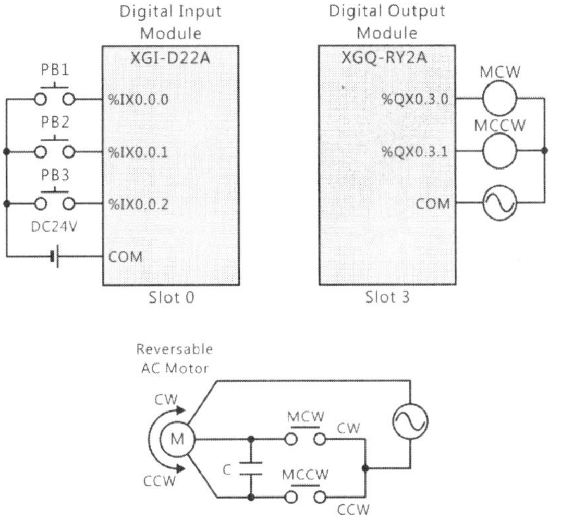

(b) 입출력 접속도

그림 3.35 모터 정역운전을 위한 입출력 접속

(3) 공압 실린더의 제어

자기유지 회로를 이용하여 공기압 복동 실린더를 1회 동작시키는 회로에 대한 입출력 접속에 대해서 살펴본다. LD는 그림 3.36과 같으며 입출력 주소를 고려하여 스위치와 솔레노이드 드라이버를 각각 입력 모듈과 출력 모듈에 접속한다. PB는 전진용 스위치, LS는 복귀용 리밋 스위치이다.

그림에서 출력 모듈에 솔레노이드 드라이버가 접속되어 있는데 이것은 PLC의 출력에 따라서 솔레노이드의 전류 흐름을 On/Off시키기 위해 사용된다.

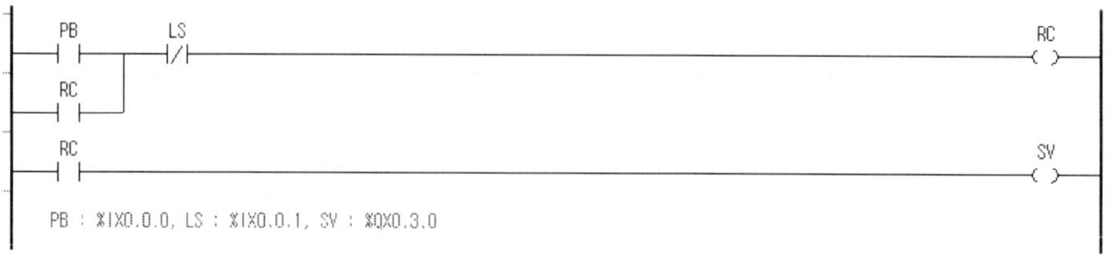

(a) 래더 다이어그램

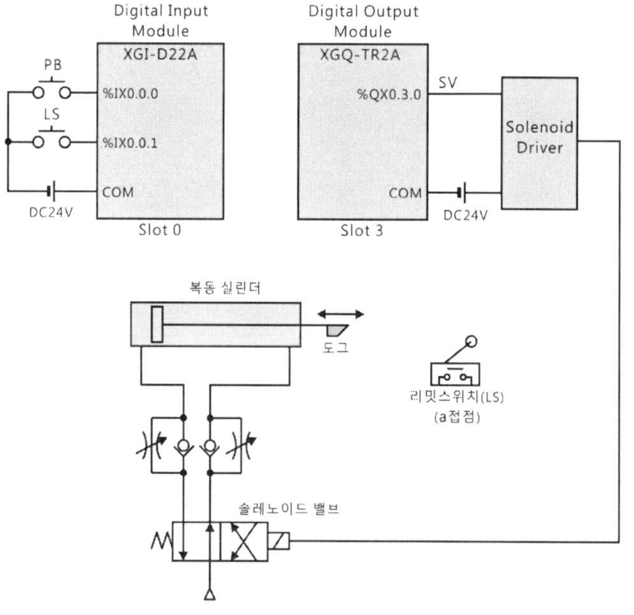

(b) 입출력 접속도

그림 3.36 복동 실린더 제어를 위한 입출력 접속

3장 연습문제

01 다음에 제시된 LD의 기본 그래픽 요소의 명칭을 말하라.

(1)	║├	(2)	┤║	(3)	────	(4)	│	(5)	*** ─┤ ├─
(6)	*** ─┤/├─	(7)	*** ─┤P├─	(8)	*** ─┤N├─	(9)	*** ─( )─	(10)	*** ─(/)─
(11)	*** ─(S)─	(12)	*** ─(R)─	(13)	*** ─(P)─	(14)	*** ─(N)─		

02 다음은 릴레이 제어 회로의 자기유지 회로이다.

(1) 이 회로를 XG5000을 사용하여 프로그램하라.

(2) 시뮬레이션을 하고 동작을 설명하라.

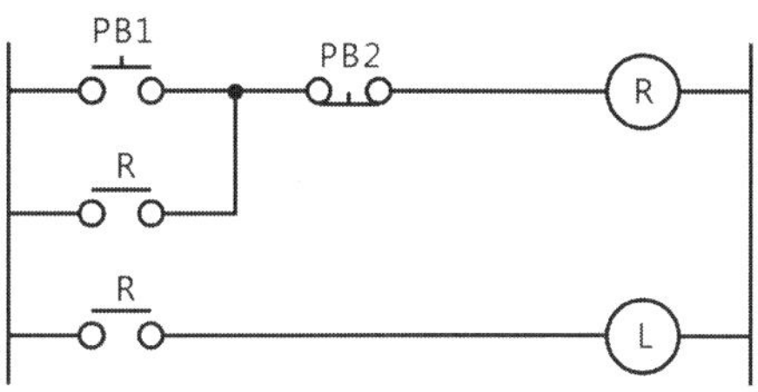

그림 P3.2

03 다음은 모터 제어 회로이다.

(1) 이 회로를 XG5000을 사용하여 프로그램하라.

(2) 시뮬레이션을 하고 동작을 설명하라.

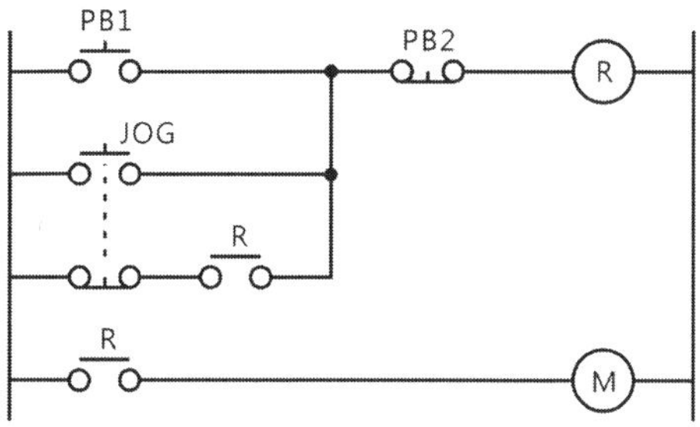

그림 P3.3

04 다음은 릴레이 제어 회로의 인터록 회로이다.

(1) 이 회로를 XG5000을 사용하여 프로그램하라.

(2) 시뮬레이션을 하고 동작을 설명하라.

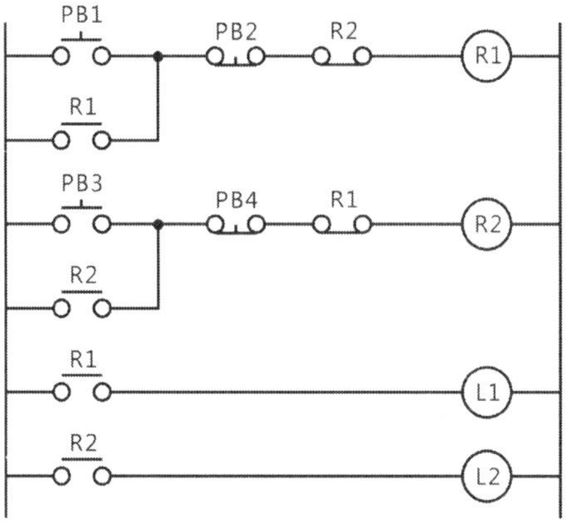

그림 P3.4

05 다음은 자주 사용되는 자기유지 회로의 하나이다.

(1) 프로그램 동작을 설명하라.

(2) 타임 차트를 완성하라.

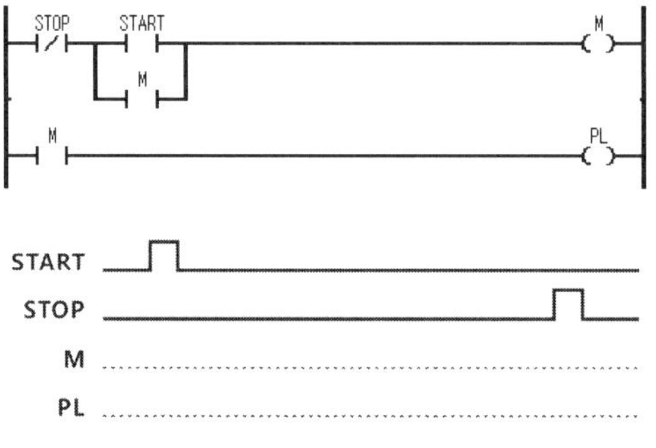

그림 P3.5

06 다음 프로그램에 대해서 질문에 답하라.

(1) 프로그램 동작을 설명하라.

(2) 타임 차트를 완성하라.

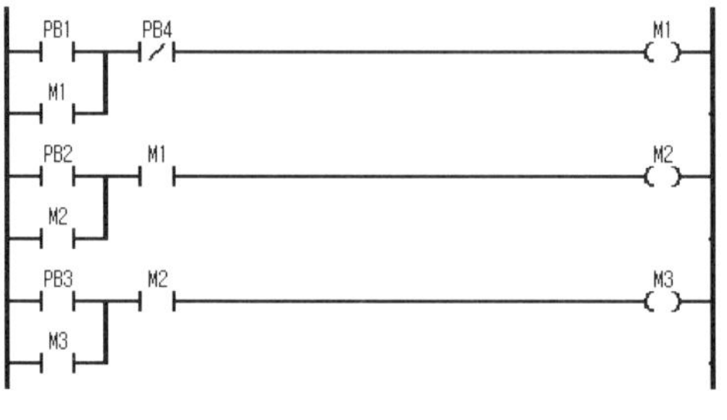

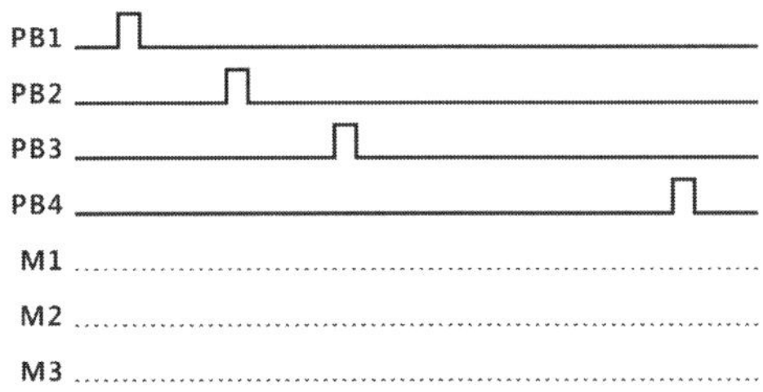

그림 P3.6

07 다음 프로그램에 대해서 질문에 답하라.

(1) 프로그램 동작을 설명하라.

(2) 타임 차트를 완성하라.

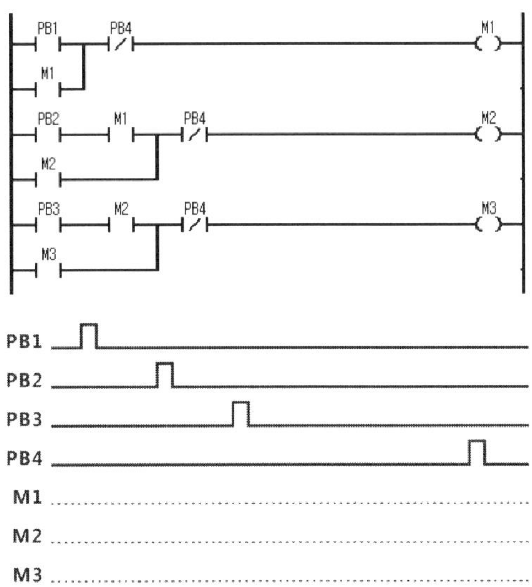

그림 P3.7

08 다음 프로그램에서 대해서 질문에 답하라.

(1) 스위치 PB를 1번 On/Off했을 때 M1, M2, PL의 값은 얼마인가? 그리고 다시 스위치 PB를 1번 On/Off했을 때 M0, M1, M2, PL의 값은 얼마인가?

(2) 타임 차트를 완성하라.

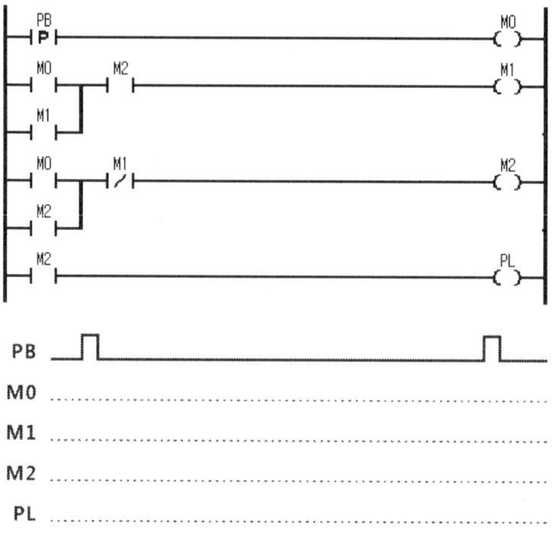

그림 P3.8

09 다음과 같은 PLC 프로그램을 작성하라. 4개의 램프 PL1, PL2, PL3, PL4는 각각 스위치 PB1, PB2, PB3, PB4에 의해서 On된다. 각각의 회로는 서로 인터록이 되어 있어서 먼저 On이 된 스위치에 해당하는 램프가 On이 되면 다른 스위치를 On하더라도 다른 램프는 On이 되지 않는다. 램프를 Off하려면 스위치 PB5를 On/Off시키면 된다.

10 다음과 같은 PLC 프로그램을 작성하라. 스위치 START를 On하면 모터 MT가 가동되어 회전한다. 이와 동시에 모터 운전 파일럿 램프 PL1이 On이 되고 모터 정지 파일럿 램프 PL2는 Off된다. 모터를 정지시키려면 스위치 STOP을 On하면 된다.

11 다음과 같은 PLC 프로그램을 작성하라. 스위치 PB1에 의해서 펌프 P1을 가동시켜 탱크 1에 물을 채운다. 탱크 1에 물이 다 차면 수위 레벨 센서 LS1으로부터의 출력 신호가 발생해 P1을 정지시킨다. 이와 동시에 펌프 P2가 가동되어 또 다른 탱크 2에 물을 채운다. 탱크 2에 물이 다 차면 수위 레벨 센서 LS2로부터의 출력 신호에 의해서 P2는 가동을 멈춘다. 펌프의 운전 상태를 나타내는 램프 PL1과 PL2가 있으며 비상 시 펌프의 운전을 멈추기 위한 비상 스위치 PB_EM이 설치된다.

12 다음과 같은 PLC 프로그램을 작성하라. 스위치 PB를 On하면 모터 MT가 회전을 시작한다. 모터의 회전축에 장착된 도그가 리밋 스위치 LS와 접촉하면 모터는 정지한다. 다시 스위치 PB를 On하면 모터는 회전하며 도그가 다시 리밋 스위치와 접촉하면 정지한다. 이와 같이 스위치를 1회 On/Off할 때마다 모터가 리밋 스위치 설치 위치까지 1회전하도록 제어하는 프로그램을 작성하라.

04

펑션과 펑션 블록

이 장에서는 기본적인 펑션과 펑션 블록의 개념 및 사용방법에 대해 학습한다. 기본 펑션에 대해서는 전송 펑션, 타입 변환 펑션, 비교 펑션, 수치 연산 펑션, 비트열 펑션 등을 학습하고, 기본 펑션 블록에 대해서는 타이머와 카운터를 위주로 학습한다. 기본 펑션과 펑션 블록은 PLC 프로그램을 작성할 때 매우 자주 사용되므로 사용법을 정확히 이해하여 프로그램 작성 시 적극 활용하는 것이 중요하다.

펑션과 펑션 블록을 활용하여 프로그램을 작성함으로써 실무적으로 근접한 프로그램을 작성할 수 있게 되며, 접점과 코일만으로 작성한 프로그램보다 다양한 기능을 구현할 수 있는 프로그램을 작성할 수 있다.

그리고 펑션과 펑션 블록을 활용한 프로그램을 작성하기에 앞서 2장과 3장에서 학습한 내용들에 대한 충분한 이해와 사용법에 대한 지식이 필요하다. 필요한 경우 앞 장의 내용들을 충실히 복습하는 것이 효과적이다.

4.1 펑션

PLC 프로그램을 작성할 경우 접점과 코일뿐만 아니라 대부분의 경우 펑션을 사용하여 프로그램을 작성하는 것이 일반적이다. 펑션은 특정한 기능을 수행하기 위해서 시스템에서 구축해 놓은 프로그램 종류의 하나로서 하나의 출력을 갖는다.

또한 펑션은 내부에 상태를 보관하는 데이터를 갖지 않으며, 프로그램에서 펑션을 호출하여 데이터를 전달하려면 펑션의 입력을 통해야 한다.

펑션은 기능별로 매우 다양한 종류가 있는데(GM4의 경우, 기본 펑션 194개, XGI의 경우 기본 펑션 136개 + 실수연산 펑션) 프로그램을 작성하기 위해서는 최소한 기본 펑션 중에서 자주 사용하는 것들에 대해서는 그 기능과 사용법을 충분히 숙지하고 있어야 프로그램을 작성하는 데 도움이 된다.

펑션의 기능별 종류는 전송 펑션, 타입 변환 펑션, 비교 펑션, 수치 연산 펑션, 비트열 펑션, 선택 펑션, 데이터 교환 펑션, 문자열 펑션, 날짜 시각 펑션, 시스템 제어 펑션, 데이터 조작 명령 펑션, 스택 연산 명령 펑션 등이 있다. 이러한 펑션들 중에서 응용 프로그램을 작성할 경우 일반적으로 사용되는 펑션들에 대해서 살펴보기로 한다.

(1) 전송 펑션

펑션 이름	기 능
MOVE	입력 데이터를 출력으로 전송

(2) 타입 변환 펑션

펑션 그룹	펑션 이름	기 능
BCD_TO_***	BYTE_BCD_TO_SINT	BYTE(BCD)형의 데이터를 SINT형으로 변환
	WORD_BCD_TO_INT	WORD(BCD)형의 데이터를 INT형으로 변환
	DWORD_BCD_TO_DINT	DWORD(BCD)형의 데이터를 DINT형으로 변환
	DWORD_BCD_TO_UDINT	DWORD(BCD)형의 데이터를 UDINT형으로 변환
INT_TO_***	INT_TO_SINT	INT형의 데이터를 SINT형으로 변환
	INT_TO_DINT	INT형의 데이터를 DINT형으로 변환
	INT_TO_UDINT	INT형의 데이터를 UDINT형으로 변환
	INT_TO_WORD	INT형의 데이터를 WORD형으로 변환
	INT_TO_DWORD	INT형의 데이터를 DWORD형으로 변환
	INT_TO_BCD_WORD	INT형의 데이터를 WORD(BCD)형으로 변환
UDINT_TO_***	UDINT_TO_BCD_DWORD	UDINT형의 데이터를 DWORD(BCD)형으로 변환
TIME_TO_***	TIME_TO_UDINT	TIME형의 데이터를 UDINT형으로 변환

* 1-Byte=8-Bit, 1-Word=16-Bit, 1-Double Word=2-Word=32-Bit

(3) 비교 펑션

펑션 이름	기 능(n은 8까지 가능)
GT	>, Greater Than, OUT=(IN1>IN2)&(IN2>IN3)&…&(INn−1>INn)
GE	≥, Greater Equal, OUT=(IN1≥IN2)&(IN2≥IN3)&…&(INn−1≥INn)
EQ	=, Equal, OUT=(IN1=IN2)&(IN2=IN3)&…&(INn−1=INn)
LE	≤, Less Equal, OUT=(IN1≤IN2)&(IN2≤IN3)&…&(INn−1≤INn)
LT	<, Less Than, OUT=(IN1<IN2)&(IN2<IN3)&…&(INn−1<INn)
NE	≠, Not Equal, OUT=(IN1≠IN2)&(IN2≠IN3)&…&(INn−1≠INn)

(4) 수치 연산 펑션

펑션 이름	기 능(n은 8까지 가능)
ADD	더하기 연산, OUT=IN1+IN2+…+INn
MUL	곱하기 연산, OUT=IN1*IN2*…*INn
SUB	빼기 연산, OUT=IN1−IN2
DIV	나누기 연산, OUT=IN1/IN2
MOD	나머지 연산, OUT=IN1 Mod IN2

* ADD: addition, MUL: multiplication, SUB: subtraction
DIV: division, MOD: modulo

(5) 비트 시프트 펑션

펑션 이름	기 능
SHL	입력을 N 비트 왼쪽으로 이동(오른쪽 비트는 0으로 채움)
SHR	입력을 N 비트 오른쪽으로 이동(왼쪽 비트는 0으로 채움)
ROL	입력을 N 비트 왼쪽으로 회전
ROR	입력을 N 비트 오른쪽으로 회전

* SHL: shift left, SHR: shift right, ROL: rotate left, ROR: rotate right

(6) 비트 연산 펑션

펑션 이름	기 능(n은 8까지 가능)
AND	논리곱, OUT=IN1 AND IN2 AND IN3 AND … AND INn
OR	논리합, OUT=IN1 OR IN2 OR IN3 OR … OR INn
XOR	배타적 논리합, OUT=IN1 XOR IN2 XOR IN3 XOR … XOR INn
NOT	논리 반전, OUT=NOT IN1

(7) 선택 펑션

펑션 이름	기 능(n은 8까지 가능)
SEL	입력 IN0와 IN1 중에서 선택하여 출력
MAX	입력 IN1, …, INn 중에서 최댓값 출력
MIN	입력 IN1, …, INn 중에서 최솟값 출력
MUX	입력 IN0, …, INn−1 중 k번째 입력을 출력

4.1.1 MOVE 펑션

펑 션	설 명
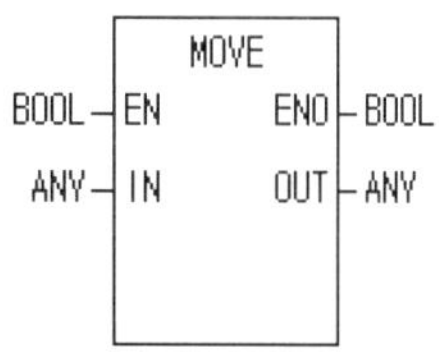	입력 EN : 1일 때 펑션 실행 IN : MOVE할 값 출력 ENO : EN 값이 그대로 출력 OUT : MOVE된 값 기능 IN의 값을 OUT으로 전송(이동)한다. IN, OUT에 연결되는 변수는 같은 데이터형이어야 함

(1) Byte 데이터 출력

프로그램 내용

MOVE 펑션을 이용하여 IN에 입력되는 byte 크기의 값을 출력으로 전송하는 프로그램을 작성한다.

프로그램 작성

MOVE 펑션을 불러오기 위해서는 도구 모음에서 아이콘 를 클릭하고 프로그램 편집 윈도우의 해당 위치를 클릭한다. 그러면 펑션/펑션 블록 대화상자가 나오는데 이름 입력란에 MOVE라고 입력하고 확인 버튼을 클릭한다.

MOVE 펑션의 입력인 IN에 입력되는 변수를 '입력값'으로, 펑션의 출력인 OUT으로 출력되는 변수를 '출력값'으로 설정한다. 그리고 각각의 변수에 대해서 다음과 같이 설정한다.

변수 명	주 소	용 도
입력값	–	전송될 값을 입력, 초깃값: 16#F1, BYTE
시작	–	펑션 MOVE의 실행 조건, BOOL
출력값	%QB0.4.0	전송된 값을 해당 주소로 출력, BYTE

'입력값'의 데이터형을 BYTE로 설정하고 초깃값을 16#F1로 입력한다. 그리고 '출력값'의 데이터형을 BYTE로 설정하고 메모리 할당을 사용자 정의로 하여 %QB0.4.0으로 한다. '입력값'의 초깃값 16#F1(16진수로 F1)을 2진수로 표현하면 2#11110001이다. 이 값은 8−bit이며 1−byte에 해당한다.

MOVE 펑션은 입력과 출력의 데이터형이 동일해야 한다. 즉, 입력 데이터인 '입력값'의 데이터형이 BYTE이므로 초깃값으로 1−byte의 데이터를 입력한다. 그리고 출력의 데이터형도 BYTE형으로 하고 주소를 %QB0.4.0으로 입력한다.

변수 '입력값'의 선언 과정에서 데이터형을 BYTE로, 초깃값을 16#F1로 설정하는 과정이 그림 4.1에 제시되어 있으며, 변수 '출력값'의 선언 과정에서 데이터형을 BYTE로, 메모리 할당을 %QB0.4.0으로 입력하는 과정이 그림 4.2에 제시되어 있다. 작성된 프로그램은 그림 4.3과 같다.

시뮬레이션

먼저 「프로젝트 윈도우 ≫ I/O 파라미터」를 선택한 후 더블 클릭한다. I/O 파라미터 탭이 나오면 베이스 00에 대해 슬롯 4의 콤보박스를 클릭하여 「디지털 모듈 리스트 ≫ 출력 모듈 ≫ XGQ−RY2A/B(RELAY 출력, 16점)」를 선택한다('출력값'의 주소가 %QB0.4.0이기 때문). 프로그램을 시뮬레이션하기 위해서 메인 메뉴에서 「디버그 ≫ 시뮬레이션 시작」

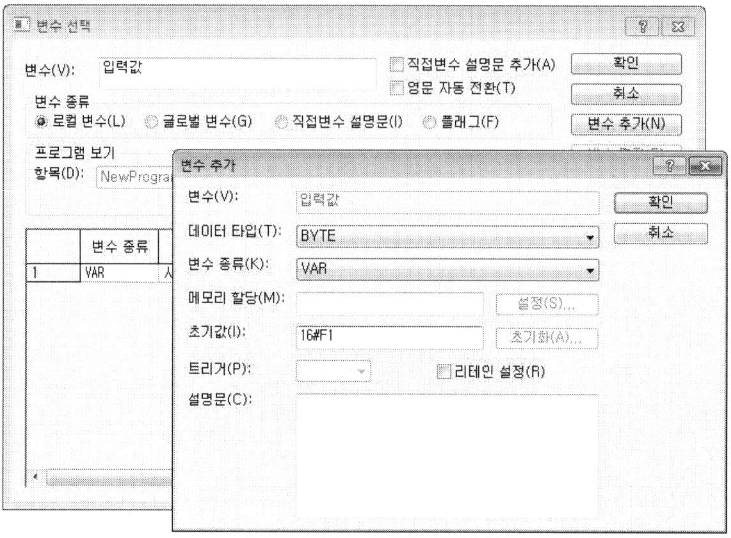

그림 4.1 변수 '입력값'의 선언

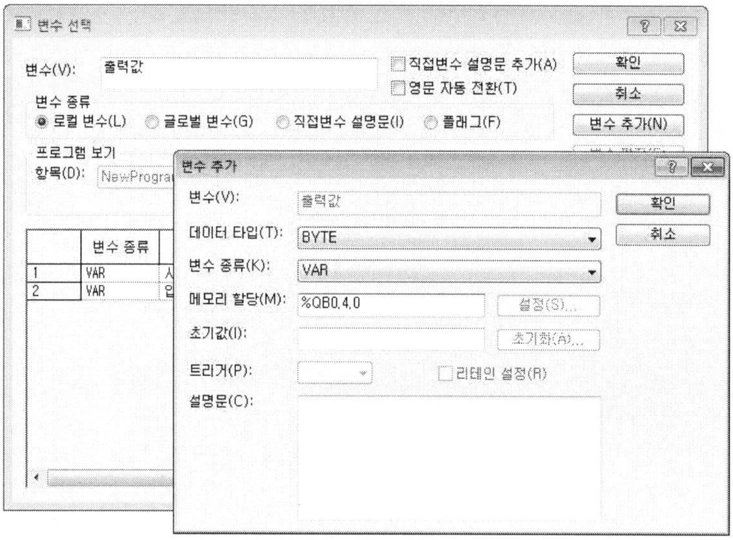

그림 4.2 변수 '출력값'의 선언

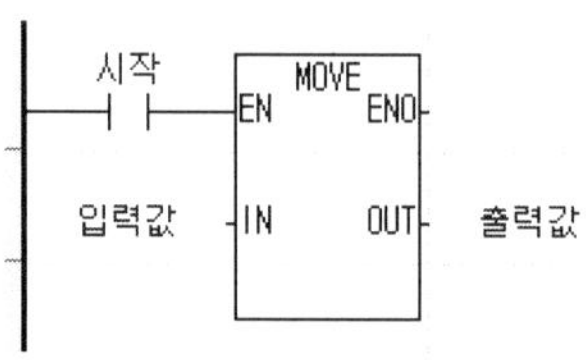

그림 4.3 MOVE 펑션을 이용한 프로그램

을 클릭하여 시뮬레이터 화면을 실행시킨다. 에러가 없을 경우, 메뉴에서 「모니터 ≫ 시스템 모니터」를 클릭하면 I/O 모듈이 활성화된 PLC 시뮬레이터가 나타난다.

먼저 MOVE 펑션을 Enable시키기 위해서 변수 '시작'을 더블 클릭하여 그림 4.4와 같은 현재값 변경 대화상자가 나오면 값으로 온(ON)을 선택하고 확인 버튼을 클릭한다. 그러면 그림 4.5와 같이 시뮬레이터에서 출력 결과가 나타난다.

시뮬레이터에서 램프가 출력된 모양을 보면 그림에서와 같이 8개 램프의 아래쪽에서부터 On On On On Off Off Off On의 형태이다. 이를 숫자로 나타내면 1 1 1 1 0 0 0 1이다. 이것은 MOVE 펑션의 입력값인 16#F1, 즉 2#11110001과 동일함을 알 수 있다.

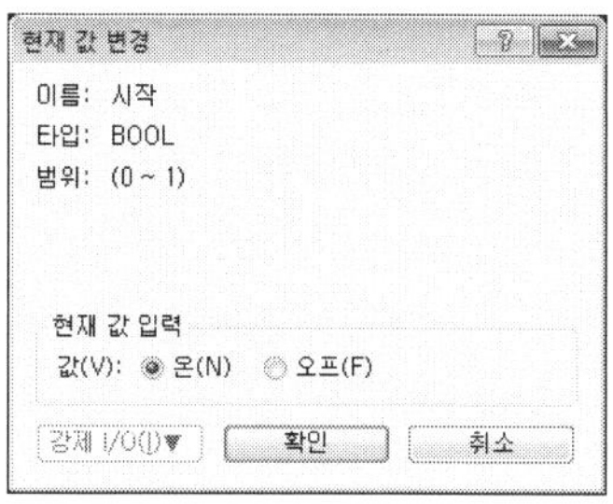

그림 4.4 변수 '시작' 값의 입력

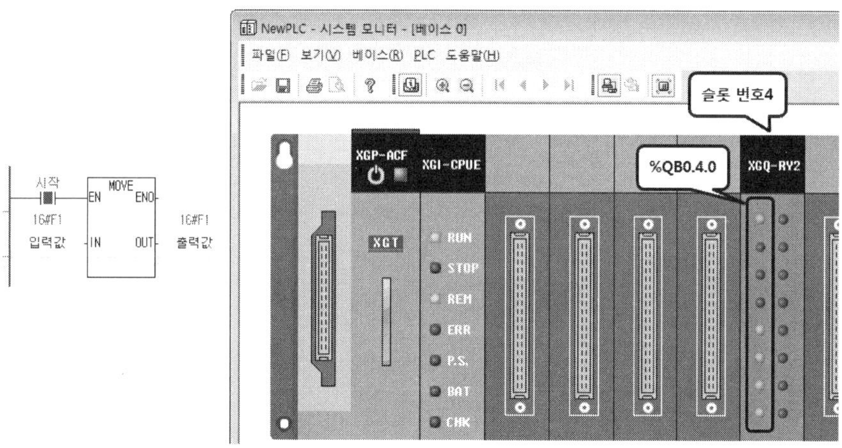

그림 4.5 시뮬레이션 결과

예제 4.1

'4.1.1 (1) Byte 데이터 출력'을 참고하여 word 단위로 데이터를 전송하는 프로그램을 작성하라. 사용되는 변수명은 (1)과 동일하게 하되 변수 '시작'에 대해서 %IX0.0.0으로 메모리 할당을 하고, 변수 '입력값'의 초깃값은 16#334F로 하고, 변수 '출력값'의 주소는 3번 슬롯을 사용하라(※ 변수를 선언하는 과정에서 데이터형과 주소의 설정에 유의하라).

풀이 다음과 같이 변수를 선언하고 프로그램을 작성한다.

변수 명	주 소	용 도
입력값	–	전송될 값, 초깃값: 16#334F, WORD
시작	%IX0.0.0	MOVE 펑션의 실행 조건, BOOL
출력값	%QW0.3.0	전송된 값, 해당 주소로 출력됨, WORD

먼저 「프로젝트 윈도우 ≫ I/O 파라미터」를 선택한 후 더블 클릭하고, I/O 파라미터 탭이 나오면 베이스 00에 대해서 슬롯 0의 콤보박스를 클릭하여 「디지털 모듈 리스트 ≫ 입력 모듈 ≫ XGI－D22A/B(DC 24V 입력, 16점)」를 선택한다('시작'의 주소가 %IX0.0.0이기 때문). 그리고 슬롯 3의 콤보박스를 클릭하여 「디지털 모듈 리스트 ≫ 출력 모듈 ≫ XGQ－RY2A/B(RELAY 출력, 16점)」를 선택한다('출력값'의 주소가 %QW0.3.0이기 때문).

프로그램을 시뮬레이션하기 위해서 메인 메뉴에서 「디버그 ≫ 시뮬레이션 시작」을 클릭하여 시뮬레이터 화면을 실행시킨다. 에러가 없을 경우 메뉴에서 「모니터 ≫ 시스템 모니터」를 클릭하면 I/O 모듈이 활성화된 PLC 시뮬레이터가 나타난다.

작성된 프로그램은 그림 4.3과 동일하고 시뮬레이션 결과는 그림 4.6과 같다. 시뮬레이션을 할 때 변수 '시작'은 메모리 할당을 통해 주소를 가지므로 그림 4.6의 시뮬레이터에서 주소 %IX0.0.0을 마우스로 클릭하여 On시킨다. 그러면 MOVE 펑션이 Enable되어 펑션이 실행되고 '입력값' 16#334F는 '출력값'으로 전송된다. 이 값은 주소 %QW0.3.0으로 출력되어 그림과 같은 형태로 램프가 On/Off된다.

램프의 On/Off 형태는 16#334F에 해당하는 2#0011001101001111을 나타낸다.

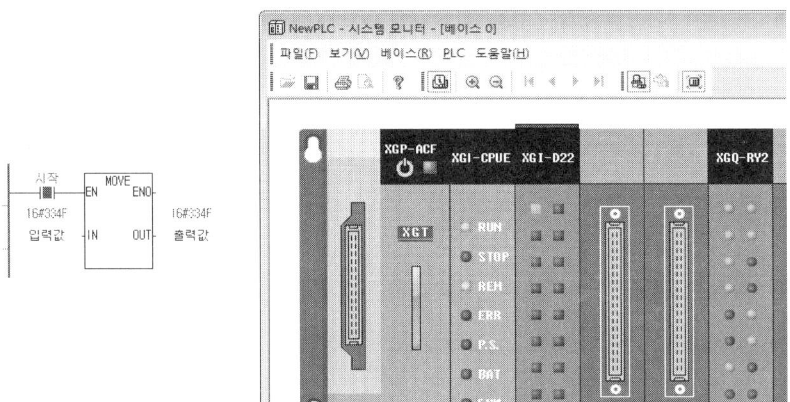

그림 4.6 시뮬레이션 결과 ■

(2) Word 데이터 출력

프로그램 내용

MOVE 펑션을 이용하여 IN에 입력되는 word 크기의 값을 출력으로 전송하되 클럭 접점을 이용하여 0.5초마다 출력값이 바뀌는 프로그램을 작성한다.

프로그램 작성

2개의 MOVE 펑션에 대해서 데이터형이 WORD인 입력 변수를 각각 '입력1', '입력2'라고 하고 출력 변수는 하나로 설정하여 '출력'이라고 하자. 그리고 각각의 변수에 대해서 다음과 같이 설정한다.

변수 명	주 소	용 도
입력1	–	전송될 값을 입력, 초깃값: 16#3333, WORD
입력2	–	전송될 값을 입력, 초깃값: 16#CCCC, WORD
출력	%QW0.3.0	전송된 값, 해당 주소로 출력, WORD

'입력1'의 초깃값은 16#3333으로서 이를 2진수로 표현하면 2#0011001100110011이고, '입력2'의 초깃값은 16#CCCC로서 이를 2진수로 표현하면 2#1100110011001100이다.

각각의 MOVE 펑션의 입력인 EN은 a 접점과 b 접점에 연결되어 있으며 각각의 접점의 변수는 예약변수인 _T1S로 되어 있다. 이에 대한 프로그램이 그림 4.7에 제시되어 있다(※ 예약변수에 대해서는 2.3.5절을 참고).

예약변수 _T1S는 1초 주기의 클럭이다. 즉 그 값이 0.5초 동안은 1(On) 그리고 그다음 0.5초 동안은 0(Off)이며 무한히 반복된다. 따라서 a 접점이 EN에 연결되어 있는 MOVE 펑션은 클럭의 값이 1일 때 Enable되고 '입력1'의 값이 '출력'으로 전송된다. 그러나 b 접점이 EN에 연결되어 있는 MOVE 펑션은 클럭의 값이 1일 때 Enable되지 않으므로 '출력'으로 '입력2'의 값을 전송하지 않는다.

반대로 클럭의 값이 0일 때 a 접점이 EN에 연결되어 있는 MOVE 펑션은 Enable되지 않으므로 '출력'으로 '입력1'의 값을 전송하지 않는다. 그러나 b 접점이 EN에 연결되어 있는 MOVE 펑션은 Enable되어 '출력'으로 '입력2'의 값을 전송한다.

결과적으로 2개의 MOVE 펑션은 0.5초 간격으로 번갈아 가며 Enable되어 동작하면서 각각의 '입력1'과 '입력2'의 값을 '출력'으로 전송시킨다.

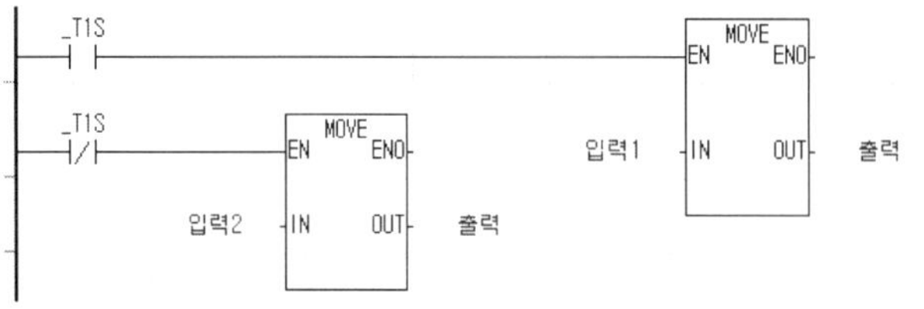

그림 4.7 펑션 MOVE와 클럭 접점을 이용한 프로그램

시뮬레이션

프로그램을 시뮬레이션하면 주소 %QW0.3.0으로 다음과 같이 출력된다. 클럭의 값이 1일 경우 그림 4.8(a)와 같이 16#3333의 값이 출력으로 전송되고, 클럭의 값이 0일 경우 그림 4.8(b)와 같이 b 접점에 연결된 MOVE 펑션 EN의 값이 1이므로 16#CCCC의 값이 출력으로 전송된다.

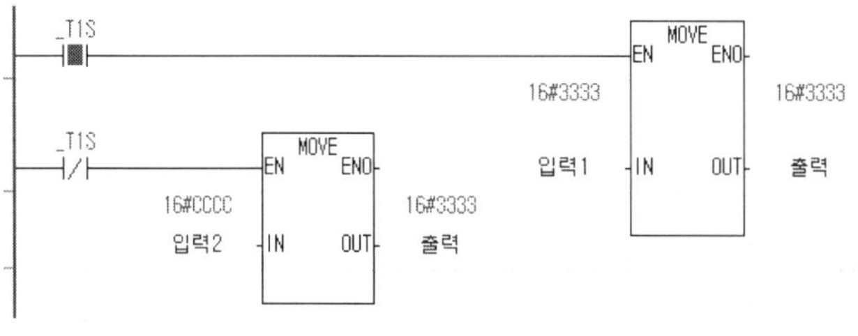

(a) 클럭 접점이 1일 경우의 출력

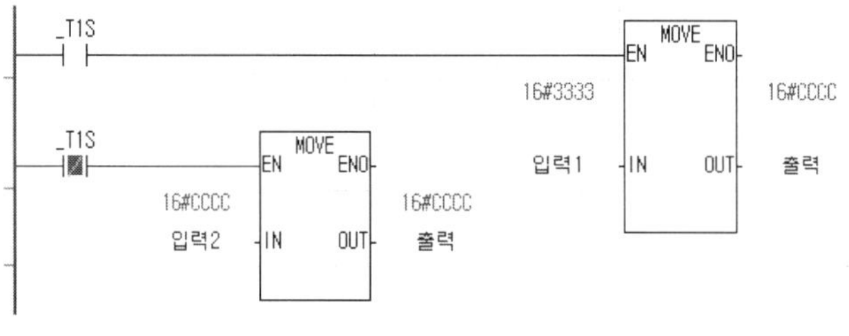

(b) 클럭 접점이 0일 경우의 출력

그림 4.8 시뮬레이션 결과

예제 4.2

그림 4.7의 프로그램을 작성하는 과정에서 다음의 질문에 답하라.

(1) 변수 '출력'의 데이터형을 BYTE로 하면 어떤 결과가 얻어지는가?

(2) 변수 '입력1'의 초깃값을 16#33으로 하고 데이터형을 WORD로 설정할 경우 어떤 문제가 발

생하는가?

(3) 변수 '입력1'과 '입력2'의 초깃값을 각각 16#5555AAAA, 16#AAAA5555로 하면 이들의 데이터형은 무엇으로 해야 하는가? 그리고 출력 변수의 주소를 적절하게 설정하라.

(풀이) (1) MOVE 펑션은 입력과 출력의 데이터형이 동일해야 하므로 프로그램 컴파일 과정에서 에러가 발생한다.

(2) 변수 '입력1'의 데이터형이 WORD이므로 초깃값을 16#33으로 하면 컴파일러는 초깃값을 WORD 타입인 16#0033으로 인식한다.

(3) 16#5555AAAA과 16#AAAA5555은 double word의 크기이므로 데이터형을 DWORD로 해야 한다. 출력 변수의 주소는 %QD0.3.0과 같은 방식으로 하면 된다. ■

예제 4.3

다음의 프로그램에 대해서 실행 과정을 설명하라. 변수 '시작'의 주소는 %IX0.0.0이고 %IB0.1.0의 입력값으로 2#00110001을 입력 모듈에 접속된 스위치들을 클릭하여 직접 입력한다.

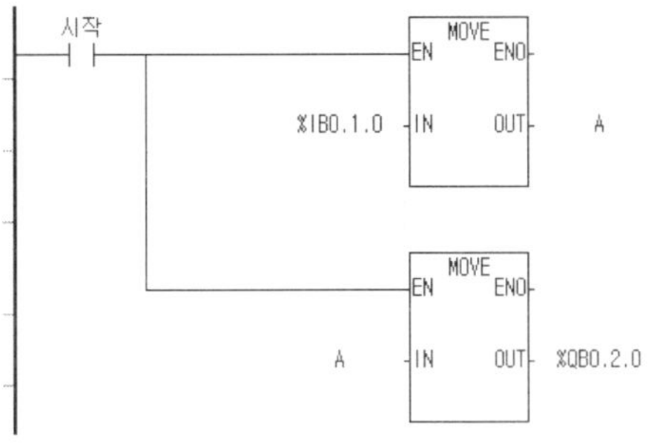

그림 4.9 MOVE 펑션

(풀이) MOVE 펑션의 실행 조건인 변수 '시작'의 값이 1이 되면 2개의 MOVE 펑션이 실행된다. 첫 번째 MOVE 펑션에 의해서 %IB0.1.0의 데이터를 읽어 들여 변수 A에 전송한다. 여기서 %IB0.1.0은 PLC 입력 모듈의 %IX0.1.0~%IX0.1.7까지의 8비트(1바이트) 정보를 의미한다. A에 저장된 값은 두 번째 MOVE 펑션의 입력이 되며 이것은 %QB0.2.0으로 출력된다. 이러한 동작에 대한 시뮬레이션 결과가 그림 4.10에 제시되어 있다. 그림에서는 %IB0.1.0의 입력 데이터의 값이 PLC 입력 모듈의 스위치를 클릭하여 2#00110001로 설정되어 있으며 이것이 변수 A에 전송되어 A의 값이 16#31로 나타나 있다.

또한 최종적으로 이 값은 %QB0.2.0으로 출력되어 출력 램프의 On/Off 형태가 입력 모듈의 스위치 On/Off 형태와 동일하게 나타나고 있음을 알 수 있다.

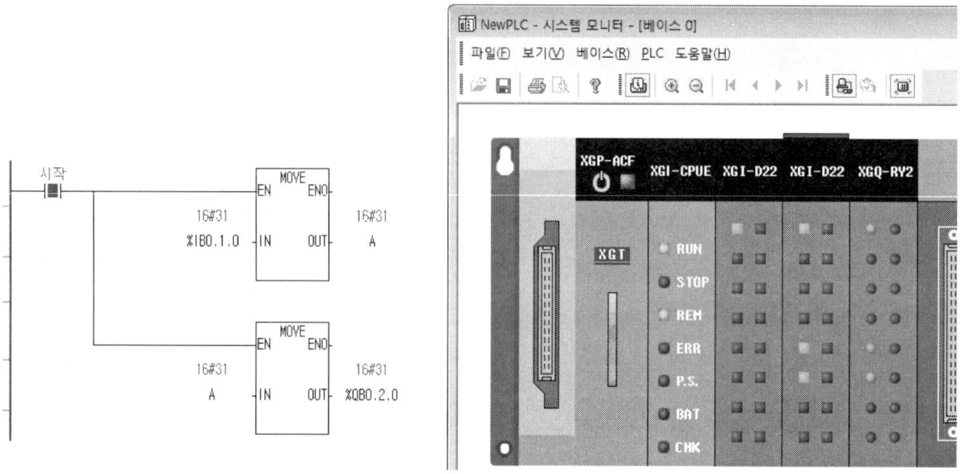

그림 4.10 시뮬레이션 결과

4.1.2 WORD_BCD_TO_INT 펑션

펑 션	설 명
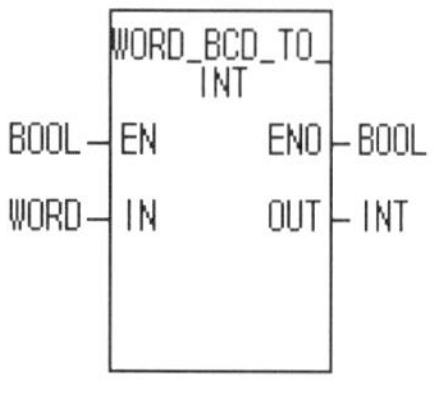	입력 EN : 1일 때 펑션 실행 IN : BCD(WORD) 형태의 데이터를 갖는 ANY_BIT 입력 출력 ENO : 에러 없이 실행되면 1 출력 OUT : INT형으로 변환된 데이터 기능 IN을 형 변환해서 OUT으로 출력시킨다. IN이 BCD 형태의 데이터가 아닌 경우, 출력은 0이 되고 _ERR (연산 에러 플래그), _LER(연산 에러 래치 플래그)이 On된다.

(1) WORD_BCD_TO_INT 펑션에 의한 데이터 변환

프로그램 내용

WORD_BCD_TO_INT 펑션을 이용하여 입력 모듈로부터 입력되는 BCD 타입의 데이터를 읽어 들여 INT 타입으로 변환하는 프로그램을 작성한다.

프로그램 작성

입력 모듈에 연결된 4자리의 디지털 스위치(또는 thumbwheel switch) 입력을 WORD_BCD_TO_INT 펑션의 입력으로 하고 이를 정수형으로 변환하여 출력시킨다. WORD_BCD_TO_INT 펑션의 입력인 변수 '디지털스위치'는 입력 모듈의 입력 단자 %IX0.0.0~%IX0.0.15(%IW0.0.0)에 연결되어 있는 디지털 스위치의 값을 읽어 들인다.

디지털 스위치는 그림 4.11(a)와 같은 형태이며 10진수 1자리(0~9)를 표현하기 위해서 4비트의 정보를 사용한다. 그림에 있는 디지털 스위치는 십진수 4자리, 즉 0~9999까지 표현할 수 있으므로 4비트의 정보 4개, 즉 16비트의 데이터 크기를 가진다.

이와 같이 BCD형의 16-bit 데이터를 읽어 들여 정수형으로 변환하기 위해 작성된 프로그램은 그림 4.11(b)와 같다.

변수 명	주 소	용 도
디지털스위치	%IW0.0.0	10진수 4자리의 디지털 스위치 입력 데이터, WORD
정수값	–	정수형으로 변환된 값, INT
시작	–	WORD_BCD_TO_INT 펑션의 실행 조건, BOOL

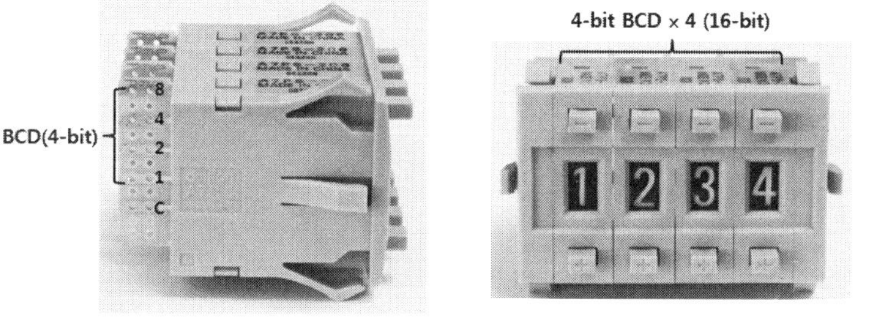

(a) 디지털 스위치

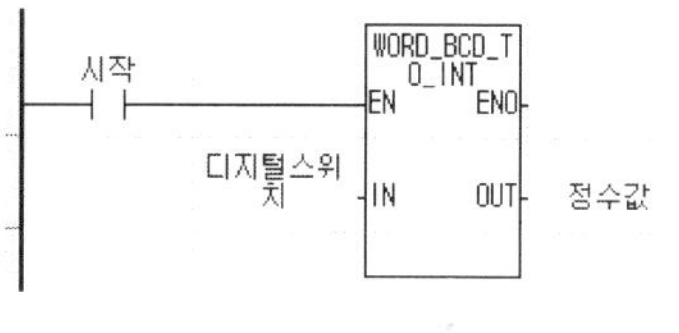

(b) WORD_BCD_TO_INT에 의한 프로그램

그림 4.11 디지털 스위치의 정보 읽기

시뮬레이션

시뮬레이션을 실시하고 변수 '시작'을 더블 클릭하여 값으로 1을 입력한다. 그리고 입력 모듈의 %IW0.0.0에 위치한 16개의 스위치를 마우스로 클릭하여 그림 4.12와 같은 형태로 On/Off를 입력한다. 디지털 스위치가 입력 모듈에 연결되었다고 가정하면 디지털 스위치의 10진수 1자리는 4비트의 BCD로 표현되므로 그림과 같이 4비트씩 나누어 고려하면 된다.

전체 16비트 정보를 2진수로 표현하면 2#0001001000110100인데 이를 왼쪽부터 4비트씩 나누어 고려하면 첫 번째 4비트는 0001인데 이는 BCD로 1에 해당한다. 두 번째 4비트는 0010이므로 2, 세 번째 4비트는 0011이므로 3, 네 번째 4비트는 0100이므로 4에 해당한다.

따라서 16비트의 BCD 정보는 WORD_BCD_TO_INT 펑션으로 입력되며 시뮬레이션에서는 16진수로 16#1234와 같이 표현되어 있다. 이 값이 정수로 변환되어 변수 '정수값'의 값으로 1234가 된다.

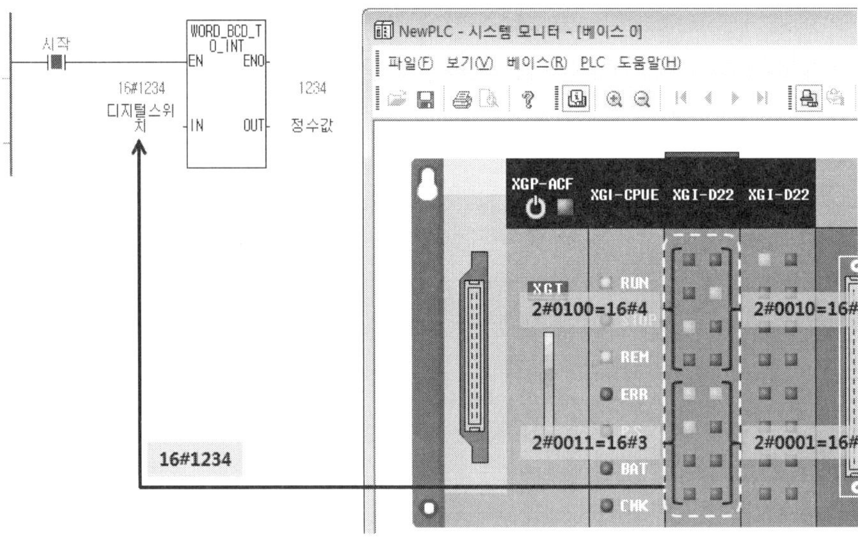

그림 4.12 시뮬레이션 결과

예제 4.4

그림 4.12에서 디지털 스위치의 입력을 16#123F로 한 경우 WORD_BCD_TO_INT의 출력인 '정수값'의 값은 어떻게 표현되겠는가? 그 이유를 설명하라.

풀이 변수 '정수값'은 0으로 출력된다. 그 이유는 입력 '디지털스위치'는 BCD로 표현되는 값이어야 한다. 즉 16진수로 표현하면 0~9까지의 숫자만을 사용하여 표현해야 한다. 16진수로 16#0에서부터 16#9까지는 BCD의 0000에서부터 0100까지로 표현할 수 있다.

그러나 16진수로 A, B, C, D, E, F는 BCD로 표현할 수 없다. 따라서 WORD_BCD_TO_INT 펑션의 입력으로 부적합하며 에러가 발생하여 출력이 0으로 된다.

그림 4.13과 같이 예약변수의 하나인 연산 에러 접점 _ERR을 사용하여 프로그램을 추가하고 입력을 16#123F로 할 경우, 그림과 같이 출력 코일인 '변환에러'의 값이 1이 되어 연산 과정에서 에러가 발생하였음을 알 수 있다. 물론 입력이 정상적인 BCD값일 경우, 연산 에러 접점 _ERR의 값은 0이며 이에 따라서 '변환에러'의 값도 0으로 유지된다.

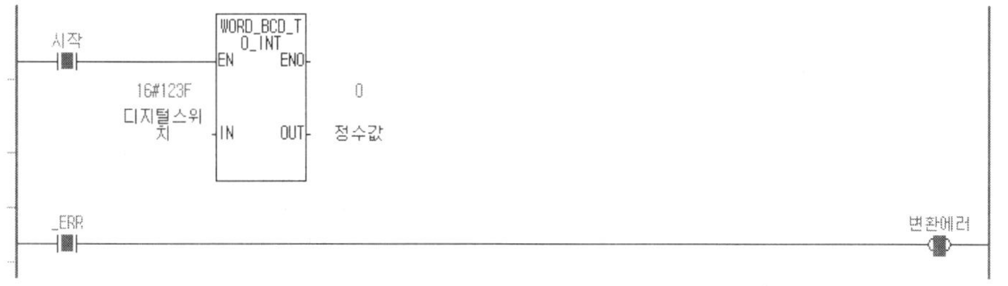

그림 4.13 변환 에러 발생

■

4.1.3 INT_TO_BCD_WORD 펑션

펑 션	설 명
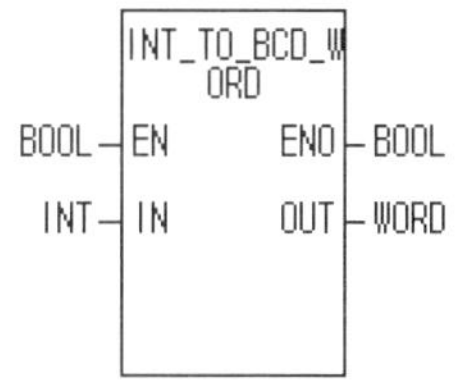	입력 EN : 1일 때 펑션 실행 IN : 정수형의 입력값 출력 ENO : 에러 없이 실행되면 1 출력 OUT : BCD(WORD)형으로 변환된 데이터 기능 IN을 형 변환해서 OUT으로 출력시킨다. 변환 에러 발생 시 _ERR(연산 에러 플래그), _LER(연산 에러 래치 플래그)이 On된다.

(1) INT_TO_BCD_WORD 펑션에 의한 데이터 변환

프로그램 내용

INT_TO_BCD_WORD 펑션을 이용하여 펑션에 입력되는 INT 타입의 데이터를 BCD 타입으로 변환하는 프로그램을 작성한다.

프로그램 작성

그림 4.14와 같이 INT_TO_BCD_WORD 펑션의 입력으로 변수 '정수값'을 설정하고 출력으로 변수 'BCD값'을 설정한다. 변수를 선언하는 과정에서 '정수값'의 데이터형은 INT로 자동적으로 설정되며, 'BCD값' 또한 데이터형이 WORD로 자동으로 설정된다. 변수 '시작'은 펑션을 실행시키기 위한 입력이다.

변수 명	주 소	용 도
정수값	–	4자리의 정수 입력, BOOL
시작	%IX0.0.0	INT_TO_BCD_WORD 펑션의 실행 조건, BOOL
BCD값	%QW0.2.0	4자리의 정수가 BCD로 변환된 값, WORD

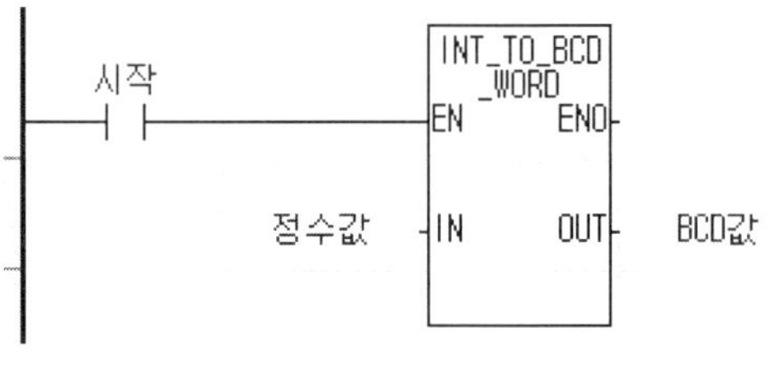

그림 4.14 INT_TO_BCD_WORD에 의한 프로그램

시뮬레이션

시뮬레이션을 실행시키고 변수 '시작'을 더블 클릭하여 값으로 온(ON)을 선택한다. 그리고 '정수값'을 마우스로 더블 클릭하여 값으로 1234를 입력한다. 그러면 출력 'BCD값'으로 16#1234가 얻어지며 출력 주소 %QW0.2.0으로 16#1234(2#0001001000110100)가 출력되는 것을 알 수 있다. 이에 대한 시뮬레이션 결과가 그림 4.15에 제시되어 있다. 또한 '정수값'을 9999로 입력하면 출력 'BCD값'으로 16#9999(2#1001100110011001)가 나타난다.

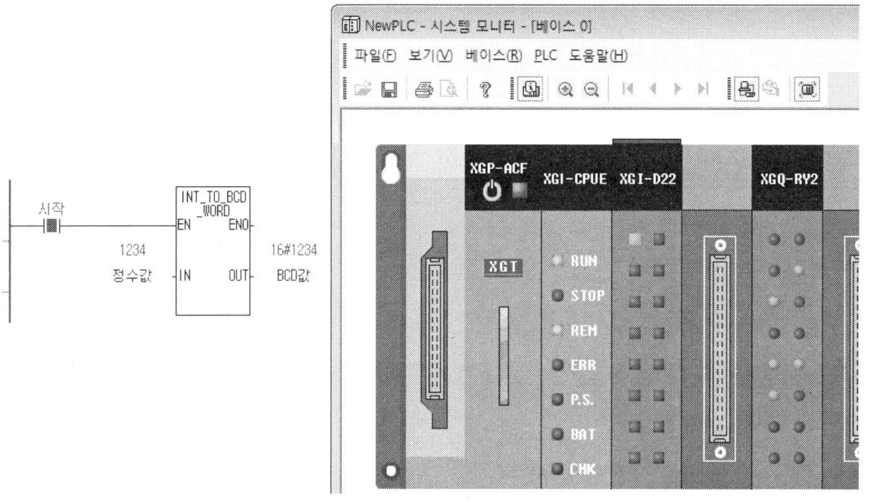

그림 4.15 시뮬레이션 결과

예제 4.5

그림 4.15의 시뮬레이션에서 '정수값'을 12345로 입력할 경우 결과는 어떻게 되겠는가? 그리고 '정수값'을 32768로 입력할 경우 어떠한 결과가 발생하겠는가?

풀이 정수값을 12345로 입력하면 BCD값은 그림 4.16과 같이 16#0000으로 출력된다. 그 이유는 BCD값의 데이터형이 WORD로 되어 있기 때문에 16비트이며, 이는 BCD로 4자리의 십진수를 나타낼 수 있다. 따라서 정수값 12345를 4자리의 BCD로 표현하지 못하기 때문에 연산 에러가 발생한다. 따라서 INT_TO_BCD_WORD 펑션을 사용할 경우 입력되는 정수의 범위는 0~9999까지로 제한해야 한다.

그리고 '정수값'을 32768로 입력하고자 할 경우, 변수 강제 입력 대화상자에서 입력이 거부된다. 그 이유는 INT인 정수형의 숫자 표현 범위가 −32768~32767까지이므로 정수형의 숫자 표현 범위를 벗어나기 때문이다.

만일 입력되는 정수의 범위를 늘리고자 한다면 INT_TO_BCD_WORD 펑션이 아닌 DINT_TO_BCD_DWORD와 같은 펑션을 사용해서 정수의 입력 범위를 늘리고, 이에 따라서 BCD로 출력되는 자리수도 증가시켜야 올바른 프로그램 연산 동작이 이루어진다. 참고로 DINT(double integer)의 숫자 표현 범위는 −2147483648~2147483647이다(※데이터 타입은 2.2.2절을 참고).

그림 4.16 '정수값'을 12345로 입력한 결과

예제 4.6

그림 4.15의 시뮬레이션에서 '정수값'을 1234로 입력할 경우, 'BCD값'은 16#1234 (2#0001001000110100)로 출력되며 해당 주소인 %QW0.2.0으로 출력이 발생한다. 이러한 출력 결과를 어떠한 용도로 사용할 수 있는가?

풀이 일반적으로 BCD 타입으로 출력된 결과는 숫자를 7－Segment LED로 나타내기 위해서 많이 사용된다. 개념적인 내용이 그림 4.17에 제시되어 있다. 십진수 1자리를 표현하기 위해서 4비트의 BCD 데이터가 필요하다. 따라서 시뮬레이션 결과와 같이 16비트로 출력되는 BCD는 십진수 4자리를 표현할 수 있다.

출력된 16비트는 4비트 단위로 구분하여 각각을 BCD to 7－Segment Decoder/Driver용 IC의 BCD 입력에 연결하고 이 IC의 7－Segment 출력을 7－Segment LED에 연결하면 7－Segment LED를 구동할 수 있게 된다.

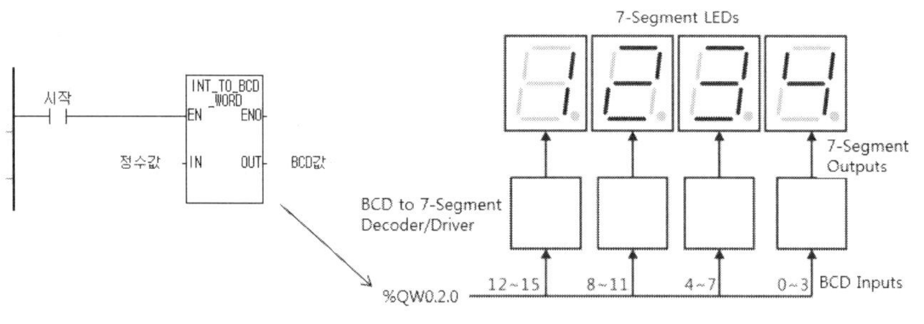

그림 4.17 BCD 출력의 활용

4.1.4 비교 펑션

펑 션	설 명
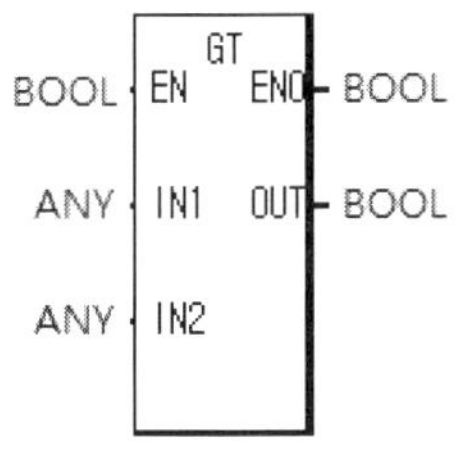	입력 EN : 1일 때 펑션 실행 IN1 : 비교할 값, IN2 : 비교할 값 입력은 8개까지 확장 가능하며 모두 동일한 데이터형 출력 ENO : EN 값이 그대로 출력 OUT : 비교 결과 값 기능 입력값의 비교 결과 IN1>IN2>...>INn(n은 입력 개수)이 참이면 OUT으로 1을, 거짓이면 0을 출력시킨다.

펑 션	설 명
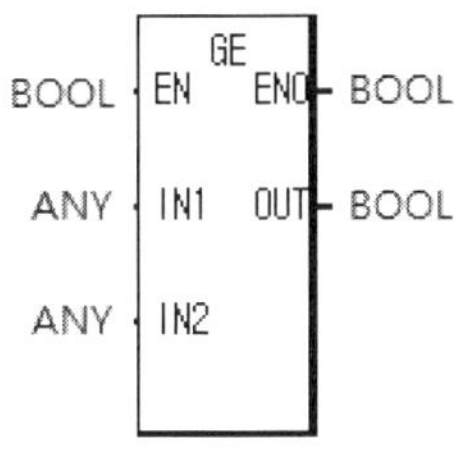	입력 EN : 1일 때 펑션 실행 IN1 : 비교할 값, IN2 : 비교할 값 입력은 8개까지 확장 가능하며 모두 동일한 데이터형 출력 ENO : EN 값이 그대로 출력 OUT : 비교 결과 값 기능 입력값의 비교 결과 IN1≥IN2≥...≥INn(n은 입력 개수)이 참이면 OUT으로 1을, 거짓이면 0을 출력시킨다.

펑 션	설 명
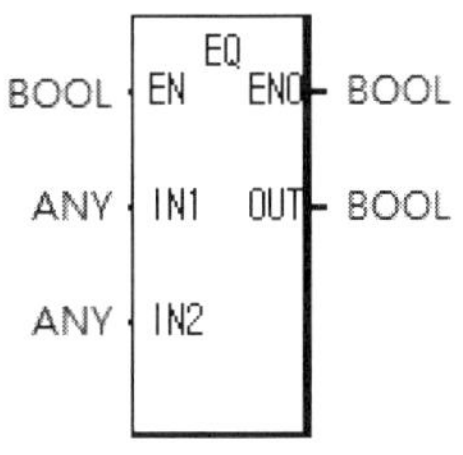	입력 EN : 1일 때 펑션 실행 IN1 : 비교할 값, IN2 : 비교할 값 입력은 8개까지 확장 가능하며 모두 동일한 데이터형 출력 ENO : EN 값이 그대로 출력 OUT : 비교 결과 값 기능 입력값의 비교 결과 IN1=IN2=...=INn(n은 입력 개수)이 참이면 OUT으로 1을, 거짓이면 0을 출력시킨다.

펑 션	설 명
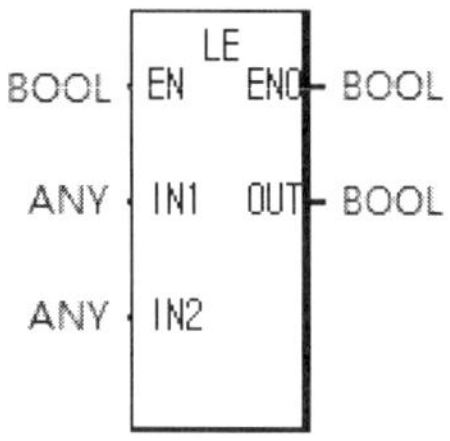	입력 EN : BOOL, 1일 때 펑션 실행 IN1 : 비교할 값, IN2 : 비교할 값 입력은 8개까지 확장 가능하며 모두 동일한 데이터형 출력 ENO : BOOL, EN 값이 그대로 출력 OUT : BOOL, 비교 결과 값 기능 입력값의 비교 결과 IN1≤IN2≤...≤INn(n은 입력 개수)이 참이면 OUT으로 1을, 거짓이면 0을 출력시킨다.

펑 션	설 명
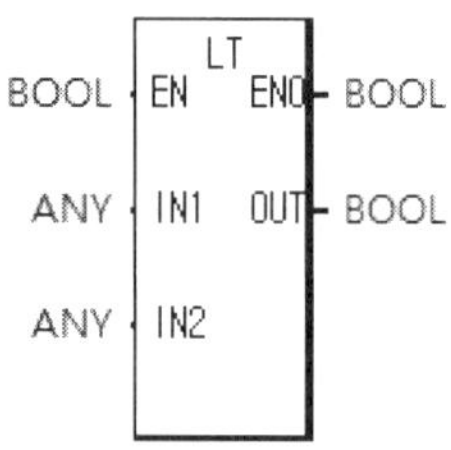	입력 EN : BOOL, 1일 때 펑션 실행 IN1 : 비교할 값, IN2 : 비교할 값 입력은 8개까지 확장 가능하며 모두 동일한 데이터형 출력 ENO : BOOL, EN 값이 그대로 출력 OUT : BOOL, 비교 결과 값 기능 입력값의 비교 결과 IN1<IN2<...<INn(n은 입력 개수)이 참이면 OUT으로 1을, 거짓이면 0을 출력시킨다.

펑 션	설 명
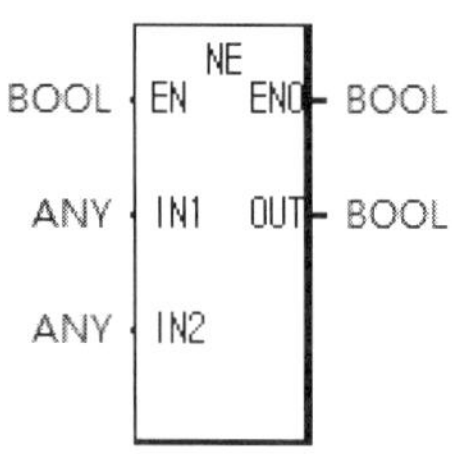	입력 EN : BOOL, 1일 때 펑션 실행 IN1 : 비교할 값, IN2 : 비교할 값 IN1, IN2는 동일한 데이터형 출력 ENO : BOOL, EN 값이 그대로 출력 OUT : BOOL, 비교 결과 값 기능 입력값의 비교 결과 IN1≠IN2이 참이면 OUT으로 1을, 거짓이면 0을 출력시킨다.

(1) 비교 펑션에 의한 값의 비교

프로그램 내용

GT, GE, EQ, LT, LE, NE 등의 비교 펑션을 사용하여 값의 크기를 비교하고 결과의 참 또는 거짓 여부를 출력시키는 프로그램을 작성한다.

프로그램 작성

각각의 비교 펑션의 기능을 살펴보기 위해서 그림 4.18과 같이 여섯 종류의 비교 펑션에 대해서 프로그램을 작성한다. 비교 결과는 출력 주소를 통해 출력한다.

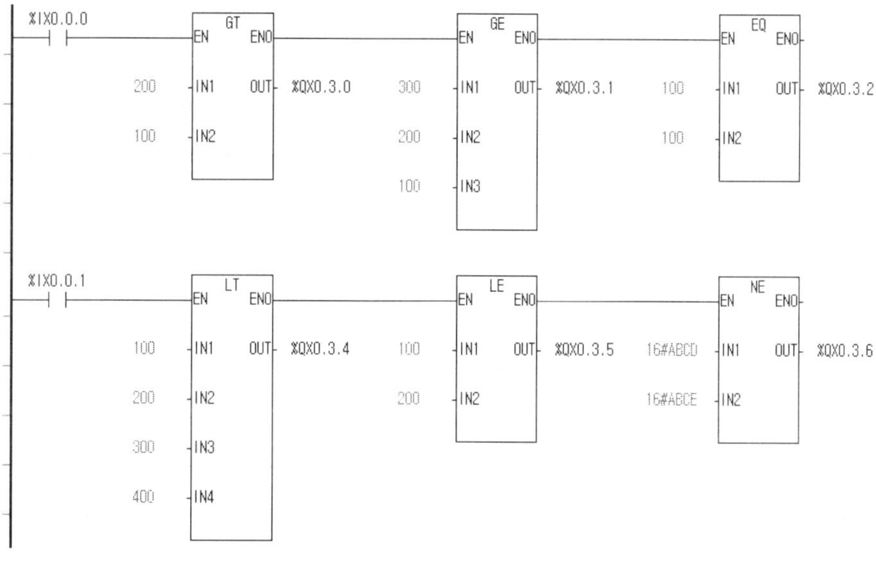

그림 4.18 비교 펑션에 의한 프로그램

시뮬레이션

시뮬레이션을 실행시키고 %IX0.0.0과 %IX0.0.1의 값을 1로 설정하여 펑션을 실행시킨다. GT 펑션의 실행 결과, 200 > 100이므로 결과는 참이며 출력 %QX0.0.0의 값은 1이 된다. GE 펑션의 경우도 300 ≥ 200 ≥ 100이므로 출력 %QX0.3.1의 값은 1이 된다. EQ 펑션의 경우, 100=100이므로 결과가 참이며, LT 펑션도 100 < 200 < 300 < 400이므로 결과는 참이다.

동일한 방식으로 LE, NE의 경우도 결과는 참이 되어 출력값은 1이 된다. 이에 대한 시뮬레이션 결과가 그림 4.19에 제시되어 있다.

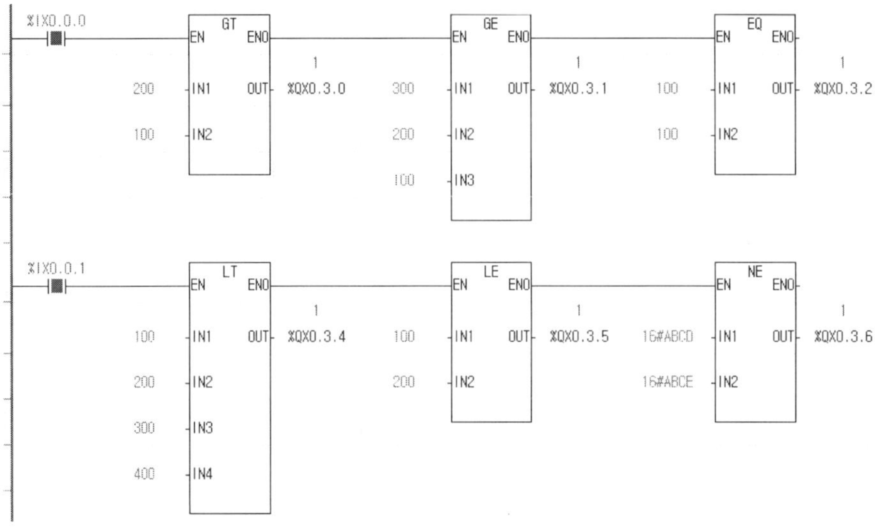

그림 4.19 시뮬레이션 결과

(2) 비교 펑션의 응용

프로그램 내용

물탱크의 수위 레벨을 레벨 센서로 측정하여 1000 이하이면 Low 상태, 5000 이상이면 High 상태, 그 외는 Normal 상태의 3단계로 나타내는 프로그램을 작성한다. 레벨 센서의 출력은 1워드 크기의 BCD로 출력된다.

프로그램 작성

수위 레벨에 대한 정보는 BCD형의 변수 '레벨센서'의 값을 읽어 들여 구한다. 이 값은 WORD_BCD_TO_INT 펑션에 의해 정수형으로 변환되고 변수 '수위레벨'에 저장된다. 이때 '수위레벨'의 값을 1000, 5000과 비교하여 Low 상태, High 상태, Normal 상태 등으로 구분하고 각각의 상태를 나타내는 램프를 점등시킨다.

Normal 상태

- 1000 < '수위레벨' < 5000
- 'LOW레벨_램프'=0, 'HIGH레벨_램프'=0, 'NOR레벨_램프'=1

High 상태

- '수위레벨' ≥ 5000

– ‘LOW레벨_램프’=0, ‘HIGH레벨_램프’=1, ‘NOR레벨_램프’=0

LOW 상태

– ‘수위레벨’ ≦ 1000
– ‘LOW레벨_램프’=1, ‘HIGH레벨_램프’=0, ‘NOR레벨_램프’=0

변수 명	주 소	용 도
레벨센서	–	수위 레벨 입력, 4자리의 16진수(BCD), WORD
수위레벨	–	정수형으로 변환된 수위 레벨, INT
LOW_상태	–	레벨 센서의 값이 1000 이하일 때 1, BOOL
HIGH_상태	–	레벨 센서의 값이 5000 이상일 때 1, BOOL
LOW_램프	%QX0.1.0	Low 레벨 경보 램프, BOOL
HIGH_램프	%QX0.1.1	High 레벨 경보 램프, BOOL
NOR_램프	%QX0.1.2	Normal 레벨 램프, BOOL

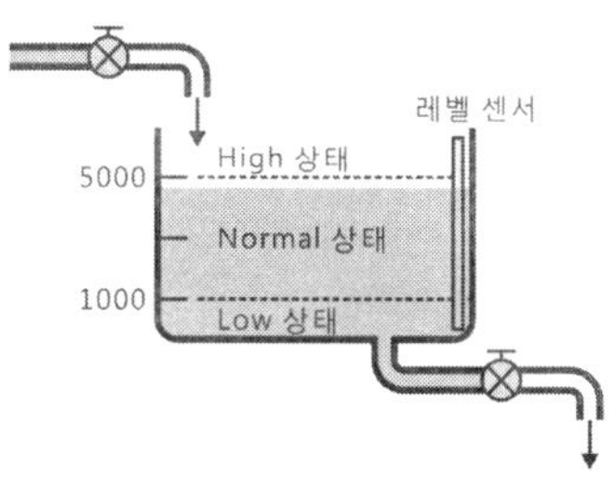

(a) 물탱크 개요도

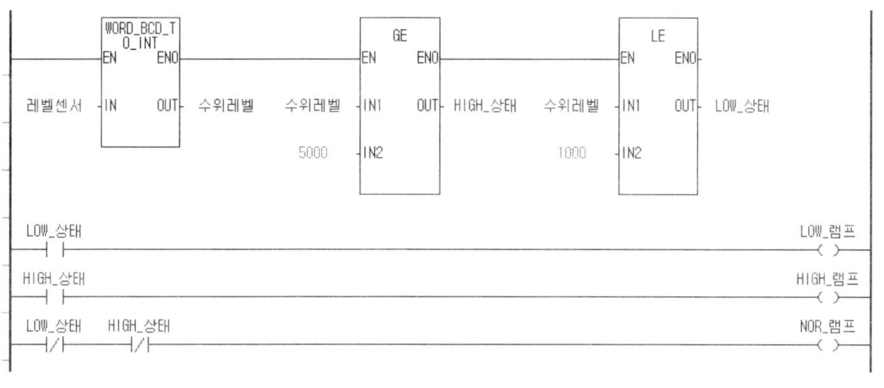

(b) 수위 레벨 상태 모니터링 프로그램

그림 4.20 수위 레벨 상태 모니터링 시스템

시뮬레이션

시뮬레이션이 시작되면 변수 '레벨센서'를 마우스로 더블 클릭하여 수위 레벨 값을 16#0900으로 입력한다. 이 값은 정수형으로 변환되어 변수 '수위레벨'의 값으로 900을 저장한다. LE 펑션에서 900 ≦ 1000이 참이므로 'LOW_상태'의 값이 1로 되고 'LOW_램프'의 값은 1이 된다.

만일 수위 레벨 값으로 16#5500을 입력하면, 변수 '수위레벨'의 값은 5500이 된다. GE 펑션에서 5500 ≧ 5000이 참이므로 'HIGH_상태'의 값은 1이 되고 'HIGH_램프'의 값은 1이 된다.

만일 수위 레벨 값으로 16#3000을 입력하면, 변수 '수위레벨'의 값은 3000이 된다. GE 펑션에서 3000 ≧ 5000이 거짓이고 LE 펑션에서 3000 ≦ 1000 또한 거짓이므로 'HIGH_상태'의 값과 'LOW_상태'의 값은 모두 0이 되어 'NOR_램프'의 값이 1이 된다.

(※ 수위 레벨을 측정하기 위해 사용하는 레벨 센서가 BCD 타입의 16－bit 출력을 가질 경우, 센서의 출력을 나타내는 변수 '레벨센서'를 %IW0.0.0으로 주소를 부여하고 16－bit의 출력 데이터 버스를 PLC의 입력 모듈에 연결하여 사용할 수 있다.)

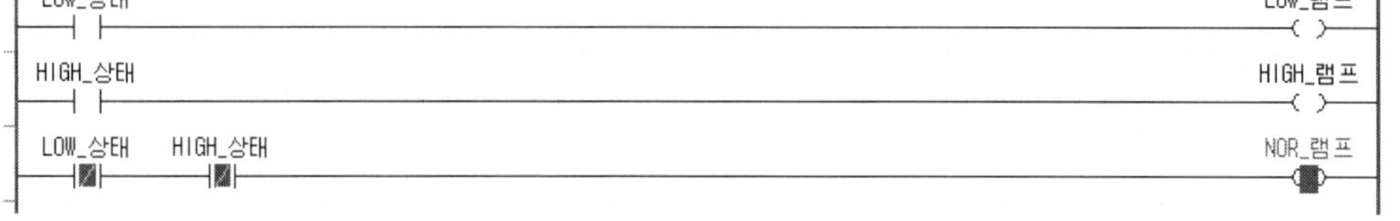

그림 4.21 '레벨센서'의 값을 16#3000으로 한 시뮬레이션 결과

4.1.5 수치 연산 펑션

펑 션	설 명
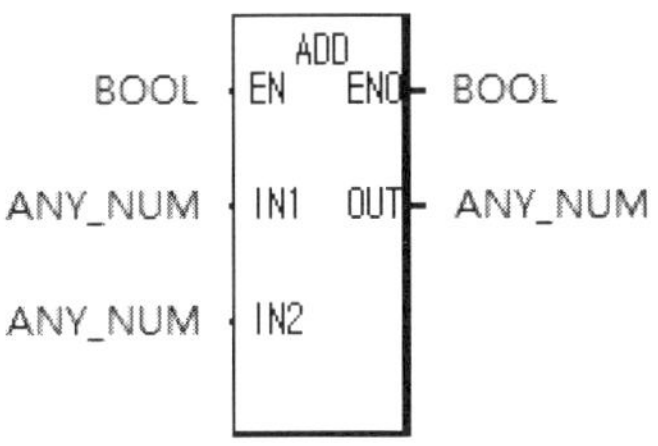	입력 EN : 1일 때 펑션 실행 IN1, IN2 : 더할 값 입력은 8개까지 확장 가능 출력 ENO : 에러 없이 실행되면 1을 출력 OUT : 더한 결과 값 기능 입력 IN1, IN2, ..., INn을 더해서 OUT으로 출력시킨다. OUT=IN1+IN2+...+INn IN1, IN2, ..., OUT에 연결되는 변수는 모두 같은 데이터 형이어야 함.

펑 션	설 명
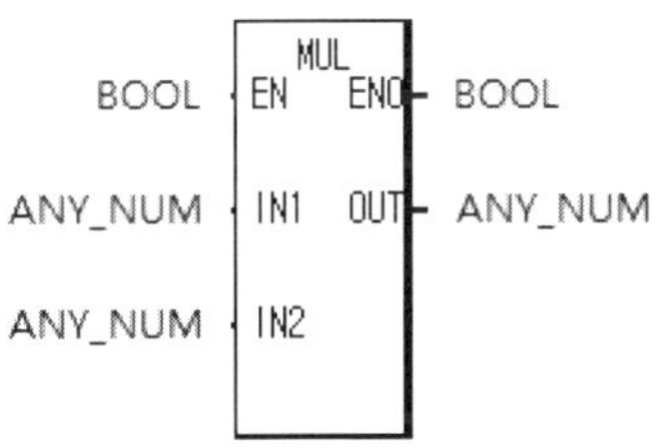	입력 EN : 1일 때 펑션 실행 IN1 : 곱해질 값, IN2 : 곱할 값 입력은 8개까지 확장 가능 출력 ENO : 에러 없이 실행되면 1을 출력 OUT : 곱한 결과 값 기능 입력 IN1, IN2, ..., INn을 곱해서 OUT으로 출력시킨다. OUT=IN1 × IN2 × ... × INn IN1, IN2, ..., OUT에 연결되는 변수는 모두 같은 데이터 형이어야 함.

펑 션	설 명
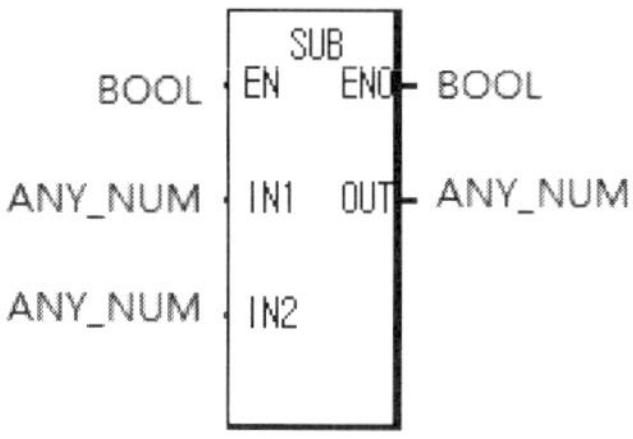	입력 EN : 1일 때 펑션 실행 IN1 : 빼어질 값: 뺄 값 출력 ENO : 에러 없이 실행되면 1을 출력 OUT : 뺀 결과 값 기능 IN1에서 IN2를 빼서 OUT으로 출력시킨다. OUT=IN1−IN2 IN1, IN2, OUT에 연결되는 변수는 모두 같은 데이터 타입이어야 함.

펑 션	설 명
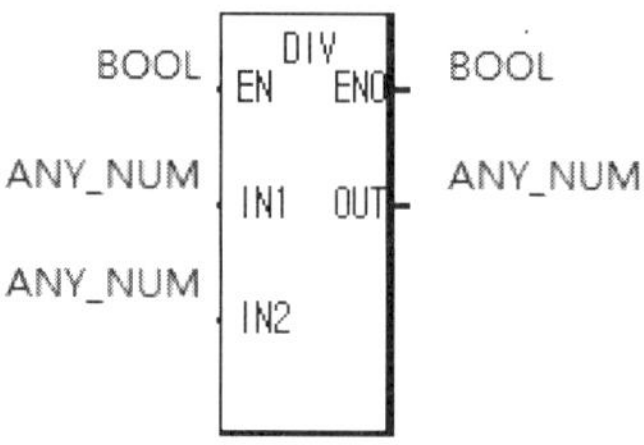	입력 EN : 1일 때 펑션 실행 IN1 : 나누어질 값, IN2 : 나눌 값 출력 ENO : 에러 없이 실행되면 1을 출력 OUT : 나눈 결과 값 기능 IN1을 IN2로 나눠서 그 몫 중에서 소수점 이하를 버린 값을 OUT으로 출력시킨다. OUT=IN1/IN2 IN1, IN2, OUT에 연결되는 변수는 모두 같은 데이터 타입이어야 함.

펑 션	설 명
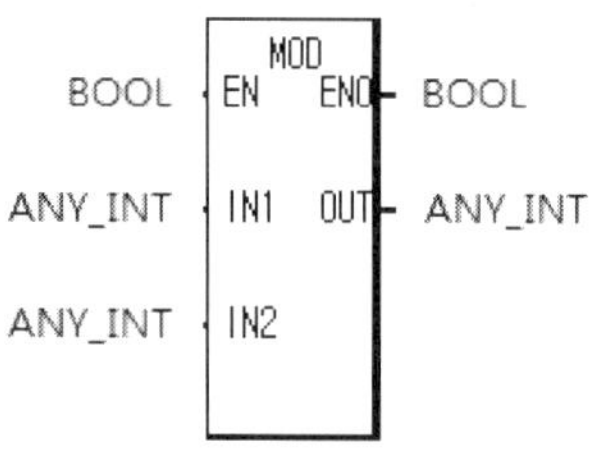	입력 EN : 1일 때 펑션 실행 IN1 : 나누어질 값, IN2 : 나눌 값 출력 ENO : EN 값이 그대로 출력 OUT : 나눈 결과 값(나머지) 기능 IN1을 IN2로 나눠서 그 나머지를 OUT으로 출력시킨다. OUT=IN1−(IN1/IN2)×IN2 (단, IN2=0이면 OUT=0) IN1, IN2, OUT에 연결되는 변수는 모두 같은 데이터 타입이어야 함.

(1) 섭씨-화씨 온도 변환

프로그램 내용

섭씨온도를 화씨온도로 변환하는 프로그램을 작성한다.

프로그램 작성

섭씨온도를 다음의 식을 사용하여 화씨온도로 변환한다. F=(9/5)*C+32. 계산 순서는 먼저 9와 C를 곱하고 이 결과를 5로 나눈 다음 32를 더하고 이 결과를 F에 저장한다. 이에 대한 프로그램이 그림 4.22에 제시되어 있다.

변수 명	주 소	용 도
섭씨온도	-	섭씨온도를 나타내는 변수, INT
화씨온도	-	화씨온도를 나타내는 변수, INT
시작	-	펑션 실행 조건, BOOL

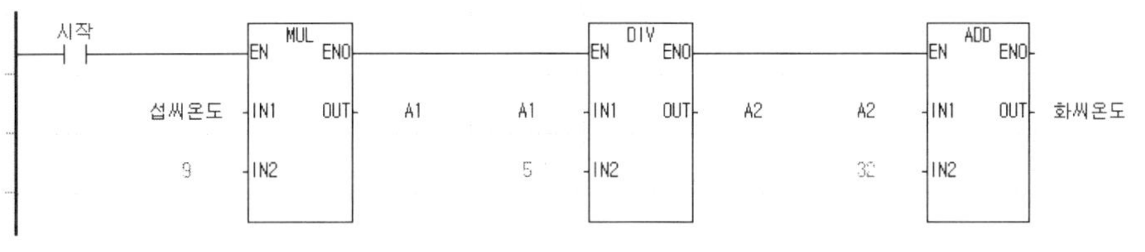

그림 4.22 섭씨온도를 화씨온도로 변환하는 프로그램

시뮬레이션

시뮬레이션을 시작하고 변수 '시작'을 더블 클릭하여 값으로 온(N)을 선택한다. 변수 '섭씨온도'를 더블 클릭하여 30을 입력하면 펑션 MUL에 의해서 30×9를 계산하여 변수

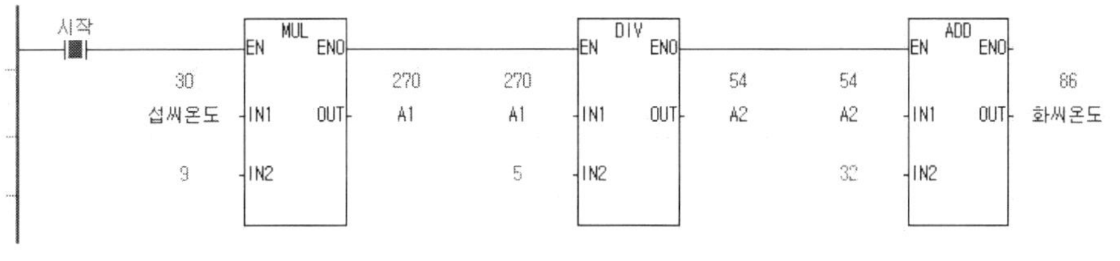

그림 4.23 시뮬레이션 결과

‘A1’의 값으로 270을 출력한다. 그리고 펑션 DIV에 의해서 ‘A1’의 값을 5로 나누고 이 결과를 변수 ‘A2’의 값으로 54를 출력한다. 펑션 ADD에 의해서 ‘A2’의 값에 32를 더해 변수 ‘화씨온도’의 값으로 86이 출력된다.

(2) 전기 오븐의 온도 제어

프로그램 내용

전기 오븐의 온도를 히터에 의해 자동으로 제어하는 프로그램을 작성한다. 서모커플을 이용한 온도 측정 모듈로부터 BCD 형태로 오븐의 온도에 대한 정보를 읽어 들이고 온도 상한치 또는 온도 하한치와 비교하여 히터를 동작시킬지의 여부를 판단한다.

현재의 오븐 온도가 온도 하한치보다 작으면 히터를 작동시키고 계속 가열하여 온도가 온도 상한치를 넘어서게 되면 히터의 작동을 중지시킨다. 이후 온도가 하강하여 온도 하한치보다 작게 되면 다시 히터를 작동하여 오븐의 온도를 증가시키다.

온도 상한치와 하한치는 목표 온도의 ±1 % 범위로 정한다. 예를 들면 목표 온도가 200 ℃일 경우 온도 상한치와 하한치는 각각 202 ℃와 198 ℃이다.

프로그램 작성

‘온도센서’로부터의 정보를 읽어 들여 실수 형태로 변환하고 이를 ‘오븐온도’에 저장한

변수 명	주 소	용 도
온도센서	–	온도 측정 센서로부터의 입력, BCD
온도	–	정수로 변환된 온도 센서의 값, INT
오븐온도	–	측정된 전기 오븐의 온도, REAL
목표온도	–	전기 오븐의 목표 온도, REAL
온도범위	–	목표 온도의 1 %, REAL
온도상한치	–	목표 온도의 101 %, REAL
온도하한치	–	목표 온도의 99 %, REAL
가열	–	가열 시작을 나타내는 변수
냉각	–	냉각 시작을 나타내는 변수
제어시작	–	제어 시작용 스위치
제어종료	–	제어 종료용 스위치
히터	–	전기 오븐 가열 히터
히터_PL	–	히터 동작 표시용 파일럿 램프

다. 또한 입력된 '목표온도'를 이용하여 '온도범위'를 목표 온도의 1 %로 구하고 이를 이용하여 '온도상한치'와 '온도하한치'를 계산한다.

비교 펑션 LT와 GT를 이용하여 히터의 동작 여부를 결정하고 히터를 On/Off 제어한다. 이에 대한 프로그램이 그림 4.24에 제시되어 있다.

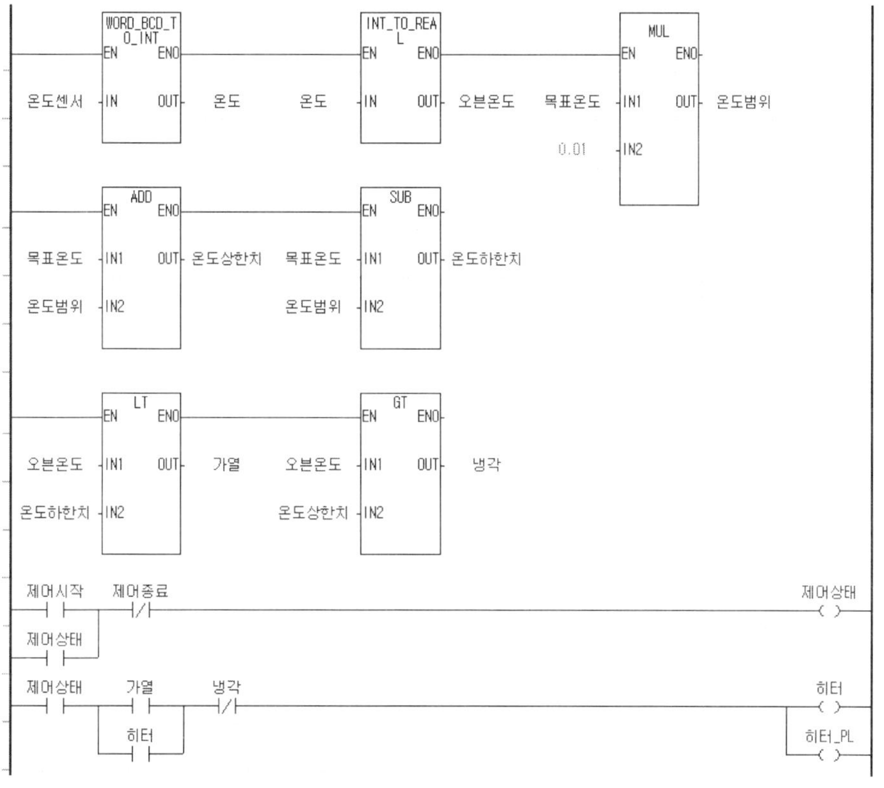

그림 4.24 전기 오븐 제어 프로그램

예제 4.7

시작 버튼을 누르면 솔레노이드 밸브를 동작시켜 재료를 용기에 1000 kg만큼 공급하는 장치를 고려한다. 용기에 공급되는 재료의 무게는 로드셀에 의해 실시간으로 측정된다. 밸브를 On시켜 용기에 1000 kg의 재료가 공급되면 밸브는 Off되고, 공급 램프는 Off되고, 공급 완료 램프는 On된다. 만일 공급된 재료의 초과 중량이 10 kg 이상이면 10 kg 미만으로 될 때까지 알람 부저가 계속 On된다. 프로그램 작성 시 다음의 변수들을 사용한다.

변수명	주 소	용 도
로드셀값	–	로드셀로부터 읽어들인 중량, BCD(WORD)
중량	–	정수로 변환된 로드셀값, INT
재료중량	–	실수로 변환된 중량, REAL
초과중량	–	1000 kg을 초과하여 공급된 재료의 중량, REAL
시작	–	재료공급을 시작하는 스위치, BOOL
정지	–	재료공급을 정지하는 스위치, BOOL
공급밸브	–	재료 공급을 위한 솔레노이드 밸브, BOOL
공급램프	–	재료가 공급 중일 때 On인 램프, BOOL
공급완료램프	–	공급된 재료가 1000 kg 이상이면 On되는 램프, BOOL
알람부저	–	초과중량이 10 kg 이상이면 On되는 램프, BOOL

풀이 다음과 같이 펑션 SUB, GE 등을 이용하여 프로그램을 작성한다. 로드셀 값으로 16#0999, 16#1050, 16#1009 등을 입력하면서 프로그램의 동작을 확인한다.

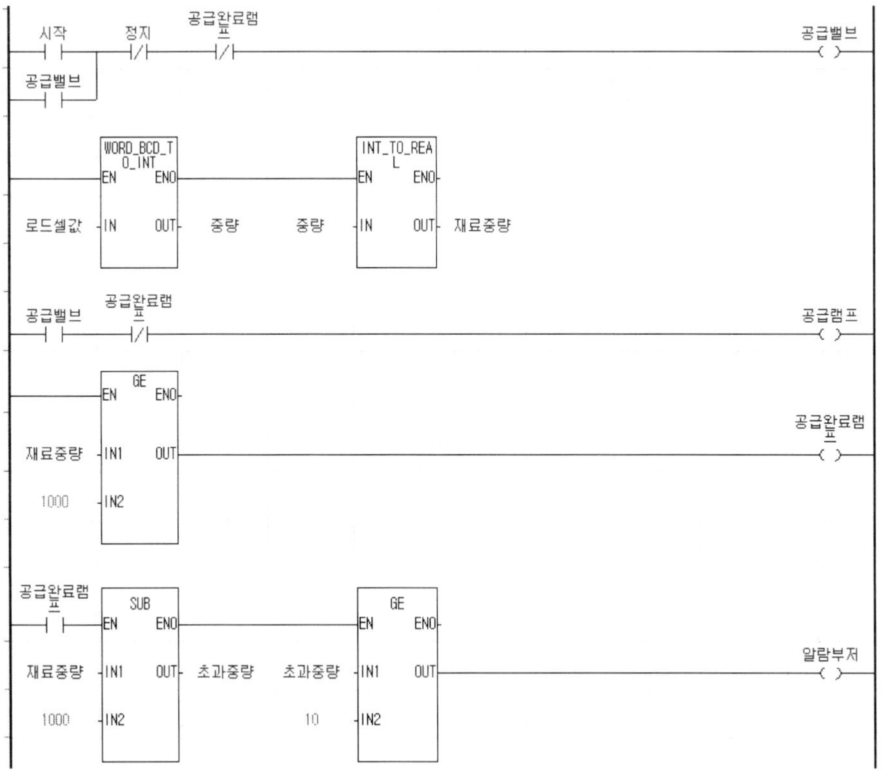

그림 4.25 재료 공급 제어 프로그램

4.1.6 비트열 펑션(비트 시프트 펑션)

<table>
<tr><th>펑 션</th><th>설 명</th></tr>
<tr><td>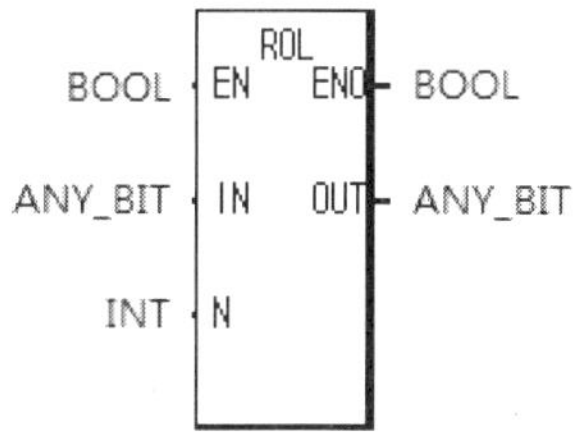
</td><td>입력
EN : 1일 때 펑션 실행
IN : 회전될 값
N : 회전할 비트 수
출력
ENO : EN값이 그대로 출력
OUT : 회전된 값
기능
입력 IN을 N비트 수만큼 왼쪽으로 회전한다.
입력 IN의 맨 오른쪽에 있는 N개 비트는 맨 왼쪽에 있는 N개 비트로 채워진다.</td></tr>
</table>

* ROR 펑션은 ROL 펑션과 회전 방향이 반대

<table>
<tr><th>펑 션</th><th>설 명</th></tr>
<tr><td>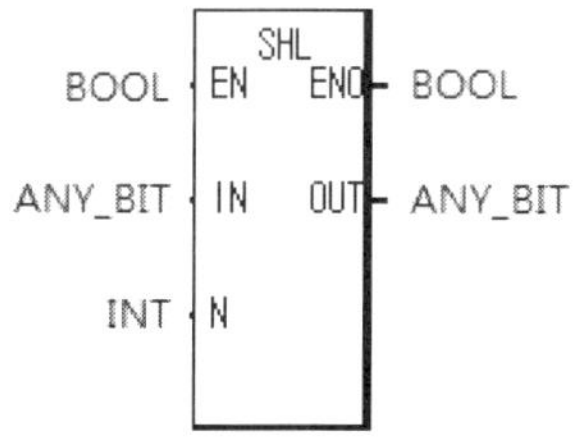
</td><td>입력
EN : 1일 때 펑션 실행
IN : 이동될 값
N : 이동할 비트 수
출력
ENO : EN값이 그대로 출력
OUT : 이동된 값
기능
입력 IN을 N비트 수만큼 왼쪽으로 이동한다.
입력 IN의 맨 오른쪽에 있는 N개 비트는 0으로 채워진다.</td></tr>
</table>

* SHR 펑션은 SHL 펑션과 시프트 방향이 반대

(1) ROL, SHL 펑션에 의한 비트 이동

프로그램 내용

비트열 입력을 설정된 비트 수만큼 왼쪽으로 이동시켜 출력시키는 프로그램을 작성한다. 사용하는 펑션은 ROL(rotate left)과 SHL(shift left)이다.

프로그램 작성

ROL 펑션에 대해서 왼쪽으로 회전할 비트 입력으로 16#3333을 입력하고 회전할 비트 수를 3으로 설정한다. 그리고 회전된 값으로서 변수 'ROL값'을 선언하고 주소를 %QW0.3.0으로 한다. ROL 펑션의 실행을 위해 %IX0.0.0을 EN에 연결한다.

SHL 펑션에 대해서 왼쪽으로 시프트할 비트 입력으로 16#3333을 입력하고 시프트할 비트 수를 1로 설정한다. 그리고 시프트된 출력값으로서 변수 'SHL값'을 선언하고 주소를 %QW0.2.0으로 한다. SHL 펑션의 실행을 위해 %IX0.0.1을 EN에 연결한다. 이에 대한 프로그램이 그림 4.26에 제시되어 있다.

변수 명	주 소	용 도
–	%IX0.0.0	ROL 펑션 실행 조건
–	%IX0.0.1	SHL 펑션 실행 조건
ROL값	%QW0.3.0	3비트 왼쪽으로 회전된 값, WORD
SHL값	%QW0.2.0	1비트 왼쪽으로 시프트된 값, WORD

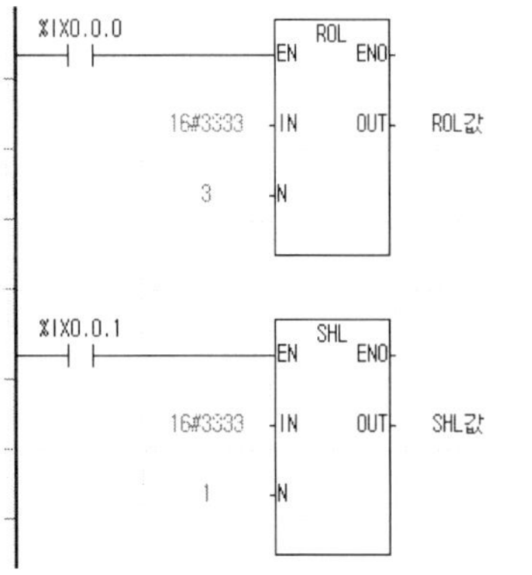

그림 4.26 ROL, SHL에 의한 프로그램

시뮬레이션

시뮬레이션이 시작되면 시뮬레이터에서 주소 %IX0.0.0의 스위치를 마우스로 클릭하여 ROL 펑션을 실행시킨다. 펑션이 실행되면 입력값 16#3333(2#0011001100110011)은 3비트만큼 왼쪽으로 회전된다. 그림 4.27(a)와 같이 3비트만큼 왼쪽으로 회전된 출력 결과는 16#9999(2#1001100110011001)로 된다. 3비트 왼쪽으로 회전하면서 2번, 1번, 0번 비트

위치의 값은 회전하기 전의 15번, 14번, 13번 비트 값으로 채워진다.

그리고 주소 %IX0.0.1의 스위치를 마우스로 클릭하여 SHL 펑션을 실행시킨다. 펑션이 실행되면 입력값 16#3333(2#0011001100110011)은 1비트만큼 왼쪽으로 시프트된다. 그림 4.27(b)와 같이 1비트만큼 왼쪽으로 시프트되어 출력 결과는 16#6666 (2# 0110011001100110)으로 된다. 1비트 왼쪽으로 시프트하면서 0번 비트의 값은 0으로 채워진다.

시뮬레이션 결과에 대한 그림이 그림 4.27(c)에 제시되어 있다.

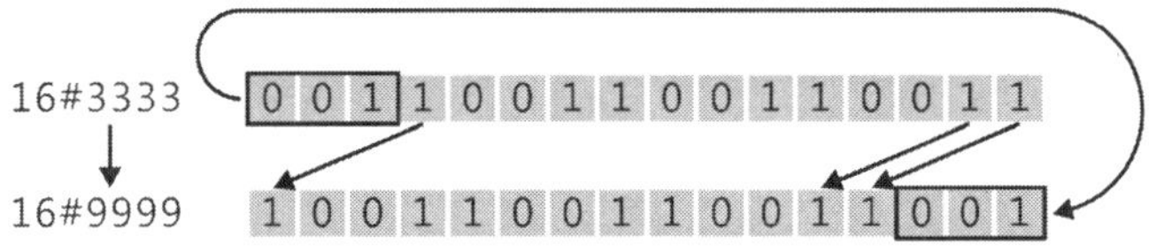

(a) ROL 펑션의 동작(rotate left 3 bits)

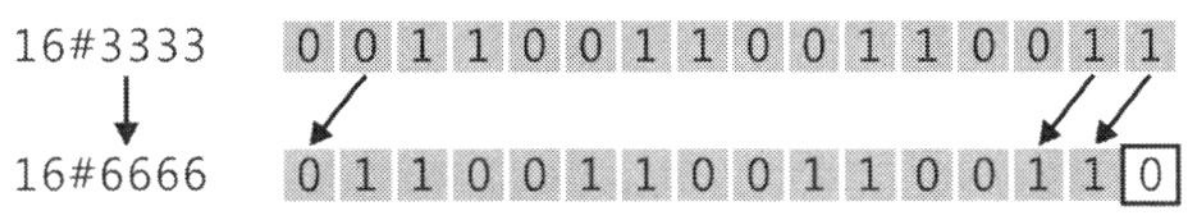

(b) SHL 펑션의 동작(shift left 1 bit)

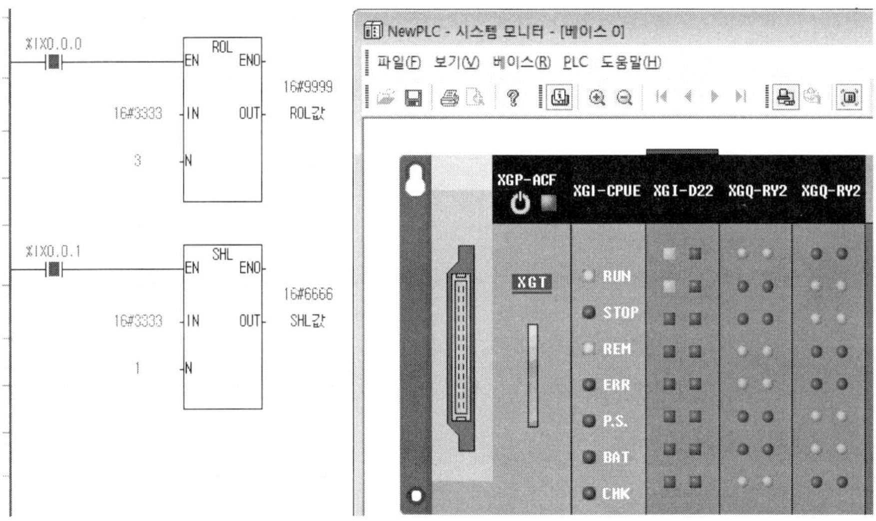

(c) 시뮬레이션 결과

그림 4.27 ROL 펑션과 SHL 펑션

(2) ROL 펑션에 의한 램프 제어

프로그램 내용

ROL 펑션과 양변환 검출 접점을 이용하여 16개의 램프를 순차적으로 On/Off 제어하는 프로그램을 작성한다.

프로그램 작성

ROL 펑션의 EN에 양변환 검출 접점을 연결하여 실행 조건으로 사용한다. 그리고 회전할 비트로서 변수 'ROL값'을 입력하고 초깃값으로서 16#0001을 설정한다. 그리고 회전할 비트 수를 1로 입력한다. 회전된 출력값으로서 변수 'ROL값'을 입력한다.

MOVE 펑션의 입력으로 'ROL값'을 입력하고 출력으로 변수 '램프'를 입력하고 주소로서 %QW0.2.0을 할당한다. 이에 대한 프로그램이 그림 4.28에 제시되어 있다.

변수 명	주 소	용 도
ROL값	–	왼쪽으로 회전된 값, 초깃값: 16#0001, WORD
시작	%IX0.0.0	ROL 펑션 실행 조건, BOOL
램프	%QW0.2.0	순차적으로 On/Off되는 출력 램프, WORD

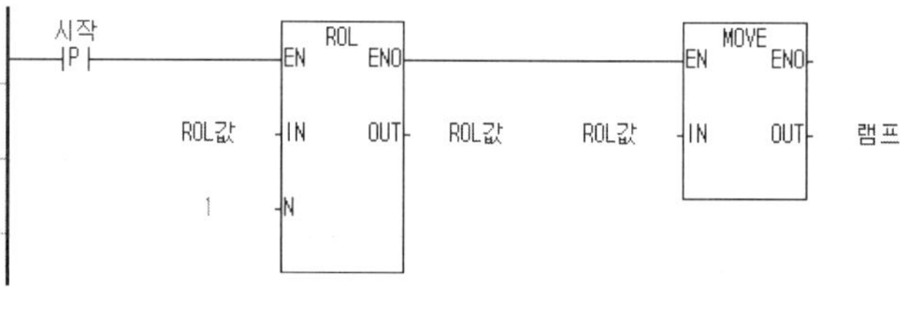

그림 4.28 램프 제어 프로그램

시뮬레이션

시뮬레이션이 시작되면 변수 '시작'의 값을 1회 On/Off한다. 즉, 시뮬레이터 화면에서 입력 스위치 %IX0.0.0을 마우스로 클릭하여 ROL 펑션을 실행시킨다. 펑션이 실행되면 IN에 연결된 'ROL값' 16#0001(2#0000000000000001)은 1비트만큼 왼쪽으로 회전되어 16#0002(2#0000000000000010)가 되고 OUT에 연결된 'ROL값'에 저장된다. 또한 'ROL값'은 MOVE 펑션의 입력으로 되고 이 값이 변수 '램프'에 전송되어 %QW0.2.0으로 출력

된다.

다시 변수 '시작'의 값을 1회 On/Off하면 'ROL값'에 저장되어 있는 16#0002는 1비트만큼 왼쪽으로 회전되어 16#0004(2#0000000000000100)가 되고 'ROL값'에 저장된다.

이와 같이 계속하여 %IX0.0.0의 스위치를 On/Off할 때마다 램프는 1비트씩 왼쪽으로 이동하면서 On이 된다.

예제 4.8

그림 4.28의 프로그램에서 입력 스위치로서 양변환 검출 접점이 아닌 a 접점을 사용한다면 출력 'ROL값' 또는 '램프'는 어떤 결과가 얻어지는가?

풀이 a 접점을 사용하여 접점의 값을 1로 할 경우 ROL 펑션은 a 접점의 값이 1인 동안 1스캔 타임 단위로 계속 반복하여 1비트씩 왼쪽으로 회전하게 되어 프로그램이 의도하는 스위치 1회 On/Off마다 1비트의 회전은 이루어지지 않는다. ■

예제 4.9

그림 4.28의 프로그램에서 양변환 검출 접점의 변수로서 '시작'을 사용하였는데 대신 예약변수 _T1S를 사용하여 시뮬레이션을 하고 결과에 대해 설명하라.

풀이 예약변수 _T1S를 사용하여 시뮬레이션을 하면 출력은 1초에 한 번 1비트씩 왼쪽으로 회전한다. ■

4.1.7 비트열 펑션(비트 연산 펑션)

펑 션	설 명
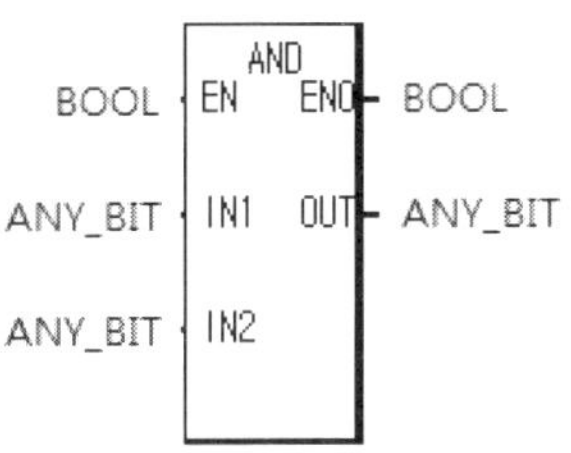	입력 EN : 1일 때 펑션 실행 IN1, IN2 : AND 될 값 입력은 8개까지 확장 가능 출력 ENO : EN값이 그대로 출력 OUT : AND 된 값 기능 IN1을 IN2와 비트별로 AND 해서 OUT으로 출력시킨다. IN1, IN2, OUT은 모두 같은 데이터형이어야 한다.

펑 션	설 명
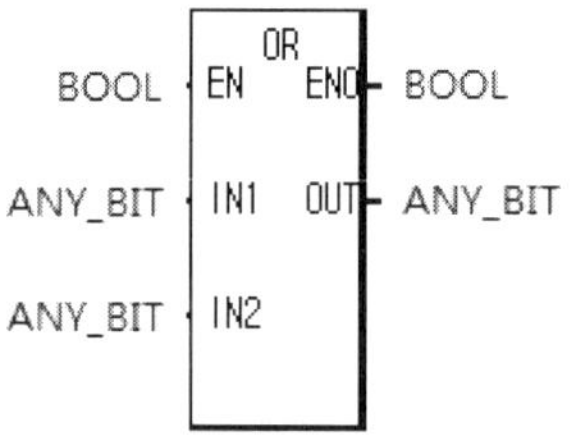	입력 EN : 1일 때 펑션 실행 IN1, IN2 : OR 될 값 입력은 8개까지 확장 가능 출력 ENO : EN값이 그대로 출력 OUT : OR된 값 기능 IN1을 IN2와 비트별로 OR 해서 OUT으로 출력시킨다. IN1, IN2, OUT은 모두 같은 데이터형이어야 한다.

펑 션	설 명
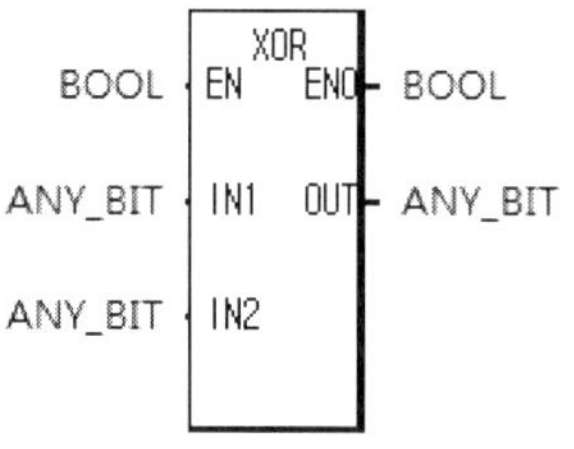	입력 EN : 1일 때 펑션 실행 IN1, IN2 : XOR 될 값 입력은 8개까지 확장 가능 출력 ENO : EN값이 그대로 출력 OUT : XOR 된 값 기능 IN1을 IN2와 비트별로 XOR 해서 OUT으로 출력시킨다. IN1, IN2, OUT은 모두 같은 데이터형이어야 한다.

펑 션	설 명
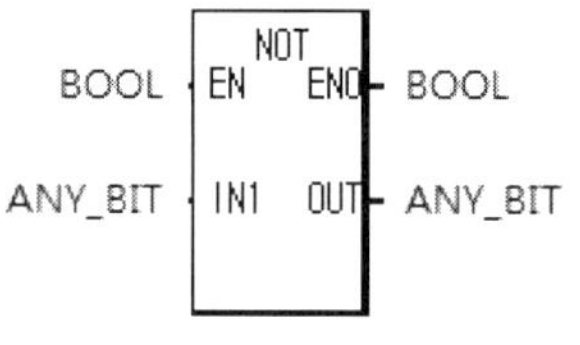	입력 EN : 1일 때 펑션 실행 IN : NOT 될 값 입력은 8개까지 확장 가능 출력 ENO : EN값이 그대로 출력 OUT : NOT 된 값 기능 IN을 비트별로 NOT(반전) 해서 OUT으로 출력시킨다. IN, OUT은 모두 같은 데이터형이어야 한다.

표 4.1 AND, OR, XOR, NOT의 진리표

펑 션	진리표(truth table)
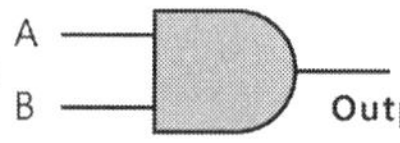 Two-input AND gate	Input: A, B / Output: Y 0 0 → 0 0 1 → 0 1 0 → 0 1 1 → 1
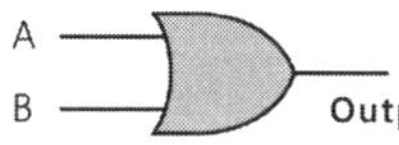 Two-input OR gate	Input: A, B / Output: Y 0 0 → 0 0 1 → 1 1 0 → 1 1 1 → 1
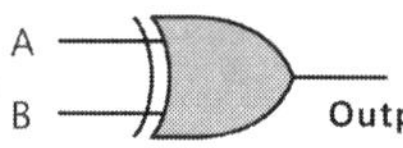 Two-input XOR gate	Input: A, B / Output: Y 0 0 → 0 0 1 → 1 1 0 → 1 1 1 → 0
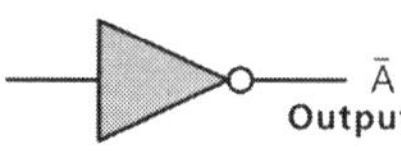 NOT function	Input: A / Output: NOT A 0 → 1 1 → 0

(1) 비트 연산 프로그램

프로그램 내용

AND, OR, XOR, NOT 펑션의 기능을 알아보기 위한 프로그램을 작성한다.

프로그램 작성

그림 4.29와 같이 펑션의 실행 조건으로 %IX0.0.0과 %IX0.0.1을 펑션의 EN에 연결하고 변수 A의 초깃값을 16#CC, 변수 B의 초깃값을 16#F0으로 설정한다. 변수 A와 B의 데이터의 크기가 BYTE이므로 출력 주소는 %QB0.2.0, %QB0.2.1, %QB0.3.0, %QB0.3.1 등을 사용해야 한다.

변수 명	주 소	용 도
A	–	펑션 입력, 초깃값: 16#CC, BYTE
B	–	펑션 입력, 초깃값: 16#F0, BYTE
–	%IX0.0.0	AND 펑션 실행 조건, BOOL
–	%IX0.0.1	XOR 펑션 실행 조건, BOOL

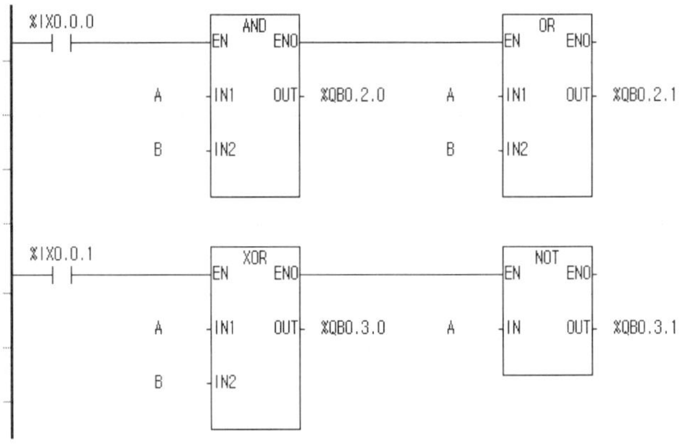

그림 4.29 비트 연산 프로그램

시뮬레이션

펑션을 실행시키면 AND 펑션의 결과로서 %QB0.2.0의 값은 16#C0(2#11000000)이 된다. 이것은 변수 A와 B의 값을 비트별로 AND 하여 얻어진 결과이다.

A(16#CC)	→	1	1	0	0	1	1	0	0
B(16#F0)	→	1	1	1	1	0	0	0	0
A AND B	→	1	1	0	0	0	0	0	0

OR 펑션의 결과로서 %QB0.2.1의 값은 16#FC(2#11111100)가 된다. 이것은 변수 A와 B의 값을 비트별로 OR 하여 얻어진 결과이다.

A(16#CC)	→	1	1	0	0	1	1	0	0
B(16#F0)	→	1	1	1	1	0	0	0	0
A OR B	→	1	1	1	1	1	1	0	0

XOR 펑션의 결과로서 %QB0.3.0의 값은 16#3C(2#00111100)가 된다. 이것은 변수 A와 B의 값을 비트별로 XOR 하여 얻어진 결과이다.

A(16#CC)	→	1	1	0	0	1	1	0	0
B(16#F0)	→	1	1	1	1	0	0	0	0
A XOR B	→	0	0	1	1	1	1	0	0

NOT 펑션의 결과로서 %QB0.3.1의 값은 16#33(2#00110011)이 된다. 이것은 변수 A의 값을 비트별로 NOT 하여 얻어진 결과이다.

A(16#CC)	→	1	1	0	0	1	1	0	0
NOT A	→	0	0	1	1	0	0	1	1

이에 대한 시뮬레이션 결과가 그림 4.30에 제시되어 있다.

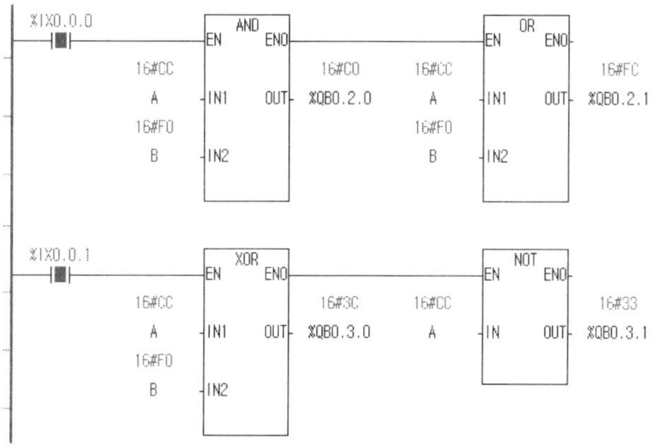

그림 4.30 시뮬레이션 결과

예제 4.10

그림 4.31의 프로그램을 접점과 코일만을 이용하여 동일한 기능을 구현하도록 프로그램을 작성하라. 그림 4.32는 A=1, B=1, C=1, D=0, E=1, F=0일 때의 시뮬레이션 결과이다.

변수 명	주 소	용 도
A	%IX0.1.0	AND 펑션 입력, BOOL
B	%IX0.1.1	AND 펑션 입력, BOOL
C	%IX0.1.2	AND 펑션 입력, BOOL
D	%IX0.1.3	OR 펑션 입력, BOOL
E	%IX0.1.4	OR 펑션 입력, BOOL
F	%IX0.1.5	OR 펑션 입력, BOOL
–	%IX0.0.0	AND 펑션 실행 조건, BOOL

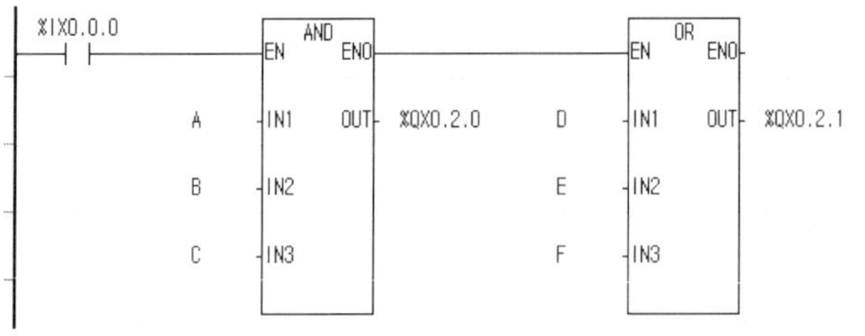

그림 4.31 AND와 OR 프로그램

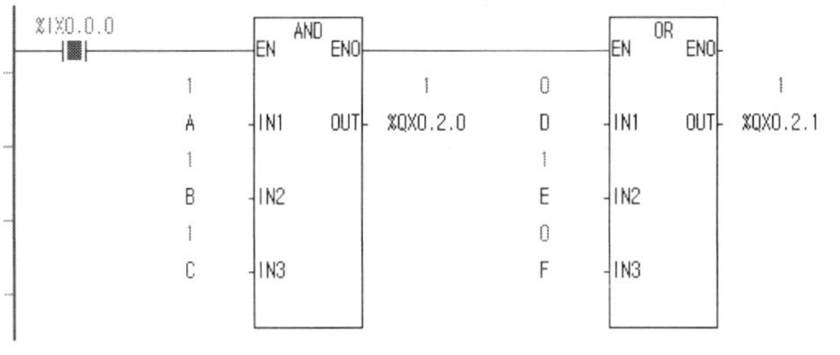

그림 4.32 시뮬레이션 결과

(풀이) 다음과 같이 접점과 코일을 이용하여 AND 펑션과 OR 펑션의 기능을 구현할 수 있다.

그림 4.33 접점과 코일을 이용한 프로그램

■

4.2 펑션 블록

PLC 프로그램을 작성할 경우, 접점과 코일 그리고 펑션 외에 펑션 블록을 사용하여 프로그램을 작성하는 것이 일반적이다. 펑션 블록은 펑션과 같이 특정한 기능을 수행하기 위해서 시스템에서 구축해 놓은 프로그램 종류의 하나이며 펑션과는 달리 출력이 여러 개일 수 있으며, 데이터를 내부에 저장할 수 있다.

펑션 블록은 PLC 프로그램을 구성하는 요소 중 하나이며 프로그램 및 펑션 블록으로부터 호출되고 자체적으로 다른 펑션 블록을 호출할 수 있다. 펑션 블록을 사용하기에 앞서 인스턴스를 선언한다.

변수 명과 데이터형을 지정하여 변수를 생성하는 것을 인스턴스화한다고 한다. 예로서 변수 '시작'을 BOOL 타입이라고 할 때 변수 '시작'은 BOOL 타입의 인스턴스이다. 펑션 블록도 변수와 같이 인스턴스로 선언한다. 예로서 펑션 블록 타이머 TON의 인스턴스로서 'T1'을 선언한다. 이와 같이 펑션 블록을 인스턴스로 선언한 후에 사용할 수 있으며 인스턴스를 선언한 프로그램에서 사용할 수 있다. 또한 펑션 블록의 출력값은 인스턴스 이름 뒤에 마침표를 붙이고 그 뒤에 출력 이름을 붙여 사용한다. 즉, TON의 인스턴스 이름을 T1이라고 설정했을 때 타이머 T1의 출력(Q)을 T1.Q와 같이 나타낸다.

펑션 블록은 기능별로 매우 다양한 종류가 있는데(XGI CPU의 경우 기본 펑션 블록 43개) 프로그램을 작성하기 위해서는 최소한 기본 펑션 블록 중에서 자주 사용하는 펑션 블록들에 대해서는 그 기능과 사용법을 충분히 숙지하고 있어야 프로그램을 작성하는 데 도움이 된다.

펑션 블록들 중에서 응용 프로그램을 작성할 경우 일반적으로 사용되는 기본 펑션 블록들에 대해 살펴보기로 한다.

4.2.1 TON(On Delay Timer) 펑션 블록

펑션 블록	설 명
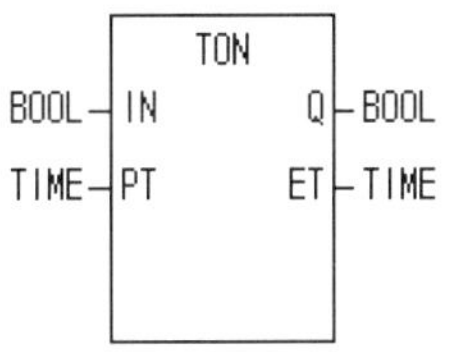 	입력 IN : 타이머 기동 조건 PT : 설정 시간(preset time) 출력 Q : 타이머 출력 ET : 경과 시간(elapsed time) 기능 IN이 1이 된 후 PT에 의해 지정된 설정 시간이 경과된 후 Q가 1이 된다. IN이 1이 된 후 경과 시간이 ET로 출력된다. 만일 경과 시간 ET가 설정 시간에 도달하기 전에 IN이 0이 되면 경과 시간은 0으로 된다. Q가 1이 된 후 IN이 0이 되면 Q는 0이 된다.

타임 차트

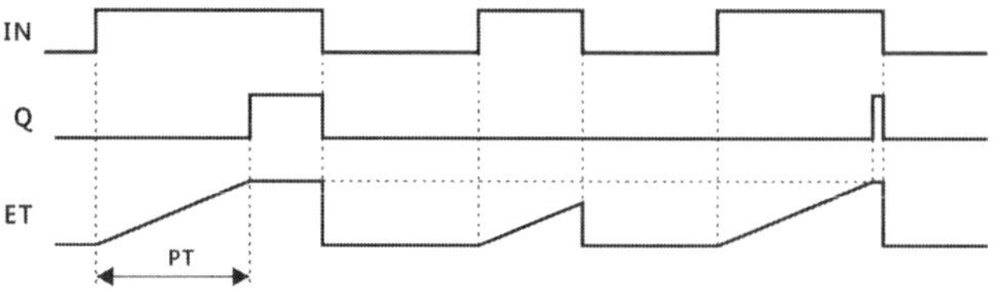

최초에 IN이 0이면 타이머는 동작하지 않는다. 타임 차트와 같이 경과 시간 ET는 0(0 ms)으로 되어 있으며 타이머의 출력 Q도 0이다. IN이 1이 되면 ET의 값은 증가되기 시작하여 ET가 설정 시간 PT에 도달하면 Q는 1이 된다. 그리고 IN이 0이 되면 Q가 0이 되고 ET도 0으로 된다.

만일 IN이 1이 되어 ET가 증가되다가 설정 시간에 도달하기 전에 IN이 0이 되면 Q는 0으로 유지되고 ET는 0이 된다.

(1) 램프의 On Delay 제어

프로그램 내용

On Delay 타이머인 TON을 이용하여 램프를 일정 시간 후에 On시키는 프로그램을 작성한다.

프로그램 작성

On Delay 타이머인 TON을 사용하기 위해서는 도구 모음에서 아이콘 {F} F10를 클릭하고 프로그램 편집 윈도우의 해당 위치를 클릭한다(또는 프로그램 편집 윈도우의 해당 위치를 마우스로 클릭하고 펑션키 F10을 누른다). 그림 4.34(a)와 같은 펑션/펑션 블록 대화상자가 나오면 이름으로 TON을 입력하고 인스턴스 명으로 T1을 입력한 다음, 확인 버튼을 클릭한다. 그리고 그림 4.34(b)와 같은 변수 선택 대화상자가 나오면 확인 버튼을 클릭한다. 또한 변수 추가 대화상자가 나오면 확인 버튼을 클릭한다.

스위치 PB1, PB2와 코일 RC를 이용하여 자기유지 회로를 구성하고 RC를 타이머의 기동 조건 IN과 연결시킨다. 그리고 타이머의 출력 T1.Q에 의해서 파일럿 램프 PL을 On 시키도록 프로그램을 작성한다.

해당 a 접점의 이름을 T1.Q로 하기 위해서는 a 접점을 마우스로 더블 클릭하여 변수

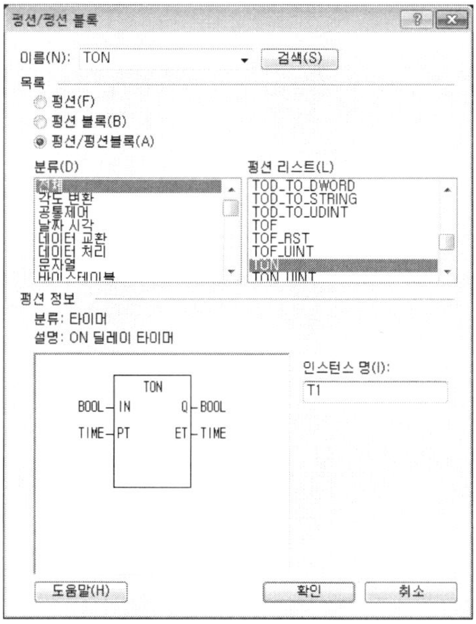

(a) 펑션/펑션 블록 대화상자에서 TON 입력

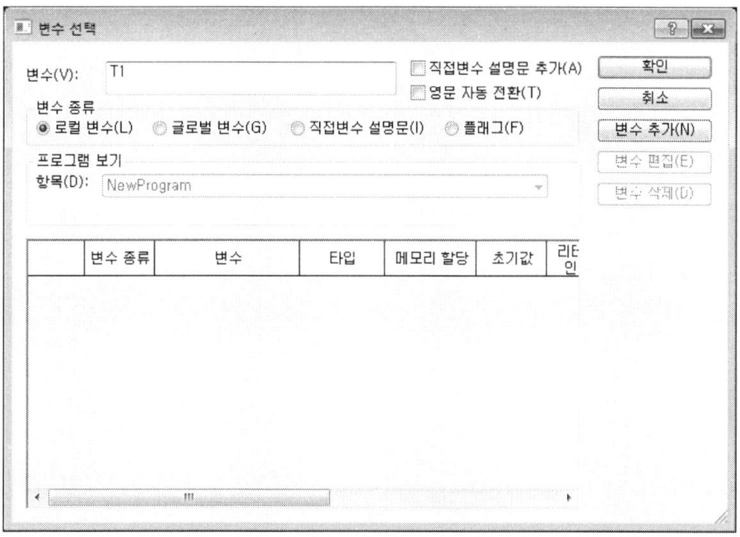

(b) 변수 선택 대화상자에서 변수 이름 입력

그림 4.34 펑션 블록 TON의 선택

선택 대화상자가 나오면 변수 이름으로 T1.Q를 직접 입력하거나 변수 테이블에서 T1을 더블 클릭하여 그림 4.35와 같은 펑션 블록 인스턴스 항목 선택 대화상자가 나오면 T1.Q를 더블 클릭한다.

b 접점인 스위치 PB2는 램프를 끄기 위한 스위치로서 값을 1로 하면 자기유지 회로의 출력 RC가 0이 되고 동시에 타이머의 기동 조건 IN의 값이 0이 된다. 이와 같은 동작을 위해 작성된 프로그램이 그림 4.36에 제시되어 있다.

특별한 이름을 입력하지 않을 경우 타이머 TON의 인스턴스 이름은 기본적으로 INST, INST1 … 등으로 정해진다. 그러나 이러한 이름보다는 타이머의 경우 T1, T2 … 등으로 인스턴스 이름을 선언하는 것이 일반적이다.

인스턴스 이름을 T1으로 할 경우 그림 4.35와 같이 펑션 블록 인스턴스 항목에서 타이머 출력 T1.Q, 경과 시간 T1.ET 등이 자동으로 생성되어 있음을 알 수 있다.

변수 명	주 소	내 용
PB1	%IX0.0.0	타이머 시작 스위치(기동 조건), BOOL
PB2	%IX0.0.1	타이머 리셋 스위치, 램프 Off 스위치, BOOL
PL	%QX0.3.0	파일럿 램프, BOOL
T1	–	On–Delay 타이머
RC	–	자기유지 회로의 구성과 타이머의 기동 조건, BOOL

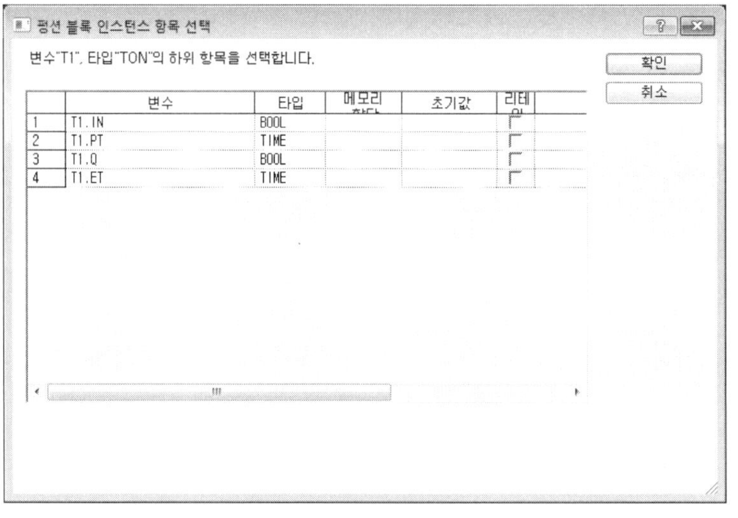

그림 4.35 인스턴스 T1에 의해 생성된 출력 변수

시뮬레이션

① 타이머를 기동시키기 위해서 PB1의 주소인 %IX0.0.0의 스위치를 마우스로 클릭하

그림 4.36 파일럿 램프 On Delay 제어 프로그램

여 값을 1로 만든다. 자기유지 회로에 의해 타이머의 입력 IN의 값이 1이 된다.

② 타이머는 기동하기 시작하며 설정 시간 10초(T#10S)가 경과하면 타이머의 출력 T1.Q가 1이 되고 이에 따라서 파일럿 램프 PL의 값이 1이 되어 램프는 On 상태를 유지하게 된다.

③ 램프를 끄기 위해서 PB2의 주소인 %IX0.0.1의 스위치를 PB1의 경우와 동일하게 마우스로 클릭하여 값을 1로 만들면 변수 RC의 값이 0이 되면서 타이머의 입력 IN의 값이 0이 된다.

④ 타이머의 출력 T1.Q의 값은 0으로, 경과 시간 T1.ET는 T#0ms로 리셋된다.

예제 4.11

시작 버튼을 누르면 모터1이 기동하기 시작한다. 이후 5초 후에 모터2가 기동하고 다시 5초 후에 모터3이 기동한다. 정지 버튼을 누르면 3개의 모터는 동시에 멈춘다. 이와 같이 3개의 모터를 순차적으로 기동시키고 동시에 정지시키기 위한 프로그램을 작성하라. 프로그램 작성 시 다음과 같은 입출력 변수를 고려한다.

변수 명	주 소	용 도
시작	%IX0.0.0	시작용 푸시 버튼 스위치, BOOL
정지	%IX0.0.1	정지용 푸시 버튼 스위치, BOOL
모터1	%QX0.3.0	모터1 기동용 출력 코일, BOOL
모터2	%QX0.3.1	모터2 기동용 출력 코일, BOOL
모터3	%QX0.3.2	모터3 기동용 출력 코일, BOOL
RC	–	자기유지 회로 구성 및 타이머 기동 조건, BOOL

(풀이) 그림 4.37과 같이 자기유지 회로의 출력인 RC에 의해 최초에 '모터1'을 기동시킨다. 또한 RC에 의해 타이머 T1의 기동 조건을 입력하여 T1을 실행시키고 5초 후에 T1의 출력이 1이 되어 '모터2'를 기동시킨다. 그리고 T1의 출력과 RC에 의해서 타이머 T2를 실행시키고 5초 후에 T2의 출력이 1이 되어 '모터3'을 기동시킨다.

'정지'의 값이 1이 되면 RC의 값이 0이 되어 자기유지 회로의 출력 RC가 0이 되고 타이머 T1과 T2의 IN 값이 0이 되어 2개의 타이머가 동시에 리셋된다. 이에 따라서 '모터1', '모터2', '모터3'의 값은 0이 되어 정지한다.

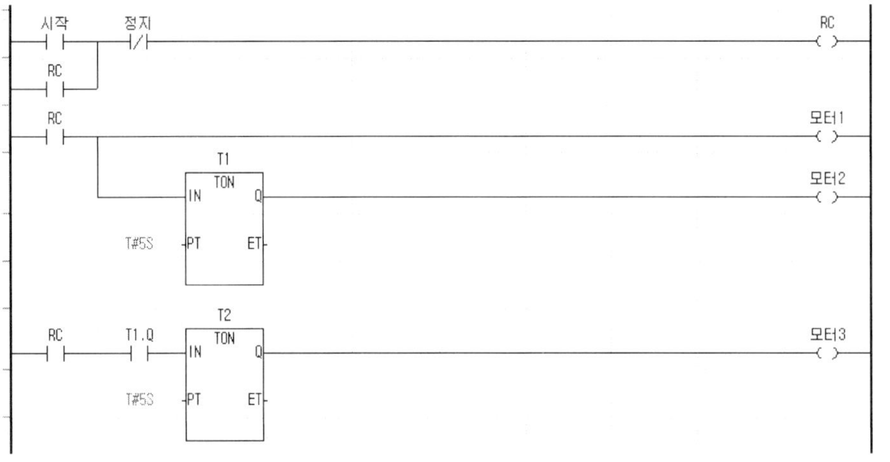

그림 4.37 3개의 모터를 순차적으로 운전하기 위한 프로그램 ■

4.2.2 TOF(Off Delay Timer) 펑션 블록

펑션 블록	설 명
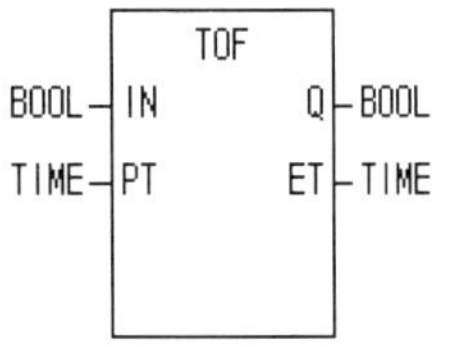	입력 IN : 타이머 기동 조건 PT : 설정 시간(preset time) 출력 Q : 타이머 출력 ET : 경과 시간(elapsed time) 기능 IN이 1이 되면 Q가 1이 되고, IN이 0이 된 후부터 PT에 의해 지정된 설정 시간이 경과된 후 Q가 0이 된다. IN이 0이 된 후 경과 시간이 ET로 출력된다. 만일 경과 시간 ET가 설정 시간에 도달하기 전에 IN이 1이 되면 경과 시간은 다시 0이 된다.

타임 차트

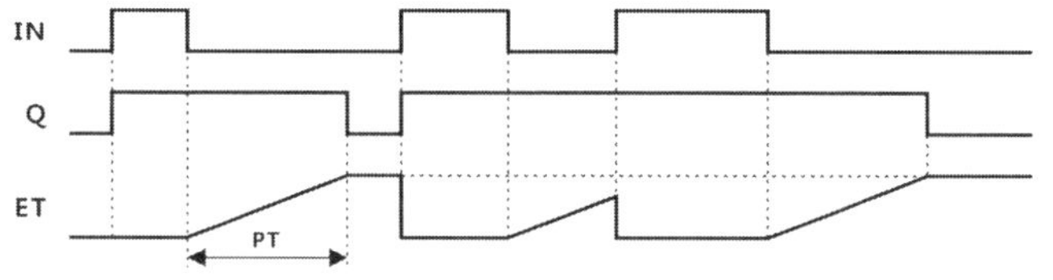

최초에 IN이 0이면 타이머는 동작하지 않는다. 타임 차트와 같이 경과 시간 ET는 0(0 ms)으로 되어 있으며 타이머의 출력 Q도 0이다. IN이 1이 되면 Q가 1이 되며, ET는 0으로 유지된다. 이후 IN이 0이 되면 ET는 증가하기 시작하여 ET가 설정 시간 PT에 도달하면 Q는 0이 되고 ET는 값(설정 시간)을 유지한다. 다시 IN이 1이 되면 Q는 1이 되고 ET는 0으로 된다.

IN이 0이 되어 ET의 값이 증가하다가 설정 시간에 도달하기 전에 IN이 1이 되면 Q의 값은 1로 유지되고 ET는 다시 0이 된다.

(1) 램프의 Off Delay 제어

프로그램 내용

Off Delay 타이머인 TOF를 이용하여 램프를 Off시키기 위한 입력을 가한 후 일정 시간이 지난 후에 램프가 Off되는 프로그램을 작성한다.

프로그램 작성

자기유지 회로의 출력 RC를 Off Delay 타이머 T1의 IN에 연결하여 타이머 기동 조건으로 사용하고, 파일럿 램프 PL은 타이머의 출력 T1.Q를 이용하여 On/Off한다. 램프를 Off시키기 위해서 스위치 PB2의 값을 1로 하면 자기유지 회로의 출력 RC의 값이 0으로 되면서 일정 시간(10초)이 경과된 후 타이머의 출력 T1.Q가 0으로 되게 프로그램을 작성한다.

또한 TIME_TO_UDINT 펑션에 의해서 타이머의 출력 T1.ET를 UDINT로 변환하고 이 값을 UDINT_TO_BCD_WORD 펑션에 의해서 8자리의 BCD(DWORD)로 변환하여 출력한다.

변수 명	주 소	용 도
PB1	%IX0.0.0	파일럿 램프 On용 푸시 버튼 스위치, BOOL
PB2	%IX0.0.1	파일럿 램프 Off용 푸시 버튼 스위치, BOOL
PL	%QX0.3.0	출력용 파일럿 램프, BOOL
시간값	–	TIME 타입의 데이터가 UDINT 타입으로 변환된 값, UDINT
BCD값	–	UDINT 타입의 데이터가 BCD 타입으로 변환된 값, DWORD
RC	–	자기유지 회로 구성 및 타이머 기동 조건, BOOL

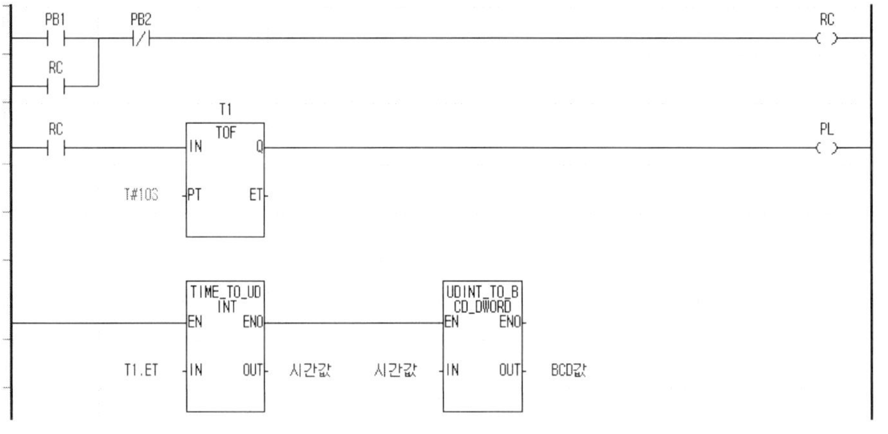

그림 4.38 Off Delay 타이머에 의한 램프의 Off Delay 제어

시뮬레이션

그림 4.39는 PB1의 값을 On/Off하여 스위치를 1회 눌렀다 떼고 난 후 파일럿 램프 PL의 값이 1이 된 상태에서 램프를 끄기 위해 PB2의 값을 On/Off하여 타이머 T1이 동작하고 있는 상황을 나타낸 것이다.

타이머 T1의 경과 시간 T1.ET는 TIME_TO_UDINT 펑션으로 입력되어 UDINT로 데이터형이 변환되어 변수 '시간값'에 저장된다. 또한 이 값은 UDINT_TO_BCD_WORD 펑션으로 입력되어 BCD로 데이터형이 변환되어 변수 'BCD값'에 저장된다.

타이머의 설정 시간 10초가 경과하면 타이머의 출력 T1.Q의 값은 0이 되어 파일럿 램프 PL의 값은 0이 된다.

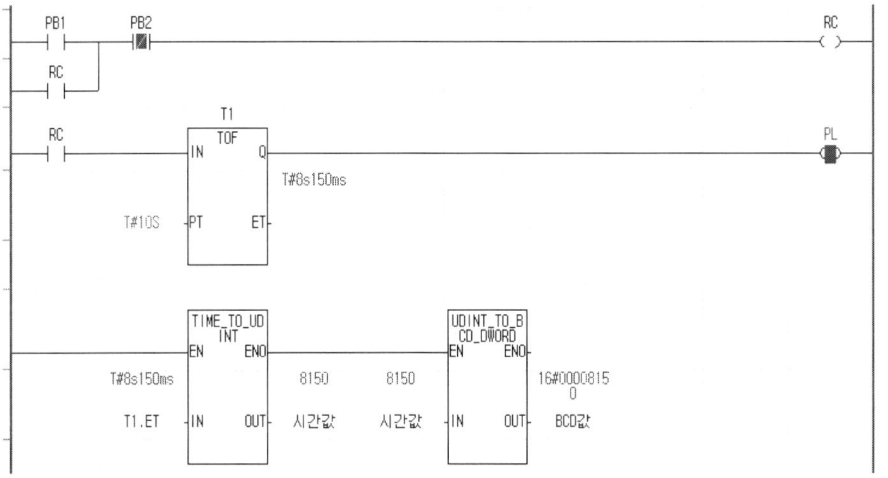

그림 4.39 시뮬레이션 결과

예제 4.12

그림 4.38의 프로그램을 On Delay 타이머 TON을 이용하여 동일한 동작을 하도록 프로그램을 작성하라.

(풀이) 그림 4.40과 같이 PB2에 의해 기동되는 자기유지 회로를 추가로 만들어 TON의 기동 조건으로 하고, 10초 경과 후 T1.Q의 b 접점에 의해서 자기유지 회로가 자동으로 리셋됨과 동시에 PL이 Off되도록 프로그램을 구성한다.

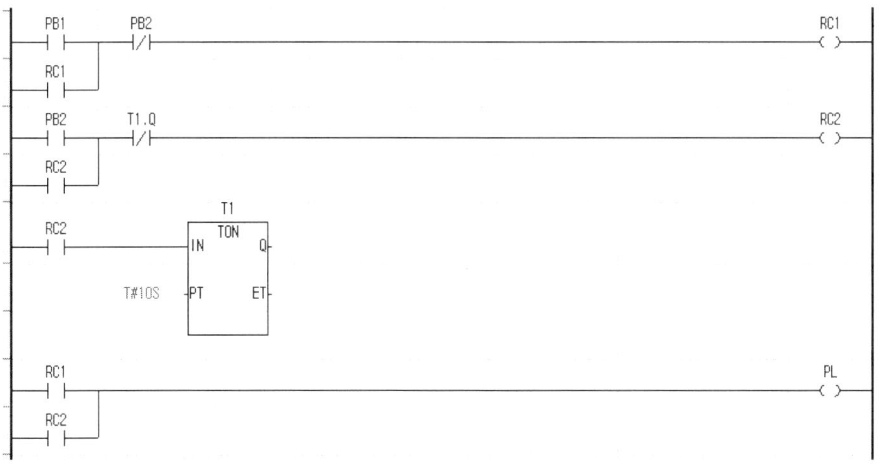

그림 4.40 On Delay 타이머에 의한 램프의 Off Delay 제어 ■

4.2.3 TP(Pulse Timer) 펑션 블록

펑션 블록	설 명
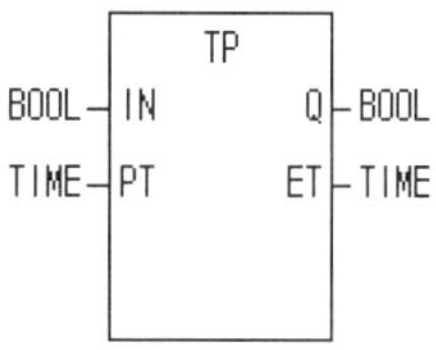	입력 IN : 타이머 기동 조건 PT : 설정 시간(preset time) 출력 Q : 타이머 출력 ET : 경과 시간(elapsed time) 기능 IN이 1이 되면 PT에 의해 지정된 설정 시간 동안만 Q가 1이 되고, ET가 PT에 도달하면 자동으로 0이 된다. 경과 시간 ET는 IN이 1이 되었을 때부터 증가하며, 설정 시간 PT에 도달하면 값을 유지하다가 IN이 0이 될 때 0이 된다. ET가 증가할 동안은 IN이 0이 되거나 다시 1이 되어도 영향은 없다.

타임 차트

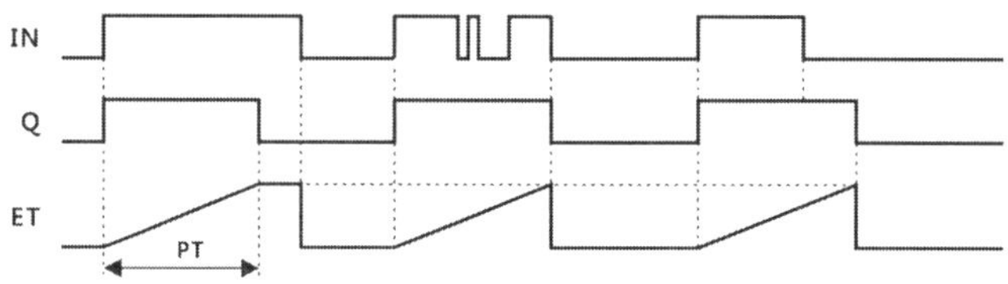

최초에 IN이 0이면 타이머는 동작하지 않는다. 타임 차트와 같이 경과 시간 ET는 0(0 ms)으로 되어 있으며 타이머의 출력 Q도 0이다. IN이 1이 되면 Q가 1이 되며 ET가 설정 시간 PT에 도달하면 Q는 0이 되고 IN이 0이 될 때까지 ET는 설정 시간을 유지한다.

IN이 1이 되어 Q가 1이 되고 ET가 증가하는 동안 IN이 1, 0을 반복하더라도 Q는 1로 유지되다가 ET의 값이 설정 시간에 도달하면 Q는 0이 된다.

IN이 1이 되고 ET가 설정 시간에 도달하기 전에 0이 되더라도 Q는 1로 유지되다가 ET의 값이 설정 시간 PT에 도달하면 0이 된다.

(1) 램프의 일정 시간 동작 제어

프로그램 내용

Pulse 타이머인 TP를 이용하여 램프를 일정 시간 동안만 On시키는 프로그램을 작성한다.

프로그램 작성

스위치 PB의 주소를 %IX0.0.0으로 하고 Pulse 타이머 T1의 IN에 연결하여 타이머 기동 조건으로 사용한다. 파일럿 램프 PL은 타이머의 출력 T1.Q를 이용하여 On/Off된다.

그림 4.41 Pulse 타이머에 의한 램프의 On/Off 제어

시뮬레이션

변수 PB의 값이 1이 되는 순간부터 Pulse 타이머 T1은 동작하기 시작한다. 이때 파일럿 램프 PL의 값은 1이며 설정 시간 10초가 경과하면 T1의 출력 T1.Q의 값이 0이 되어 PL의 값은 0이 된다.

예제 4.13

그림 4.41의 프로그램을 On Delay 타이머 TON을 이용하여 동일한 동작을 하도록 프로그램을 작성하라.

풀이 그림 4.42와 같이 자기유지 회로의 출력 RC를 타이머 T1의 기동 조건으로 하고, 10초 경과 후 T1.Q의 b 접점에 의해서 자기유지 회로가 자동으로 리셋됨과 동시에 PL의 값이 0이 되도록 프로그램을 구성한다.

그림 4.42 On Delay 타이머에 의한 램프의 일정 시간 동작 제어 ■

4.2.4 TMR(Integrating Timer) 펑션 블록

펑션 블록	설 명
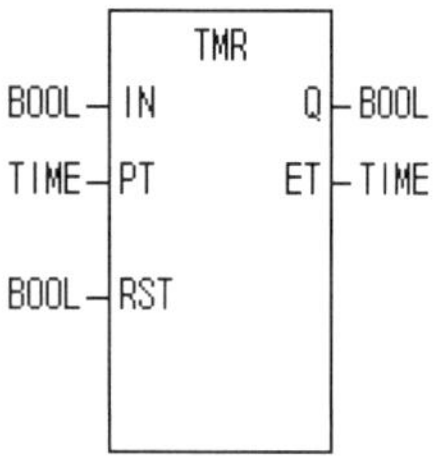 	입력 IN : 타이머 기동 조건 PT : 설정 시간(preset time) RST : 리셋 입력(reset) 출력 Q : 타이머 출력 ET : 경과 시간(elapsed time) 기능 IN이 1이 된 후 경과 시간이 ET로 출력된다. 경과 시간 ET가 설정 시간에 도달하기 전에 IN이 0이 되어도 현재의 경과 시간을 유지하다가 IN이 다시 1이 되면 경과 시간을 다시 증가시킨다. 경과 시간이 설정 시간에 도달하면 Q가 1이 된다. Reset 입력 조건이 성립되면 Q는 0이 되며 경과 시간도 0이 된다.

타임 차트

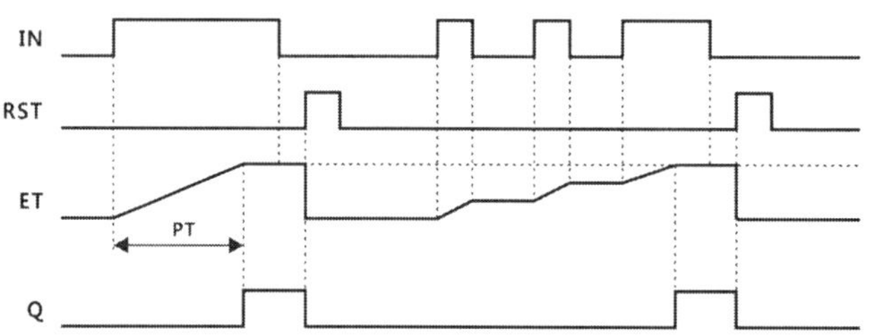

최초에 리셋 입력 RST가 0인 상태에서 IN이 0이면 타이머는 동작하지 않는다. 타임 차트와 같이 경과 시간 ET는 0(0 ms)으로 되어 있으며 타이머의 출력 Q도 0이다. IN이 1이 되면 ET는 증가하기 시작하여 ET가 설정 시간 PT에 도달하면 Q는 1이 된다.

IN의 값이 0이 되어도 ET와 Q의 값은 변화가 없으며, RST가 1이 되면 Q는 0이 되고 ET도 0으로 된다.

RST가 0인 상태에서 IN이 1, 0을 반복하면 타임 차트와 같이 ET는 증가와 정지를 반복하는데 누적된 ET의 값이 PT에 도달하면 Q는 1이 된다.

(1) 적산 타이머에 의한 펌프 가동 시간 알람

프로그램 내용

적산 타이머를 사용하여 펌프의 누적 가동 시간을 체크하고 설정 시간에 도달하면 램프를 On시키는 프로그램을 작성한다.

프로그램 작성

펌프 가동 스위치 PB1으로 펌프를 가동시키고 펌프 정지 스위치 PB2로 펌프를 정지시킨다. 펌프가 가동 중인 동안의 시간은 적산 타이머의 경과 시간 ET에 누적되어 저장된다. PB1과 PB2가 번갈아 가며 On/Off됨에 따라서 펌프는 동작과 정지를 반복하며, 이때 동작 중인 시간이 누적되어 ET에 저장된다. ET의 값이 설정 시간 PT에 도달하면 타이머의 출력 Q의 값이 1이 되면서 램프 PL을 On시킨다. 리셋 입력 %IX0.0.2의 값이 1이 되면 ET와 Q는 0이 된다.

변수 명	주 소	용 도
PB1	%IX0.0.0	펌프 가동 스위치, BOOL
PB2	%IX0.0.1	펌프 정지 스위치, BOOL
–	%IX0.0.2	리셋 입력, BOOL
PUMP	%QX0.2.0	펌프 동작 출력, BOOL
PL	%QX0.2.1	누적 시간 도달 알람용 램프, BOOL

그림 4.43 적산 타이머에 의한 펌프 가동 시간 알람

시뮬레이션

변수 PB1을 On/Off하여 PUMP를 On시킨다. 이때 타이머의 ET는 증가하기 시작한다. 이후에 PB2를 On/Off하여 PUMP를 Off시킨다. 이때 타이머의 ET는 증가를 멈추고 정지한다. 다시 PB1을 On/Off하여 PUMP를 On시키면 타이머의 ET는 현재의 값에서 계속 증가하며, PB2를 On/Off하여 PUMP를 Off시키면 타이머의 ET는 증가를 멈추고 정지한다.

이와 같은 동작을 반복하다가 ET의 값이 설정 시간인 20초에 도달하면 출력 Q의 값이 1이 되면서 PL의 값이 1(On)이 된다. 리셋 입력인 %IX0.0.2를 1로 하면 ET와 Q는 0이 된다.

예제 4.14

대형 모터로 구동되는 기계 장치를 가동하고 정지시키기 위해서 시작 버튼과 정지 버튼을 사용한다. 모터가 회전을 시작하기 전 5초 동안 먼저 오일펌프가 베어링에 윤활유를 공급하며, 회전하는 동안뿐만 아니라 정지 버튼이 작동된 후에도 10초 동안 윤활유를 공급한다. 모터는 가동과 정지를 반복하면서 운전되며 오일펌프의 총 가동 시간이 5시간에 도달하면 자동으로 정지하고 알람 램프가 1초 주기로 On/Off되어 필터 등의 소모품을 교환하도록 지시한다. 이와 같은 동작을 구현하는 프로그램을 작성하라.

변수 명	주 소	용 도
시작	%IX0.0.0	모터 가동 스위치, BOOL
정지	%IX0.0.1	모터 정지 스위치, BOOL
리셋	%IX0.0.2	리셋 입력 스위치, BOOL
모터	%QX0.2.0	모터 출력, BOOL
오일펌프	%QX0.2.1	오일펌프 출력, BOOL
램프	%QX0.2.2	오일펌프 누적 시간 도달 알람용 램프, BOOL

풀이 다음과 같이 On 딜레이 타이머, Off 딜레이 타이머, 적산 타이머를 사용하여 프로그램을 작성한다. On 딜레이 타이머 T1은 변수 '시작'이 On이 되면 5초 후에 '모터'가 On이 되도록 타임 딜레이를 주기 위한 용도와 '정지'가 On이 됨과 동시에 '모터'를 Off시키기 위한 용도로 사용된다. Off 딜레이 타이머 T2는 '정지'가 On이 된 후 10초 후에 '오일펌프'를 Off시키기 위한 용도로 사용된다. 적산 타이머 T3는 오일펌프의 총 가동 시간을 체크하여 설정 시간(5시간)에 도달하면 '오일펌프'를 Off시키기 위해 사용된다.

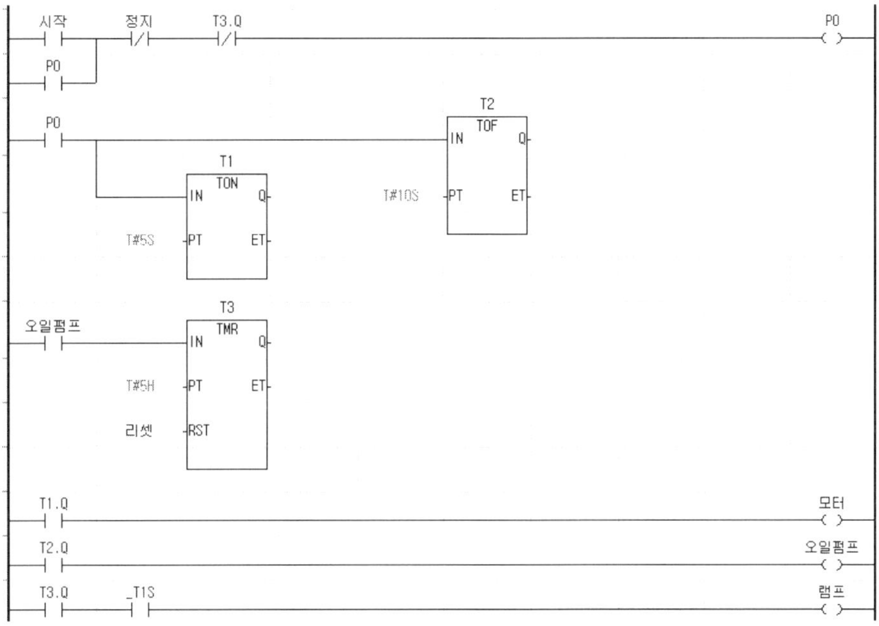

그림 4.44 오일펌프 가동 시간 알람

4.2.5 CTU_INT(Up Counter) 펑션 블록

펑션 블록	설 명
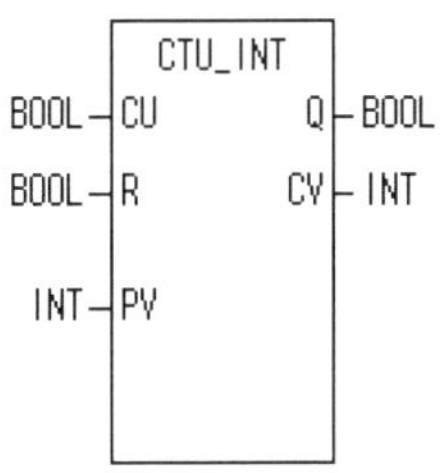 	입력 CU : 업 카운트(up count) 펄스 입력 R : 리셋 입력(reset) PV : 설정값(preset value) 출력 Q : 카운트 업(count up) 출력 CV : 현재값(current value) 기능 R이 0이고 CU가 0에서 1이 될 때 카운트되며 CV는 CV의 이전 값보다 1 증가한다. (단 CV가 INT의 최댓값인 32767 이하일 때만 증가하고 32767이 되면 더 이상 증가하지 않는다.) 출력 Q는 CV가 PV 이상이 될 때만 1이 된다. 리셋 입력 R가 1이 되면 현재값 CV는 언제나 0으로 클리어(clear)된다. PV 값은 CTU 펑션 블록을 만날 때마다 설정값을 새롭게 가져와 연산한다. CTU_***의 종류 INT, DINT, LINT, UINT, UDINT, ULINT

타임 차트

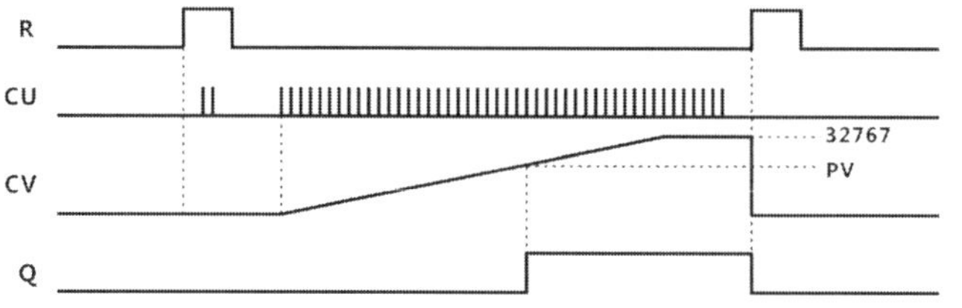

최초에 리셋 입력 R가 0인 상태에서 업 카운트 펄스 입력 CU가 0이면 현재값 CV는 0이고 카운터의 출력 Q도 0이다. 업 카운터의 동작은 R가 0일 때 CU가 0에서 1이 될 때(Off−to−On) 현재값 CV가 1만큼 증가하는 것이다. 타임 차트와 같이 R가 1일 때는 CU가 0에서 1로 반복적으로 변화하더라도 CV는 증가하지 않는다.

R가 0인 상태에서 CU가 0에서 1이 될 때마다 CV는 1만큼 계속 증가하는데 이 값은 INT의 최댓값인 32767까지만 증가하고 더 이상 증가하지 않는다. CV가 설정값 PV와 같게 되면 Q는 1이 된다. 그리고 R가 1로 되면 Q는 0으로, CV는 0으로 클리어된다.

(1) Up 카운터를 이용한 계수

프로그램 내용

Up 카운터를 사용하여 카운터에 입력되는 펄스의 수를 계수하고 설정값에 도달하면 파일럿 램프를 On/Off시키는 프로그램을 작성한다.

프로그램 작성

펄스 입력용 스위치 PB1을 Up 카운터 C1의 업 카운트 펄스 입력에 연결하고 PB2를 리셋 입력을 위한 스위치로 사용한다. 카운터 출력 C1.Q를 a 접점과 b 접점의 변수로 하여 각각 출력 코일인 파일럿 램프 PL1과 PL2를 On/Off하도록 프로그램을 작성한다. 카운

변수 명	주 소	용 도
PB1	%IX0.0.0	카운트 펄스 입력용 푸시 버튼 스위치, BOOL
PB2	%IX0.0.1	리셋 입력용 푸시 버튼 스위치, BOOL
PL1	%QX0.3.0	출력용 파일럿 램프, 설정값 도달 시 On, BOOL
PL2	%QX0.3.1	출력용 파일럿 램프, 설정값 이전 시 On, BOOL
RST	−	리셋 입력, BOOL

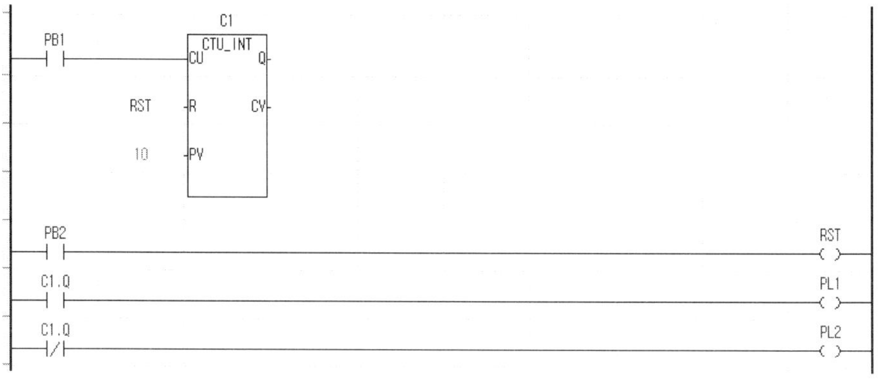

그림 4.45 Up 카운터에 의한 계수

터의 설정값을 10으로 하고 PB1으로부터의 펄스 입력이 10개가 되어 현재값이 설정값과 같게 되면 카운터의 출력 C1.Q가 1이 되도록 한다.

시뮬레이션

변수 PB1의 값을 연속해서 On/Off하여 펄스열을 생성시키고 Up 카운터에 의한 계수가 발생하도록 한다. 카운터의 계수값은 입력 펄스가 0에서 1로 변하는 순간(Off－to－On)을 감지하여 1씩 증가한다. 카운터의 현재값이 설정값 10에 도달하면 카운터의 출력 C1.Q의 값이 1이 되어 파일럿 램프 PL1의 값은 0에서 1로 변하고, PL2의 값은 1에서 0으로 변한다.

카운터를 리셋시키기 위해서는 PB2의 값을 1로 하면 카운터 리셋 입력에 연결되어 있는 변수 RST의 값이 1이 되어 카운터는 리셋된다.

이와 같이 동작하는 Up 카운터에 대해서 타임 차트를 그리면 그림 4.46과 같다.

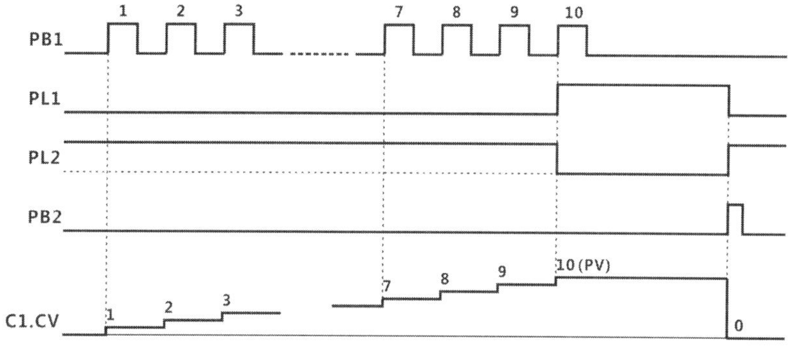

그림 4.46 Up 카운터에 의한 계수 프로그램 타임 차트

(2) Up 카운터를 이용한 상자의 수량 계수

프로그램 내용

컨베이어 라인을 따라 이송되는 박스의 수를 Up 카운터를 이용하여 계수하고 설정값에 도달하면 컨베이어 구동용 모터를 정지시키고 정지용 파일럿 램프를 On시키는 프로그램을 작성한다.

프로그램 작성

스위치 '시작'으로 컨베이어 모터를 구동시키고, 컨베이어 라인에 장착된 상자 검출용

변수 명	주 소	용 도
시작	%IX0.0.0	모터 구동용 스위치, BOOL
정지	%IX0.0.1	모터 정지용 스위치, BOOL
근접SW	%IX0.0.2	상자 검출용 근접 스위치, BOOL
리셋	%IX0.0.3	카운터 리셋용 스위치, BOOL
모터	%QX0.3.0	컨베이어 구동용 모터, BOOL
운전램프	%QX0.3.1	컨베이어 운전 상태 알림용 램프, BOOL
정지램프	%QX0.3.2	컨베이어 정지 상태 알림용 램프, BOOL

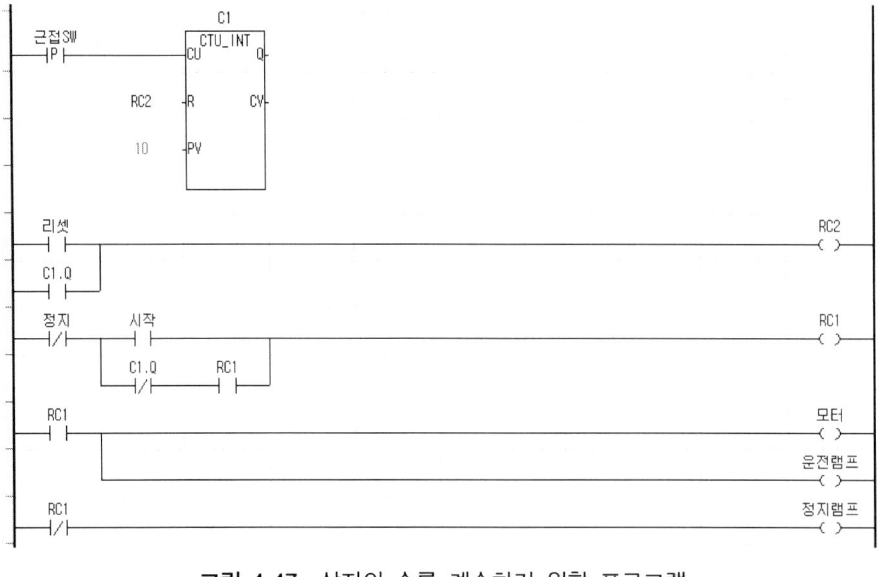

그림 4.47 상자의 수를 계수하기 위한 프로그램

근접 스위치 '근접SW'를 카운터 C1의 펄스 입력에 연결하고, 카운터 리셋을 위해 스위치 '리셋'과 카운터 출력 C1.Q를 리셋 입력에 연결한다.

카운터의 출력 C1.Q가 1이 되면 '모터'는 Off되고, '운전램프'는 Off되고 '정지램프'는 On이 된다. 운전 중 필요한 경우 '정지'의 값을 1로 하면 '모터'는 Off가 된다.

시뮬레이션

스위치 '시작'의 값을 1로 하면 컨베이어 구동용 모터인 '모터'의 값이 1이 되어 컨베이어는 구동하기 시작한다. 이때 '운전램프'의 값은 1이다.

컨베이어에 의해 상자가 운반되면서 운반되는 상자의 유무가 근접 스위치로 검출되며 이에 대한 정보를 '근접SW'를 통해 Up 카운터의 펄스 입력으로 사용한다.

계수된 상자의 수가 설정값 10에 도달하면 카운터의 출력 C1.Q의 값이 1이 된다. 이때 변수 RC1의 값이 0으로 되어 '모터'와 '운전램프'의 값은 0이 되고 '정지램프'의 값은 1이 된다.

운전 중 스위치 '정지'의 값을 1로 하면 '모터'의 값은 0이 되어 컨베이어는 정지한다.

4.2.6 CTD_INT(Down Counter) 펑션 블록

펑션 블록	설 명
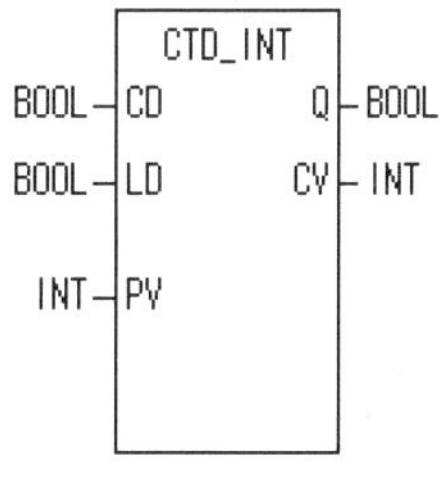	입력 CD : 다운 카운트(down count) 펄스 입력 LD : 설정값 입력(load) PV : 설정값(preset value) 출력 Q : 카운트 다운(count down) 출력 CV : 현재값(current value) 기능 입력 LD가 1이 되면 현재 값 CV에는 언제나 PV값이 로드된다(즉 CV=PV). LD가 0이고 CD가 0에서 1이 되면 CV는 CV의 이전 값보다 1 감소한다(단, CV는 INT의 최솟값인 −32768 이상일 때만 감소하고 −32768이 되면 더 이상 감소하지 않는다). 출력 Q는 CV가 0 이하일 때만 1이 된다. CTD_***의 종류 INT, DINT, LINT, UINT, UDINT, ULINT

타임 차트

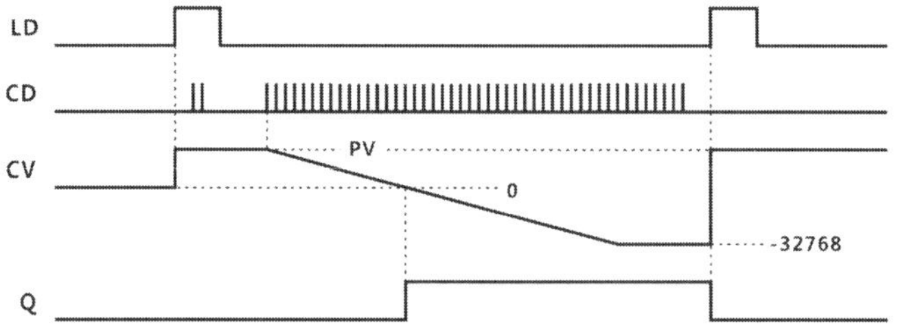

최초에 설정값 입력 LD가 0인 상태에서 다운 카운트 펄스 입력 CD가 0이면 현재값 CV는 0이고 카운터의 출력 Q도 0이다. 다운 카운터의 동작은 LD가 0일 때 CD가 0에서 1이 될 때(Off−to−On) 현재값 CV가 1만큼 감소하는 것이다. 타임 차트와 같이 LD가 1일 때는 CD가 0에서 1로 반복적으로 변화하더라도 CV는 감소하지 않는다.

LD가 0에서 1이 되면 CV는 설정값 PV가 로드된다. 그리고 LD가 0인 상태에서 CD가 0에서 1이 될 때마다 CV는 1만큼 계속 감소하는데, 이 값은 INT의 최솟값인 −32768까지만 감소하고 더 이상 감소하지 않는다. CV가 0이 되면 Q는 1이 되고 CV가 0 이하에서는 그 값이 계속 0으로 유지된다. 그리고 LD가 1이 되면 Q는 0으로, CV는 PV로 로드된다.

(1) Down 카운터를 이용한 계수

프로그램 내용

Down 카운터를 이용하여 입력된 펄스의 수를 계수하고 카운터의 현재값이 0이 되면 파일럿 램프를 On시키는 프로그램을 작성한다.

프로그램 작성

프로그램이 시작되면 Down 카운터의 설정값 입력 LD의 값이 1로 되어 카운터의 설정값이 현재값으로 자동으로 입력되도록 예약변수 _1ON을 사용한다.

펄스 입력용 스위치 PB1을 Down 카운트 펄스 입력에 연결하고 PB2를 설정값을 입력할 수 있도록 프로그램한다.

PB1으로부터 펄스 입력이 들어오면 현재값은 1씩 감소하고 현재값이 0이 되면 카운터의 출력 C1.Q가 1이 되어 파일럿 램프를 On하도록 한다. 작성된 프로그램은 그림 4.48에 제시되어 있다.

변수 명	주 소	용 도
PB1	%IX0.0.0	카운트 펄스 입력용 푸시 버튼 스위치, BOOL
PB2	%IX0.0.1	설정값 입력용 푸시 버튼 스위치, BOOL
PL	%QX0.3.0	출력용 파일럿 램프, 현재값이 0이 되면 On, BOOL
_1ON	–	1스캔 On 접점, BOOL
PV_LD	–	설정값 입력을 위한 입력 신호, BOOL

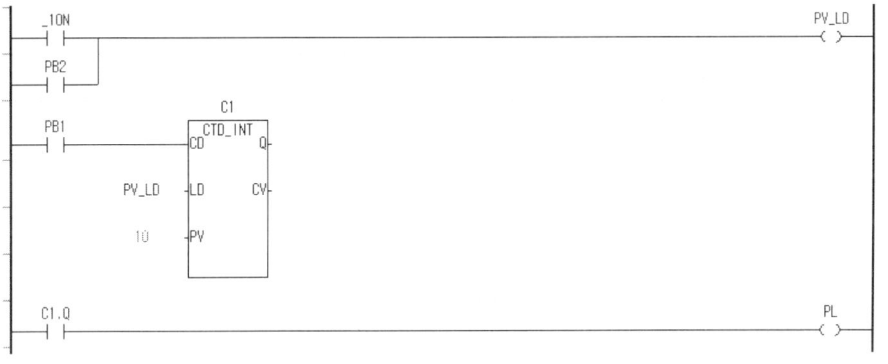

그림 4.48 Down 카운터를 이용한 계수

시뮬레이션

프로그램을 실행하면 _1ON에 의해 PV_LD의 값이 1스캔 동안 1이 되어 설정값 10이 카운터의 현재값으로 입력된다.

PB1의 값을 연속해서 On/Off하여 펄스열을 생성시키고 Down 카운터에 의한 계수가 발생하도록 한다.

카운터의 계수값은 입력 펄스가 0에서 1로 변하는 순간(Off−to−On)을 감지하여 현재값을 1씩 감소시킨다. 카운터의 현재값이 0에 도달하면 카운터의 출력 C1.Q의 값이 1이 되어 파일럿 램프 PL의 값은 0에서 1로 변한다.

카운터의 설정값을 재입력하기 위해서 PB2의 값을 1로 하면 카운터의 현재값으로 설정값 10이 로드된다. Down 카운터의 동작에 대한 타임 차트가 그림 4.49에 제시되어 있다.

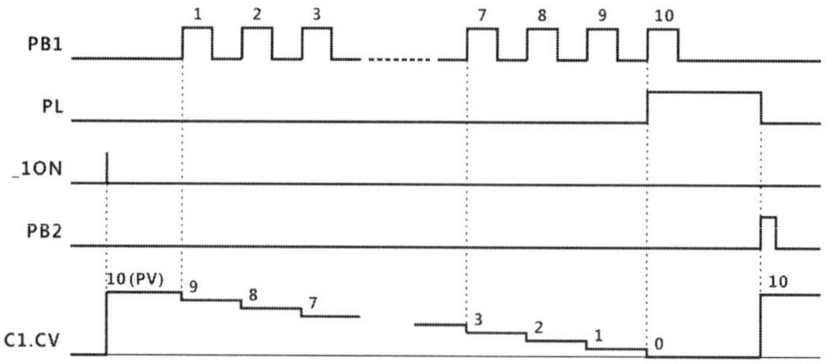

그림 4.49 Down 카운터에 의한 계수 프로그램 타임 차트

4.2.7 CTUD_INT(Up—Down Counter) 펑션 블록

펑션 블록	설 명
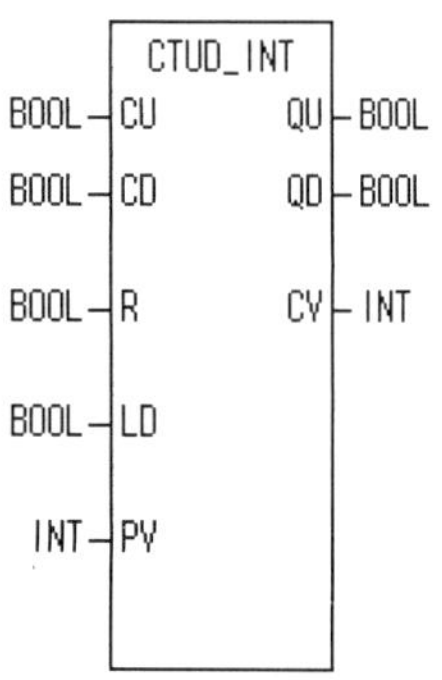	입력 CU : 업 카운트(up count) 펄스 입력 CD : 다운 카운트(down count) 펄스 입력 R : 리셋 입력(reset) LD : 설정값 입력(load) PV : 설정값(preset value) 출력 QU : 카운트 업(count up) 출력 QD : 카운트 다운(count down) 출력 CV : 현재값(current value) 기능 리셋 입력 R가 1이 되면 현재값 CV를 0으로 클리어한다. 입력 LD가 1이 되면 현재값 CV에는 언제나 PV값이 로드된다(즉 CV=PV). R와 LD가 0이고 CU가 0에서 1이 되면 CV는 CV의 이전 값보다 1 증가하고, CD가 0에서 1이 되면 CV는 CV의 이전 값보다 1 감소한다(단, CV는 INT의 최솟값인 −32768과 최댓값인 32767 사이의 값을 가지며 최대, 최소 값에 이르면 각각 더 이상 증가, 감소하지 않는다). 출력 QU는 CV가 PV보다 크면 1이 되고 QD는 CV가 0 이하일 때 1이 된다. 각 입력신호에 대해서 R > LD > CU > CD 순으로 동작 우선순위를 가지며 신호의 중복 발생 시 높은 순위의 동작 하나만 수행한다. CTUD_***의 종류 INT, DINT, LINT, UINT, UDINT, ULINT

타임 차트

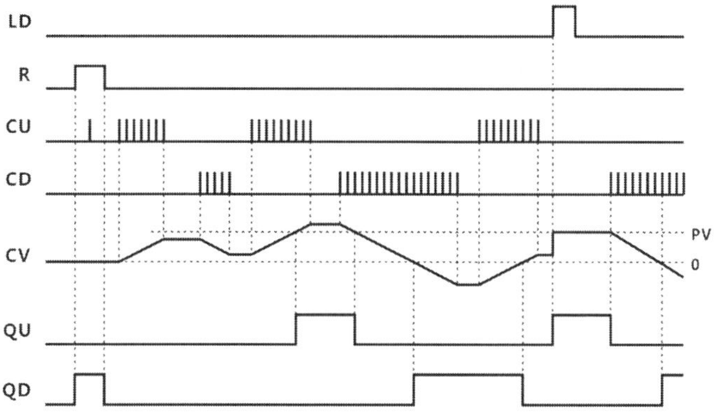

업 카운트 펄스 입력과 다운 카운트 펄스 입력으로 현재값 CV의 값이 1만큼씩 증가와 감소를 하는 카운터이다. 리셋 입력 R가 1이 되면 CV는 0으로 클리어되고, 설정값 입력 LD가 1이 되면 CV는 설정값 PV가 로드된다.

R와 LD가 0이고 CU가 0에서 1이 되면(Off－to－On) CV는 이전 값보다 1만큼 증가하고, CD가 0에서 1이 되면(Off－to－On) CV는 이전 값보다 1만큼 감소한다. CU와 CD에 의해서 CV는 증가 또는 감소를 하는데 그 최댓값과 최솟값은 각각 INT의 최댓값인 32767과 최솟값인 －32768이며 최댓값, 최솟값에 이르면 각각 더 이상 증가, 감소하지 않는다.

출력 QU는 CV가 PV보다 크면 1이 되고 QD는 CV가 0 이하일 때 1이 된다.

(1) Up－Down 카운터를 이용한 계수

프로그램 내용

Up－Down 카운터를 이용하여 Up 카운트 펄스 입력과 Down 카운트 펄스 입력을 계수하고 카운터의 현재값이 설정값 또는 0에 도달하면 Up 카운터 또는 Down 카운터용 파일럿 램프를 On시키는 프로그램을 작성한다.

프로그램 작성

프로그램이 시작되면 카운터의 현재값으로 5가 자동으로 입력되도록 MOVE 펑션과 예약변수 _1ON을 사용하여 프로그램을 작성한다.

펄스 입력용 스위치 PB1을 Up 카운트 펄스 입력에 연결하고 PB2를 Down 카운트 펄스 입력에 연결한다. 그리고 PB3를 리셋 입력에 연결한다. PB3의 값이 1이 되면 카운터의 현재값은 0으로 클리어된다.

PB1과 PB2로부터의 펄스 입력에 의해 카운터의 현재값이 설정값 10이 되면 카운터의 출력 C1.QU가 1이 되어 Up 카운트용 파일럿 램프를 On하고, 카운터의 현재값이 0이 되면 카운터의 출력 C1.QD가 1이 되어 Down 카운트용 파일럿 램프를 On하도록 한다. 작성된 프로그램은 그림 4.50에 제시되어 있다.

변수 명	주 소	용 도
PB1	%IX0.0.0	Up 카운트 펄스 입력용 푸시 버튼 스위치, BOOL
PB2	%IX0.0.1	Down 카운트 펄스 입력용 푸시 버튼 스위치, BOOL
PB3	%IX0.0.2	카운터 리셋용 푸시 버튼 스위치, BOOL
PB4	%IX0.0.3	설정값 로드용 푸시 버튼 스위치, BOOL
PL1	%QX0.3.0	Up 카운트용 파일럿 램프, BOOL
PL2	%QX0.3.1	Down 카운트용 파일럿 램프, BOOL
_1ON	–	1스캔 On 접점, BOOL

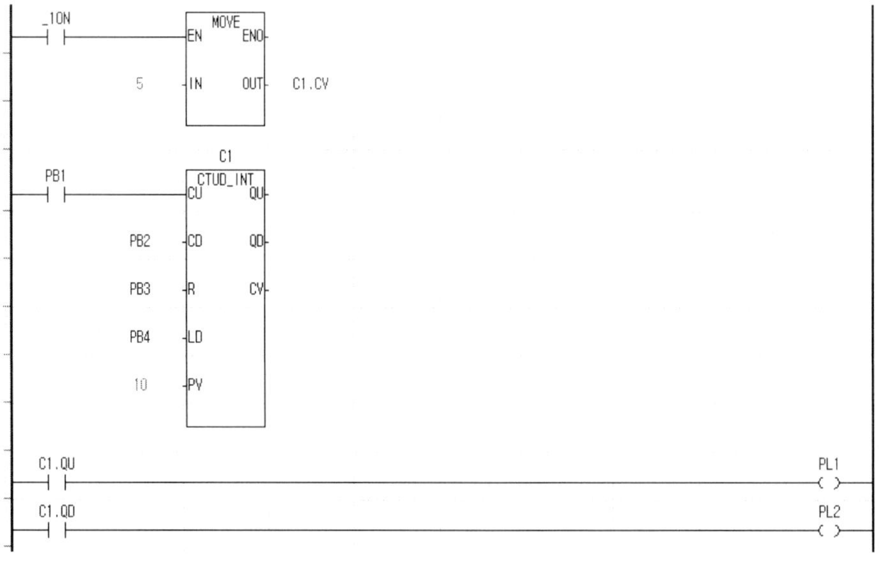

그림 4.50 Up-Down 카운터를 이용한 계수

시뮬레이션

프로그램을 실행하면 _1ON에 의해 MOVE 펑션이 동작을 하고 5를 카운터의 현재값 C1.CV로 로드한다.

PB1의 On/Off를 통해 Up 카운트 펄스를 입력하면 카운터의 현재값은 1씩 증가를 하며, PB2의 On/Off를 통해 Down 카운트 펄스를 입력하면 카운터의 현재값은 1씩 감소를 한다.

카운터의 현재값이 설정값 10 이상이면 출력 C1.QU의 값이 1이 되고 파일럿 램프 PL1이 On이 된다. 그리고 카운터의 현재값이 0 이하이면 출력 C1.QD의 값이 1이 되고 파일럿 램프 PL2가 On이 된다.

리셋 스위치 PB3의 값이 1이 되면 카운터는 리셋이 되고 현재값은 0으로 된다. 그리고 로드 스위치 PB4의 값이 1이 되면 카운터의 현재값으로 설정값 10이 로드된다.

4장 연습문제

01 다음 프로그램은 1초에 1 bit씩 왼쪽으로 'ROL값'을 회전시키는 프로그램이다. 'ROL값'의 초깃값은 16#F000이다.

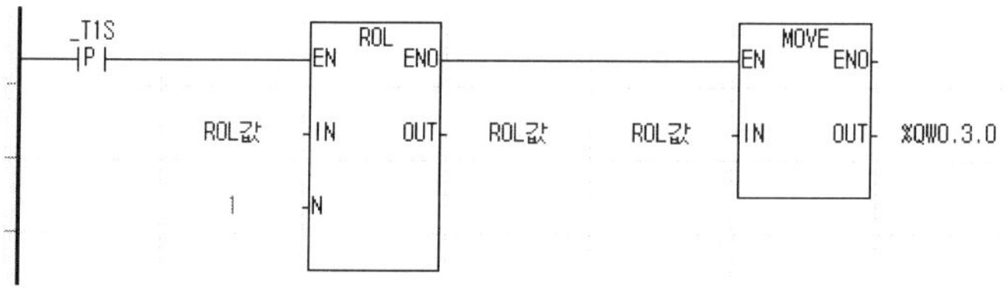

그림 P4.1

(1) _T1S는 무엇인가?

(2) MOVE 펑션의 출력 OUT의 데이터형이 WORD인 이유는 무엇인가?

(3) ROL 펑션의 입력 'ROL값'이 16#F000일 때 출력 'ROL값'은 얼마인가?

(4) 프로그램의 동작 상황을 설명하라.

(5) _T1S의 양변환 검출 접점을 a 접점으로 변경하면 어떻게 동작하겠는가?

02 다음 프로그램에 대해서 질문에 답하라.

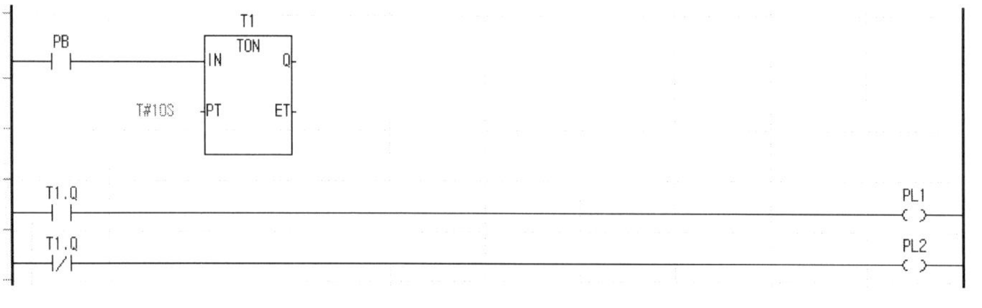

그림 P4.2

(1) 사용된 타이머는 어떤 타이머인가?

(2) 타이머 설정 시간은 얼마인가?

(3) PB의 값이 1이 된 순간 T1.ET의 값은 얼마인가?

(4) PB의 값이 1이 된 순간 PL1과 PL2 값은 얼마인가?

(5) T1.Q의 값이 1이 된 순간 PL1과 PL2의 값은 얼마인가?

(6) 타이머를 리셋하려면 어떻게 해야 하는가?

(7) PB의 a 접점을 양변환 검출 접점으로 변경하면 어떻게 동작하겠는가?

(8) PB가 1이 된 후 타이머의 설정 시간이 경과되기 전에 PB의 값이 0이 되면 타이머의 동

작은 어떻게 되겠는가?

03 다음 프로그램에 대해서 질문에 답하라.

그림 P4.3

(1) 사용된 카운터는 어떤 카운터인가?
(2) 카운터 설정값은 얼마인가?
(3) PB1의 어떤 조건에서 카운터 값이 1씩 증가하는가?
(4) C1.CV의 값이 5일 때 PL1과 PL2의 값은 얼마인가?
(5) C1.Q의 값이 1이 된 순간 PL1과 PL2의 값은 얼마인가?
(6) 카운터를 리셋하려면 어떻게 해야 하는가?
(7) PB1의 a 접점을 양변환 검출 접점으로 변경하면 어떻게 동작하겠는가?
(8) C1.Q의 값이 1이 된 후 PB1이 계속하여 On/Off를 반복하면 C1.Q와 C1.CV는 어떻게 되는가?

04 다음 프로그램은 타이머에 의한 램프 On/Off 프로그램이다. 프로그램의 동작을 설명하라.

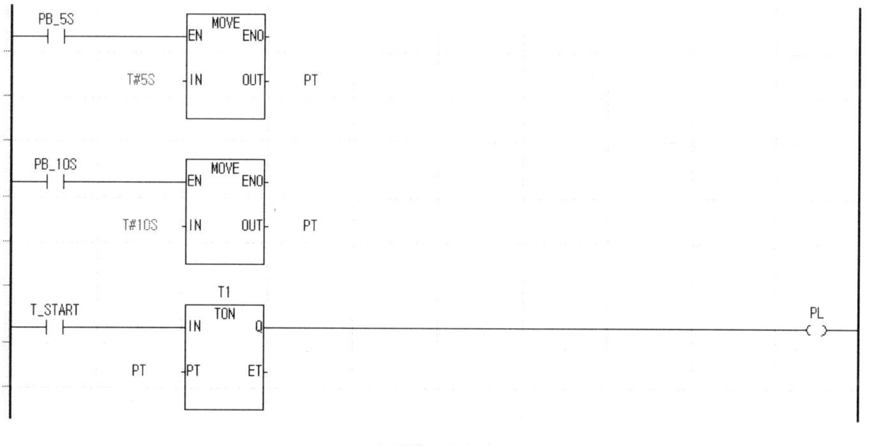

그림 P4.4

05 다음 프로그램은 카운터에 펄스가 입력되면 카운터의 현재값을 비교 펑션에 의해 비교하는 프로그램이다. 프로그램의 동작을 설명하라.

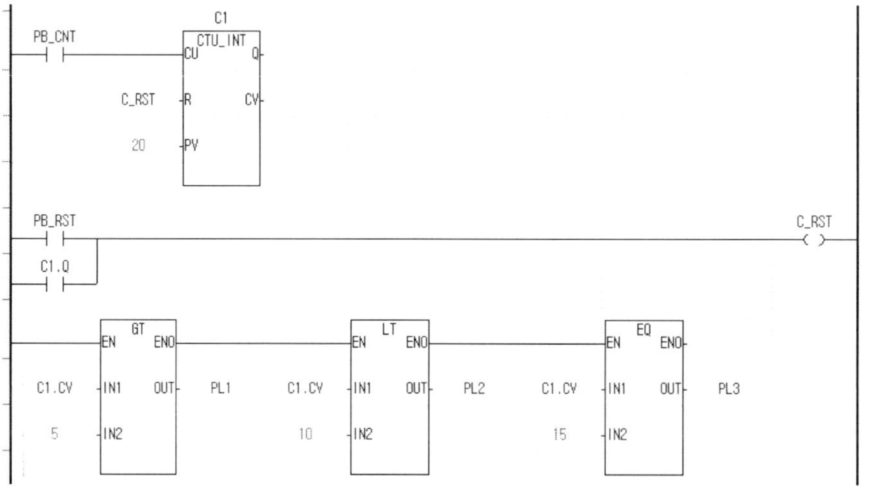

그림 P4.5

06 최초에 시작 버튼 PB1을 누르면 5초 후에 FAN1이 작동하고 파일럿 램프 PL1이 On된다. 이후 5초 후에 FAN2가 작동하고 파일럿 램프 PL2가 On되고, 다시 5초 후에 FAN3가 작동하고 파일럿 램프 PL3가 On된다. 정지 버튼 PB2를 누르면 3개의 팬은 동시에 멈추고 3개의 파일럿 램프도 동시에 Off된다. 이와 같이 3개의 팬을 순차적으로 작동시키고 동시에 정지시키기 위한 프로그램을 작성하라. 프로그램 작성 시 다음과 같은 입출력 변수를 고려한다.

변수 명	주 소	용 도
PB1	%IX0.0.0	시작용 푸시 버튼 스위치
PB2	%IX0.0.1	정지용 푸시 버튼 스위치
FAN1	%QX0.3.0	FAN1 작동용 출력
FAN2	%QX0.3.1	FAN2 작동용 출력
FAN3	%QX0.3.2	FAN3 작동용 출력
PL1	%QX0.2.0	FAN1 작동 파일럿 램프
PL2	%QX0.2.1	FAN2 작동 파일럿 램프
PL3	%QX0.2.2	FAN3 작동 파일럿 램프

07 최초에 운전용 램프 PL1은 Off, 정지용 램프 PL2는 On이 되어 있다. 시작 버튼 PB1을 누르면 에어록 밸브 모터 M1과 2개의 컨베이어 모터 M2, M3가 작동하고, PL1은 On, PL2는 Off된다. 정지 버튼 PB2를 누르면 에어록 밸브 모터는 즉시 정지하고, 모터 M2는 컨베

이어 위의 재료가 없어질 때까지 30초 동안 작동 후 정지한다. 그리고 모터 M2가 정지한 후 모터 M3는 30초 동안 작동 후 정지한다. 3개의 모터가 전부 정지하면 PL1은 Off되고 PL2는 On이 된다. 이와 같이 순차적으로 3개의 모터를 제어하기 위한 프로그램을 작성하라. 프로그램 작성 시 다음과 같은 입출력 변수를 고려한다.

변수 명	주 소	용 도
PB1	%IX0.0.0	시작용 푸시 버튼 스위치
PB2	%IX0.0.1	정지용 푸시 버튼 스위치
M_1	%QX0.3.0	에어록 밸브 모터 작동용 출력
M_2	%QX0.3.1	컨베이어 모터2 작동용 출력
M_3	%QX0.3.2	컨베이어 모터3 작동용 출력
PL1	%QX0.2.0	운전용 파일럿 램프
PL2	%QX0.2.1	정지용 파일럿 램프

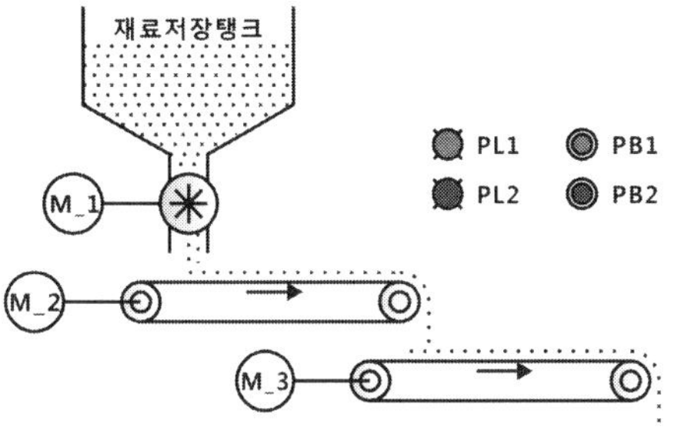

그림 P4.7

08 부품이 근접 스위치를 통과할 때 불량 감지 센서 신호가 On이면 부품에 스프레이로 0.5초 동안 표시를 한다. 스프레이의 위치는 근접 스위치 위치에서 컨베이어로 5초 동안 이송되는 위치에 있다. 불량 감지 센서의 출력 신호는 부품이 스프레이를 통과할 때까지 On 상태를 유지한다. 이와 같은 시스템에 대한 프로그램을 작성하라.

변수 명	주 소	용 도
SEN	%IX0.0.0	불량 감지 센서, 불량 시 On
PS	%IX0.0.1	근접 스위치, 부품 감지 시 On
SOL	%QX0.3.0	스프레이 제어 밸브, 스프레이 동작 시 On

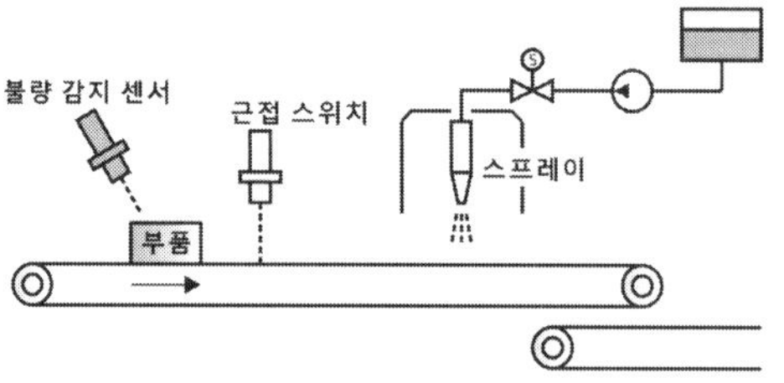

그림 P4.8

09 펌프의 총 가동 시간이 1,000시간이 되면 알람 램프를 On시켜 펌프를 정지시키도록 알려준다. 펌프를 정지시키고 리셋 버튼을 눌러 시스템을 리셋하면 알람 램프도 Off된다. 총 가동 시간은 누적된 시간이므로 펌프가 정지되었을 동안의 시간은 계산에 고려하지 않는다. 펌프가 가동하는 중에는 동작 램프를 On시켜 펌프가 가동 중임을 알려준다. 프로그램 작성은 다음의 두 가지 방법으로 하라.

(1) 타이머와 카운터를 사용하여 경과 시간을 구하는 방법

(2) 예약변수 _T1S와 카운터를 사용하여 경과 시간을 구하는 방법

변수 명	주 소	용 도
PB_START	%IX0.0.0	펌프 가동 시작 스위치
PB_STOP	%IX0.0.1	펌프 가동 정지 스위치
PB_RST	%IX0.0.2	리셋 스위치
M	%QX0.3.0	펌프 가동용 모터
PL_RUN	%QX0.3.1	펌프 동작 파일럿 램프
PL_ARM	%QX0.3.2	알람 파일럿 램프

10 부품이 컨베이어를 통해 작업 부스 입구로 투입되고 작업 완료 후 배출된다. 작업 부스 전후에 설치된 포토 센서에 의해 투입되고 배출되는 부품을 검출하며, 작업 부스에 20개 이상의 부품이 존재할 경우 적색 램프가 On으로 출력되고 부품이 존재하지 않을 경우 황색 램프가 On으로 출력된다. 카운터는 리셋 버튼에 의해 리셋된다. 이와 같은 기능의 프로그램을 작성하라.

변수 명	주 소	용 도
PT_IN	%IX0.0.0	투입되는 부품 검출용 포토 센서, 검출 시 On
PT_OUT	%IX0.0.1	배출되는 부품 검출용 포토 센서, 검출 시 On
PB_RST	%IX0.0.2	리셋 스위치
PL_RED	%QX0.3.0	부품 수 20개 이상 알림 파일럿 램프
PL_YEL	%QX0.3.1	부품 수 0개 알림 파일럿 램프

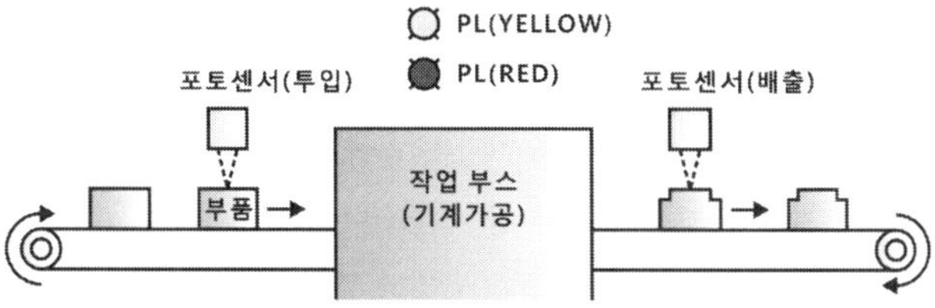

그림 P4.10

11 문제 10에서 배출되는 부품 검출용 포토 센서를 이용하여 평균 시간당 생산량을 계산하는 프로그램을 작성하라. 포토 센서의 출력(PT_OUT)으로 예약변수 _T1S, _T2S 등을 사용하여 평균 시간당 생산량을 검증하라.

12 2개의 컨베이어를 통해서 이송되는 제품의 총수량을 카운트하고 총수량이 1000개 이상이면 파일럿 램프를 1초 주기로 On/Off시키는 프로그램을 작성하라. 이송 중인 제품을 검출하기 위해서 2개의 포토 센서가 각각의 컨베이어에 장착되어 있다.

변수 명	주 소	용 도
PT1	%IX0.0.0	컨베이어1 제품 검출용 포토 센서, 검출 시 On
PT2	%IX0.0.1	컨베이어2 제품 검출용 포토 센서, 검출 시 On
PB_RST	%IX0.0.2	카운터 리셋 스위치
PL	%QX0.3.0	제품 수 1000개 이상 알림 파일럿 램프

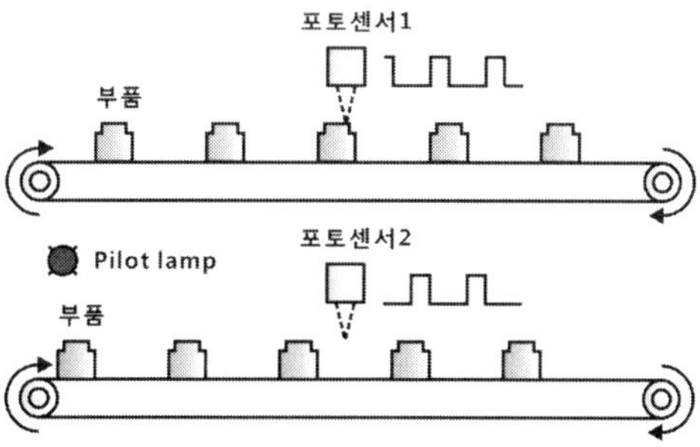

그림 P4.12

05

SFC

(Sequential Function Chart)

SFC(sequential function chart)는 복잡한 프로그램을 필요한 기능을 구현하는 작은 프로그램 유닛으로 나누고, 이들 프로그램 유닛 사이의 제어 흐름을 구조적으로 나타내어 프로그램을 작성하는 방법이다. 이들 프로그램 유닛은 IEC 61131-3에서 정의된 4개의 언어 중 하나로 작성될 수 있으나 이 장에서는 일반적으로 가장 많이 사용하는 LD로 작성한다.

특히 SFC는 상태의 거동이 순차적으로 변하는 프로세스를 제어하기 위해 사용하는 언어로서 적합하다. 이에 대한 예로는 PTP 로봇, 화학 공정, 산업용 세탁기 등 산업 현장에서 다양하게 찾을 수 있다.

5.1 SFC 개요

SFC로 작성된 프로그램은 스텝(step)과 트랜지션(transition)으로 구성된다. 스텝은 활성 또는 비활성의 상태를 갖는다. 스텝이 활성일 경우 여기에 연결된 액션(action) 명령은 스텝이 비활성화로 될 때까지 반복적으로 실행된다.

스텝이 활성에서 비활성으로 또는 비활성에서 활성으로 상태가 변하는 것은 스텝의 아래에 연결된 트랜지션 요소로 결정된다. 트랜지션은 논리식으로 표현되는 프로그램으로 구성되며 이를 트랜지션 조건이라고 한다. 논리식의 결과가 1이면 현재의 스텝은 비활성화되고 트랜지션 아래에 연결된 스텝이 활성화된다. 트랜지션 아래에 연결된 1개 이상의 스텝은 현재의 스텝이 비활성화되었을 때 그다음 순서로 어떤 스텝을 활성화시킬 것인가를 나타낸다.

그림 5.1의 SFC 프로그램이 실행되면 초기 스텝이 가장 먼저 활성화된다. 그림에서는 S0가 초기 스텝이다. 이 스텝에 액션이 연결되어 있을 경우 액션 명령이 실행되나, 그림에는 연결되어 있는 액션은 없다. 이제 트랜지션 T1의 논리식의 값이 스텝 명령의 실행과 입출력의 변화에 따라서 0에서 1로 변화하면 S0는 비활성화된다. 이와 동시에 트랜지션 T1 아래에 연결되어 있는 스텝 S1이 활성화된다. S1이 활성화되면 이에 연결되어 있는 액션 ACT1이 실행된다. 트랜지션 T2의 논리식의 값이 0에서 1로 변하면 스텝 S1은 비활성화되고 스텝 S2와 S4가 동시에 활성화된다. 이때 이들 스텝에 연결된 모든 액션들이 실행된다. 이후 다음 트랜지션의 값이 체크되며 T3의 값이 0에서 1로 변하면 스텝 S2와 S4는 비활성화되고 스텝 S3가 활성화된다.

트랜지션의 조건에 따라서 활성 속성이 활성 스텝으로부터 다음의 스텝으로 전달된다. 결과적으로 이 활성 속성이 스텝을 통해 이동하면서 프로그램을 동작시키며, 병렬분기의 경우 활성 속성은 분리되고, 병렬이 합쳐지면 활성 속성은 결합된다. 활성 속성은 사라지지 않고 프로그램 네트워크상에서 분리와 결합을 반복하면서 명령을 실행시켜 프로그램을 동작시킨다.

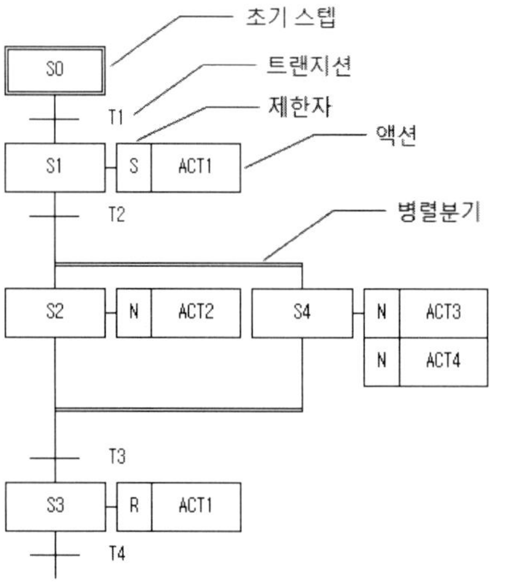

그림 5.1 SFC에 의한 프로그램 예

5.2 SFC 프로그램 적용 예

SFC는 상태의 거동이 순차적으로 변하는 프로세스를 제어하기 위해 사용하는 언어로서 적합하다. 하나의 예로서 그림 5.2에 PTP(point to point) 로봇의 예가 제시되어 있다. PTP 로봇은 하나의 위치에서 다른 위치로 물건을 이동시키기 위한 수단으로 널리 사용되고 있는 로봇이다. 그림에서와 같이 A의 위치에 있는 물건을 B의 위치로 이동시키기 위해서는 다음과 같은 순서대로 동작을 하면 된다.

(1) 제어가 시작되면 로봇 암이 원점의 위치에 있는지의 여부를 체크한다(수직 실린더의 상승 위치, 회전 실린더의 0° 위치, 그리퍼의 풀기 상태 등을 센서를 이용하여 체크한다).
(2) 원점 위치의 조건이 만족되면 로봇의 수직 실린더는 A의 위치로 하강한다.
(3) 로봇의 수직 실린더가 하강하였음을 체크하고, 하강하였으면 그리퍼를 닫아서 물건을 잡는다.
(4) 물건을 잡았음을 센서로 체크하고, 잡기 상태이면 수직 실린더는 상승한다.
(5) 수직 실린더의 상승이 확인되면 회전 실린더는 180° 위치로 회전한다.
(6) 180° 회전이 완료되었음을 체크하고, 완료되었으면 수직 실린더는 B 점으로 하강한다.
(7) 수직 실린더의 하강이 확인되면 그리퍼를 열어 물건을 B 점에 놓는다.
(8) 그리퍼의 풀기 상태가 확인되면 수직 실린더는 상승한다.
(9) 수직 실린더의 상승이 확인되면 회전 실린더는 0° 위치로 회전하여 초기의 원점으로 복귀한다.

제어를 수행하기 위해서 사용되는 수직 실린더, 회전 실린더, 그리퍼는 공압을 이용하며 각각의 실린더에는 위치를 검출하기 위한 센서가 부착되어 있다. 또한 실린더를 동작시키기 위해서 사용되는 밸브는 솔레노이드를 On/Off하여 동작시킬 수 있는데, 이 동작은 일반적으로 PLC의 출력을 이용한다.

그림 5.3에 PTP 로봇으로 물건을 이동시키기 위한 공정의 흐름을 나타내는 SFC 프로그램이 제시되어 있다. 각 공정은 스텝으로 분리되며 물건을 A 위치에서 B 위치로 이동시키는 데 필요한 독립적인 단위의 작업을 의미한다. 프로그램 작성자는 제어의 관점에서 이러한 독립적인 단위를 적합하게 구분하고 이를 프로그램으로 작성하는 것이 일반적이다.

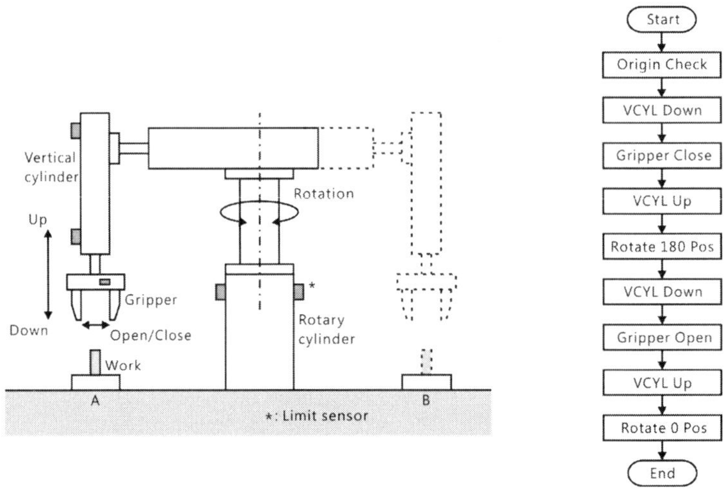

그림 5.2 PTP 로봇 제어 시스템과 제어동작 플로 차트

프로그램 구조는 그림 5.2에 있는 플로 차트와 거의 유사하다. 단, SFC의 프로그램 언어 특성상 플로 차트에 나와 있는 동작과 SFC의 명령을 나타내는 액션의 이름이 의미상 다른 경우가 있는데, 이는 SFC의 프로그램 언어 문법 특성이며 이후의 절에서 설명하

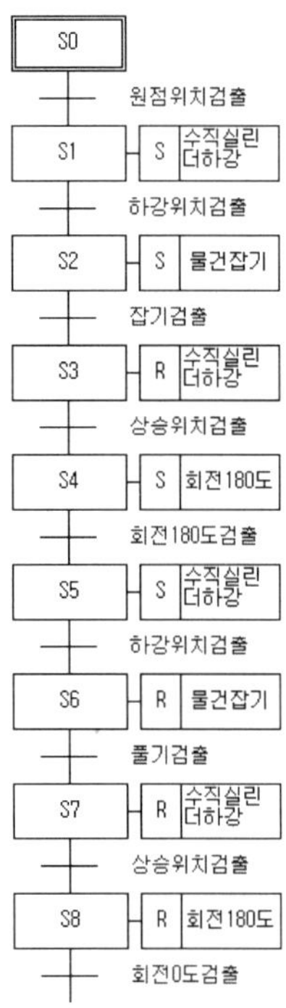

그림 5.3 PTP 로봇 제어 SFC 프로그램 예

도록 한다.

5.3 SFC 구조

5.3.1 스텝(steps)

스텝은 그림 5.4에 제시된 것과 같이 프로그램에서 박스로 표현되며 스텝 이름은 스텝을 구분한다. 모든 SFC 프로그램에는 초기 스텝이라는 특별한 스텝이 있으며 SFC 프로그램을 실행한다는 것은 이 초기 스텝을 활성화시킨다는 것을 의미한다. 초기 스텝은 프로그램이 시작되면 자동적으로 활성 상태로 된다는 점을 제외하고는 다른 스텝들과 동일하며 초기 스텝을 제외한 나머지 스텝들은 초기에 비활성 상태이다.

스텝은 위에 연결된 트랜지션 조건의 값이 1이 되면 활성화되고, 아래에 연결된 트랜지션 조건의 값이 1이 될 때까지 활성 상태를 유지한다. SFC의 스텝에는 액션이 연결되어 있으며, 액션은 제어동작을 수행하는 프로그램으로서 시퀀스 제어의 단위를 나타낸다. 스텝이 활성 상태일 경우 액션은 실행되며, 스텝은 제어를 수행하는 하나의 공정을 나타낸다.

그림 5.4에서 '원점위치검출'의 트랜지션 조건의 값이 1이 되어 스텝 S1이 활성화로 되면 이에 연결된 액션 '수직실린더하강'이 실행된다.

특별한 경우 활성 스텝에 시간 지연을 갖는 액션이 있을 수 있는데, 이때는 스텝이 비활성화된 후에 액션이 시작되는 경우가 있다. 이때의 스텝을 동작 액션을 갖는 비활성 스텝이라고 한다(5.3.4절 액션 제한자 참고).

스텝 이름은 프로그램 작성 시 스텝을 만드는 순서에 따라서 디폴트로 S0, S1, S2 … 등의 이름이 자동으로 부여되나 사용자가 원하는 이름을 부여하여 각 스텝의 공정 특

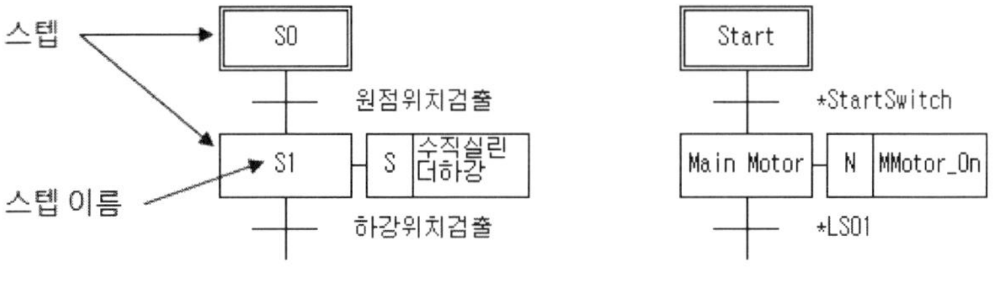

그림 5.4 SFC의 스텝

성을 나타내도록 할 수도 있다.

5.3.2 트랜지션(transitions)

트랜지션은 위의 스텝에 연결된 입력선, 트랜지션 조건, 아래의 스텝에 연결된 출력선 등으로 구성된다. 트랜지션은 하나의 스텝에서 다음 스텝으로 활성 상태를 이동시키는 조건이며, 이러한 트랜지션 조건은 LD 또는 ST로 표현된다.

트랜지션은 조건의 값이 1이 되면 현재의 스텝을 비활성화시키고 다음의 스텝을 활성화시켜 제어의 단계를 다음의 스텝으로 이동시킨다. 즉, 트랜지션의 위에 연결된 모든 선행 스텝이 활성인 상태에서 트랜지션 조건의 값이 1이 되면 아래에 연결된 스텝이 활성화된다.

여기서 트랜지션 조건의 값이 1이 되었다는 것은 LD 또는 ST로 작성된 트랜지션 조건의 출력이 항상 BOOL 형태의 변수로서 그 값이 1인 것을 의미하며, 이 변수의 이름은 모든 트랜지션에서 내부적으로 선언된 변수인 TRANS이다. 즉, 트랜지션 조건에서 변수 TRANS의 값이 1이 되면 현재 스텝은 비활성화되고 다음 스텝은 활성화된다.

트랜지션은 LD와 ST를 이용하여 프로그램을 작성하거나 변수로 나타낼 수 있다. 프로그램으로 작성할 경우 트랜지션 이행 조건은 반드시 출력 변수 TRANS를 사용해야 한다. 이행 조건을 변수로 할 경우 내부적으로 선언된 변수를 사용하거나 직접 변수(주소)를 사용한다.

그림 5.6의 트랜지션 '원점위치검출', '하강위치검출', 액션 '수직실린더하강'이 그림과 같이 작성되었다고 하면 프로그램은 다음과 같이 실행된다.

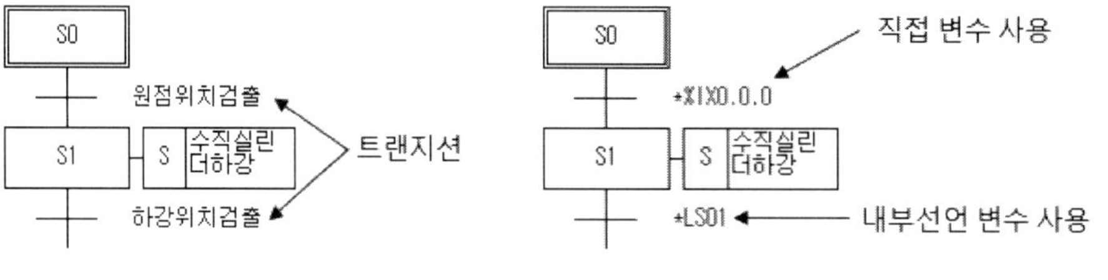

그림 5.5 SFC의 트랜지션

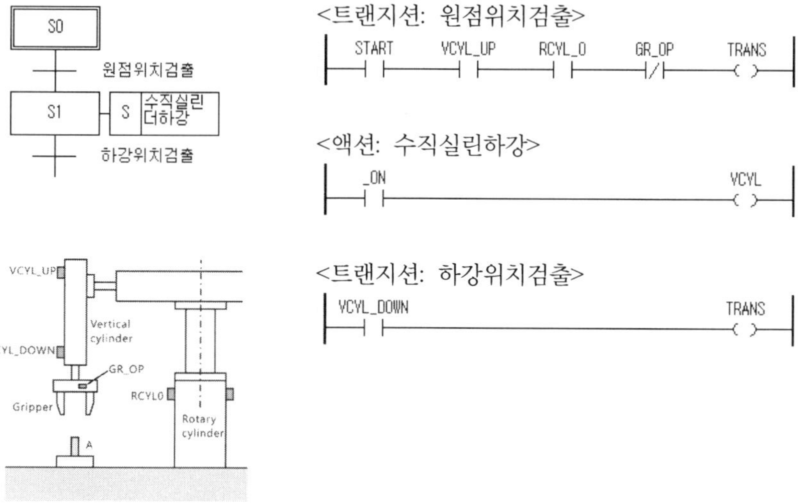

그림 5.6 트랜지션 프로그램 코드의 동작

◉ 프로그램 동작 내용

번호	항목	스텝, 액션, 트랜지션	내용
1	S0	스텝	최초에 활성화되는 스텝(초기 스텝)
2	원점위치검출	트랜지션	시작용 푸시 버튼 스위치(START), 수직 실린더의 상승위치(VCYL_UP), 회전 실린더의 0도 위치(RCYL_0), 그리퍼의 열린 상태(GR_OP) 등을 감지하여 TRANS의 값이 1이면 S0는 비활성화로 S1은 활성화로 된다. 만일 TRANS의 값이 0이면 S0는 계속 활성 상태를 유지한다. * 일반적으로 그리퍼는 1개의 센서를 사용하여 Open과 Close 상태를 나타낸다. 이 예에서는 Open 상태일 때 출력값이 0이므로 b접점을 사용한다.
3	S1	스텝	2에서 TRANS의 값이 1이면 스텝 S1이 활성화로 된다.
4	수직실린더하강 (S)	액션	S1이 활성화로 되면 액션이 실행되고, 수직 실린더를 하강시키기 위한 출력 VCYL이 1이 되어 수직 실린더를 하강하도록 명령을 내린다. VCYL은 수직 실린더 동작용 솔레노이드를 On/Off시키기 위한 출력 변수이다. * 이 예에서는 VCYL이 On이면 복동 실린더가 하강 방향으로 운동한다.
5	하강위치검출	트랜지션	수직 실린더가 하강하여 피스톤 위치가 하강 위치인지의 여부를 변수 VCYL_DOWN의 값으로 판단한다.

5.3.3 액션(actions)

액션은 SFC 프로그램의 명령을 의미하며, LD, SFC, ST 등으로 프로그램된 일련의 명령으로 구성되거나 변수로 나타낼 수 있다. 이러한 액션의 명령문은 해당 스텝이 활성화된 경우 계속 실행된다.

액션 블록은 액션 제한자(action qualifier)를 갖는 액션으로 구성된다. 액션 블록이 없거나(실행되는 명령이 없음) 1개 또는 2개의 액션 블록이 연결된 스텝이 있을 수 있으며, 하나의 스텝에 연결된 모든 액션 블록은 스텝이 활성화되면 실행된다(연결되는 액션 블록의 수는 PLC 기종에 따라 차이가 있음).

액션이 없는 스텝은 대기 액션(또는 더미 액션)으로 간주되며 다음의 트랜지션 조건이 1이 될 때까지 대기 상태로 된다.

스텝이 비활성화로 될 때 액션의 모든 출력 접점은 0으로 된다(※ 해당 액션을 프로그램할 때 포스트 스캔을 하도록 체크할 경우에 해당한다). 단 Set, Reset, 펑션, 펑션 블록 출력 등은 비활성화되기 전의 상태를 유지한다.

그림 5.7은 액션의 실행 예를 나타낸다. ACTION1은 액션 제한자가 N이므로 스텝 S1이 활성화된 경우만 실행된다. S1이 비활성화되면 출력 코일인 '솔레노이드1'의 값은 0으로 된다. 그러나 ACTION2는 액션 제한자가 S이므로 S1이 비활성화되더라도 출력 코일인 '솔레노이드2'의 값은 1을 유지한다. 이후에 스텝 S5가 활성화되어 액션 제한자가 R인 ACTION2가 실행되면 '솔레노이드2'의 값은 0으로 된다(※ 액션 제한자가 S인 ACTION2와

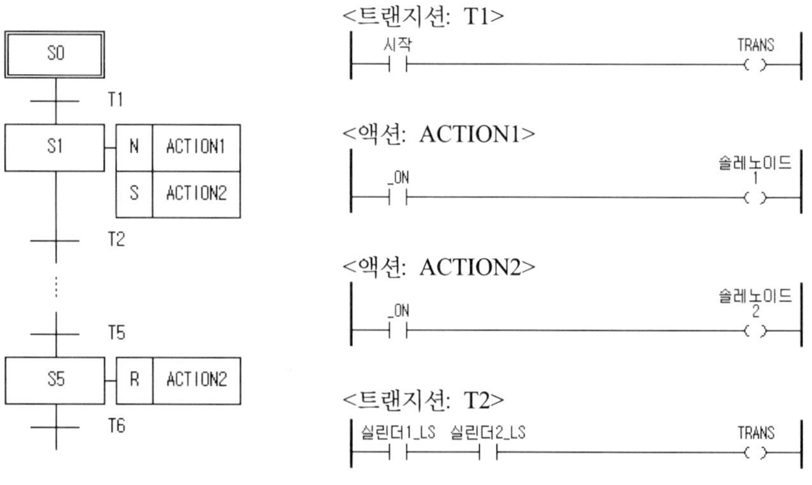

그림 5.7 액션의 실행

액션 제한자가 R인 ACTION2는 프로그램은 동일하고 제한자 종류만 다르다).

5.3.4 액션 제한자(action qualifiers)

액션 제한자는 액션이 실행되는 방법을 정의한다. 즉, 액션에 지정된 제한자에 따라서 액션의 실행 시점과 실행 시간이 결정된다. 하나의 액션에는 하나의 제한자가 지정된다. 스텝이 활성화되면 스텝에 연결된 액션은 액션 제한자의 특성에 따라 실행된다.

그림 5.8과 같은 SFC 프로그램에 대해서 액션 제한자의 종류에 따른 액션의 실행 특성이 표 5.1에 제시되어 있다. 그림 5.8에서 스텝 S1에 제한자 Q1을 갖는 액션 ACT1이 연결되어 있으며, 스텝 SN에 제한자 Q2를 갖는 액션 ACT1이 연결되어 있다.

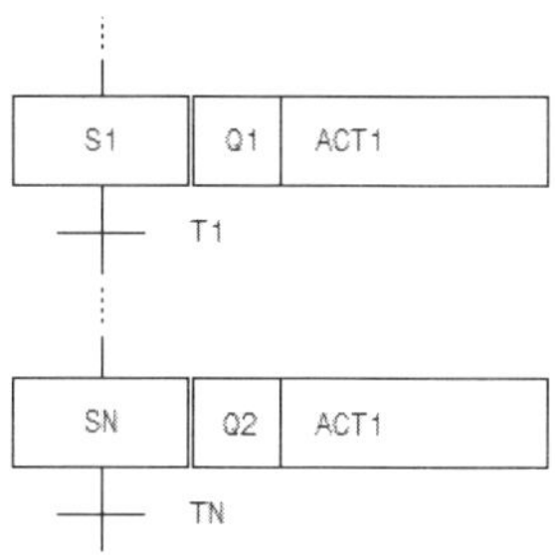

그림 5.8 SFC 프로그램 예

표 5.1 액션 제한자에 따른 액션의 실행

<table>
<tr><th>No</th><th>제한자1
(Q1)</th><th>제한자2
(Q2)</th><th>액션 동작 타임 차트</th></tr>
<tr><td>1</td><td>N
(Non－stored)</td><td></td><td>스텝이 활성화된 동안만 액션이 실행된다.
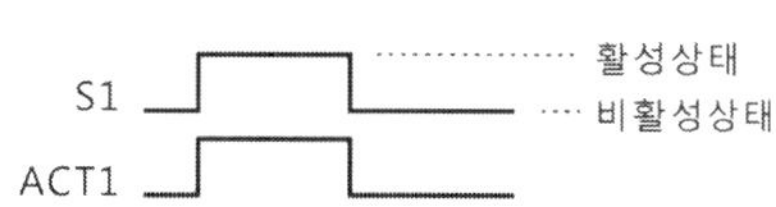
</td></tr>
<tr><td>2</td><td>S
(Set)</td><td>R</td><td>스텝이 활성화되면 액션이 실행되며, 스텝이 비활성화 되더라도 액션의 실행은 계속된다. 그러나 이후에 액션 제한자가 R인 동일한 액션이 실행되면 액션의 실행은 정지된다.
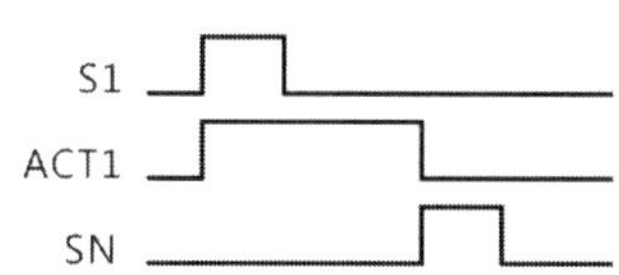
</td></tr>
</table>

표 5.1 (계속)

No	제한자1 (Q1)	제한자2 (Q2)	액션 동작 타임 차트
3	L (Time limited)		스텝이 활성화된 후 제한자 L은 설정된 시간 동안 또는 스텝이 비활성화될 때까지 액션을 실행시킨다. 설정시간 =T 
4	P (Pulse)		스텝이 활성화되었을 때 액션은 1회(1스캔) 실행된다. 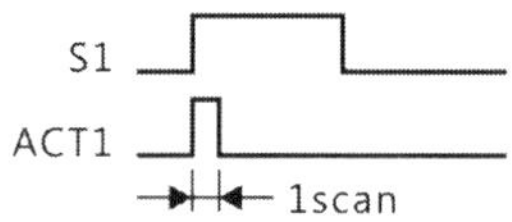
5	D (Time delayed)		스텝이 활성화된 후 제한자 D는 설정된 시간이 경과된 후부터 액션을 실행시킨다. 설정 시간 경과 전에 스텝이 비활성화되면 액션은 실행되지 않는다. 설정시간=T 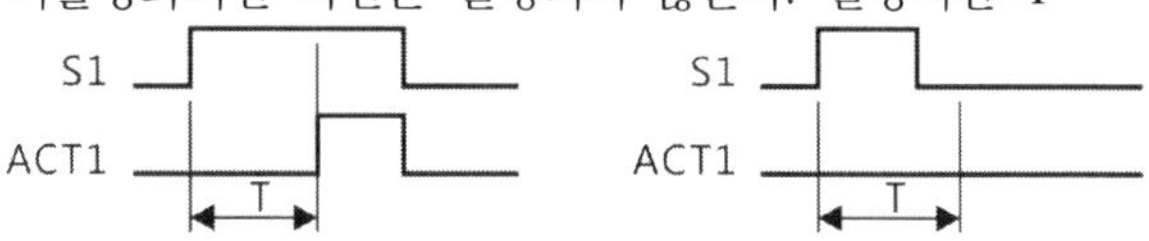
6	SD (Stored and time delayed)	R	스텝이 활성화된 후 제한자 SD는 설정된 시간이 경과된 후부터 액션을 실행시키며, 액션 제한자가 R인 동일한 액션이 실행되면 액션의 실행은 정지된다. (※ 제한자 D와는 다르게 SD는 스텝이 비활성화 되더라도 액션의 실행을 계속시킨다.) 단, 설정된 시간이 경과하기 전에 제한자가 R인 동일한 액션이 실행되면 액션은 실행되지 않는다. 설정시간=T 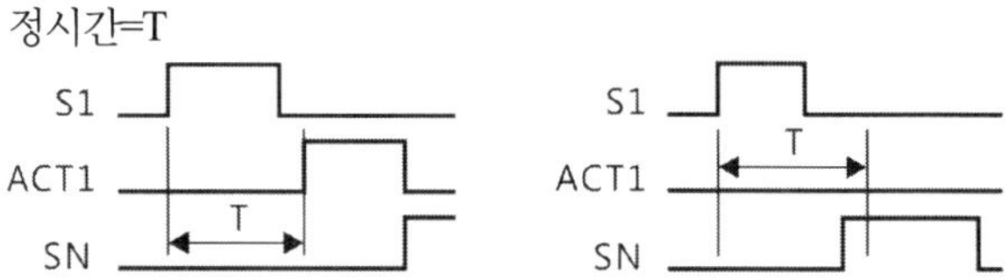
7	DS (Delayed and stored)	R	스텝이 활성화된 후 제한자 DS는 설정된 시간이 경과된 후부터 액션을 실행시키며, 액션 제한자가 R인 동일한 액션이 실행되면 액션의 실행은 정지된다. 단, 설정된 시간이 경과하기 전에 스텝이 비활성화되거나 제한자가 R인 동일한 액션이 실행되면 액션은 실행되지 않는다. 설정시간=T 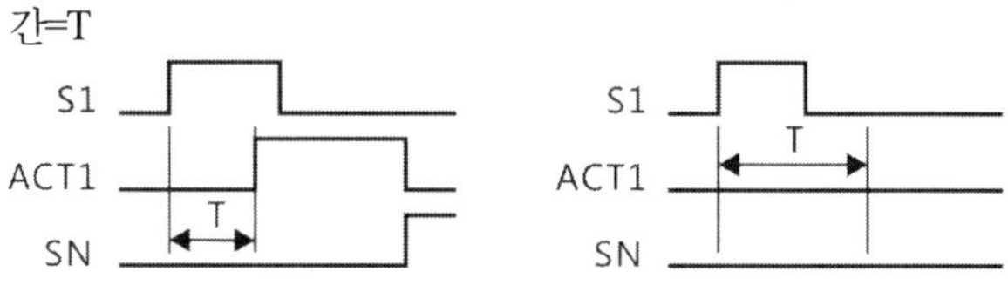

표 5.1 (계속)

No	제한자1 (Q1)	제한자2 (Q2)	액션 동작 타임 차트
8	SL (Stored and time limited)	R	스텝이 활성화된 후 제한자 SL은 설정된 시간 동안 또는 액션 제한자가 R인 동일한 액션이 실행될 때까지 액션을 실행시킨다. 설정시간=T 
9	R (Overriding reset)	R	앞서 실행 중인 S, SD, DS, SL의 제한자를 갖는 액션의 실행을 중지시킨다.

예제 5.1

그림 5.7에 설명된 프로그램 예에 대하여 타임 차트를 작성하라. 타임 차트로 나타낼 항목들은 S0, TRANS(T1), S1, 솔레노이드1, 솔레노이드2, TRANS(T2), TRANS(T5), S5, TRANS(T6)이다.

풀이 다음과 같이 타임 차트를 작성할 수 있다. 여기서 스텝에 대한 값은 활성 상태, 비활성 상태를 의미하며 기타 변수들의 값은 1(On), 0(Off)을 의미한다.

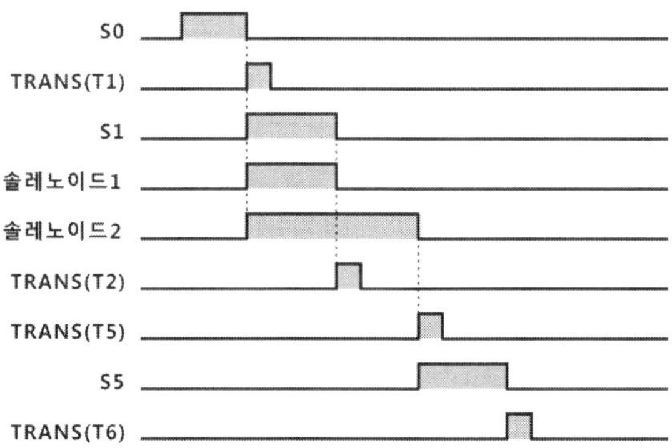

그림 5.9 타임 차트

■

예제 5.2

지금까지 언급된 스텝, 트랜지션, 액션 등에 대한 사항들을 기초로 그림 5.3의 프로그램 동작을 설명하라.

풀이 프로그램 동작을 설명하면 다음과 같다.

번호	항목	스텝, 액션, 트랜지션	내용
1	S0	스텝	최초에 활성화되는 스텝
2	원점위치검출	트랜지션	PTP 로봇의 초기상태 위치를 검출하고, 결과가 참이면 스텝 S0를 비활성화하고 다음 스텝 S2를 활성화한다.
3	S1	스텝	스텝 S1이가 활성화되면 이에 연결된 액션 "수직실린더하강"이 실행된다.
4	수직실린더하강 (S)	액션	수직 실린더를 하강하도록 명령을 내린다. 액션 제한자가 S(set)로 지정되어 있어 액션 제한자가 R(reset)인 액션이 이후에 나올 때까지 계속 출력값을 유지한다.(하강위치를 유지)
5	하강위치검출	트랜지션	수직 실린더가 하강하여 하강위치에 도착했음을 검출하고, 검출결과가 참이면 현재의 스텝 S1을 비활성화하고 다음의 스텝 S2를 활성화한다.
6	물건잡기 (S)	액션	Gripper에 명령을 주어 물건을 잡는다. 액션 제한자가 S(set)로 지정되어 있으므로 액션 제한자가 R(reset)인 액션이 이후에 나올 때까지 계속 출력값을 유지한다.(물건을 잡는 동작을 유지)
7	잡기검출	트랜지션	Gripper가 물건을 잡고 있음을 검출하고, 검출결과가 참이면 현재의 스텝 S3를 비활성화하고 다음의 스텝 S4를 활성화한다.
8	수직실린더하강 (R)	액션	4에서 Set으로 지정된 액션을 Reset한다. 즉, 수직 실린더를 하강시키는 명령이 제거되어 다시 원위치로 상승한다.(단동 실린더를 사용한다고 가정)
9	상승위치검출	트랜지션	수직 실린더가 상승하여 상승위치에 도착했음을 검출하고, 검출결과가 참이면 현재의 스텝 S3를 비활성화하고 다음의 스텝 S4를 활성화한다.
10	회전180도 (S)	액션	회전 실린더를 180° 회전하도록 명령을 내린다. 액션 제한자가 S(set)로 지정되어 있어 액션 제한자가 R(reset)인 액션이 이후에 나올 때까지 계속 출력값을 유지한다.(180° 회전위치를 유지)
11	회전180도검출	트랜지션	회전 실린더가 180° 회전했음을 검출하고, 검출결과가 참이면 현재의 스텝 S4를 비활성화하고 다음의 스텝 S5를 활성화한다.
12	수직실린더하강 (S)	액션	4와 동일
13	하강위치검출	트랜지션	5와 동일

번호	항목	스텝, 액션, 트랜지션	내용
14	물건잡기 (R)	액션	6에서 Set으로 지정된 액션을 Reset한다. 즉, Gripper에 의한 물건 잡기 명령이 제거되어 물건을 풀어 놓는다. (단동 실린더를 사용한다고 가정)
15	풀기검출	트랜지션	Gripper가 물건을 풀었음을 검출하고, 검출결과가 참이면 현재의 스텝 S6를 비활성화하고 다음의 스텝 S7을 활성화한다.
16	수직실린더하강 (R)	액션	8과 동일
17	상승위치검출	트랜지션	9와 동일
18	회전180도 (R)	액션	10에서 Set으로 지정된 액션을 Reset한다. 즉, 회전 실린더를 0° 위치로 되돌아가도록 출력된 명령을 제거한다.
19	회전0도검출	트랜지션	회전 실린더가 0° 회전했음을 검출한다. 검출결과에 따라서 취해야 할 동작을 제어 프로그램의 목적에 맞게 작성한다.(예로 참이면 프로그램을 종료 또는 초기상태의 스텝 S0로 이동 등)

■

PTP 로봇 제어의 예에서 살펴본 바와 같이 SFC 프로그램에서의 스텝은 각 공정을 나타내며, 각 공정을 수행하는 제어 프로그램은 해당 스텝에 연결된 액션에 의해서 실행된다. 그리고 다음 공정으로 넘어가기 위해서는 특정한 조건을 만족해야 하는데, 이는 액션이 실행되어 얻어진 결과가 다음 공정을 수행하기 위해 충분한가의 여부를 판단하는 것이다. 이러한 판단을 수행하는 것을 트랜지션이라고 하며, 조건을 체크하여 참인지 거짓인지를 판단하는 과정으로 이루어진다.

이러한 트랜지션의 결과에 따라서 프로그램은 하나의 스텝에서 다음 스텝으로 이동하면서 제어를 실행한다. 이러한 동작 특성 때문에 SFC는 그림 5.2의 예와 같이 순차적으로 처리되는 공정들을 제어하는 데 적합한 프로그램 언어이다.

5.4 전개규칙

5.4.1 직렬연결

2개의 스텝은 직접 연결되지 않고 항상 트랜지션에 의해 분리된다. 그리고 2개의 트랜지션 또한 직접 연결되지 않고 항상 스텝에 의해 분리된다. 직렬로 연결되어 있는 스텝 사이의 트랜지션 조건이 1이 되면 위에 연결된 스텝은 비활성화되고 아래에 연결된 하위 스텝이 활성화된다.

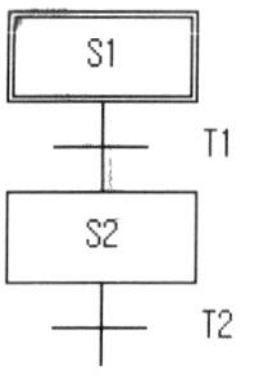

그림 5.10 직렬연결의 예

5.4.2 선택분기

선택분기는 현재 스텝이 활성화되어 있는 상태에서 아래에 연결된 2개 이상의 트랜지션 중 트랜지션 조건이 1인 곳에 연결된 스텝을 활성화시킨다. 따라서 여러 개의 트랜지션 중 가장 먼저 트랜지션 조건이 1이 된 곳의 스텝이 활성화되어 이에 연결된 액션만 실행되고 나머지 다른 스텝에 연결된 액션은 실행되지 않는다.

그림 5.11은 선택분기의 예를 제시하고 있다. T1의 트랜지션 조건이 1이 되었을 때 S1→S2→S3의 순서로 활성화 상태가 진행되고, T4의 트랜지션 조건이 1이 되었을 때 S1→S4→S3의 순서로 활성화 상태가 진행되며, T5의 트랜지션 조건이 1이 되었을 때 S1→S5→S3의 순서로 활성화 상태가 진행된다.

트랜지션 조건들이 동시에 1이 되었을 경우, 가장 왼쪽에 있는 트랜지션에 연결된 스텝이 활성화된다. T1, T4의 트랜지션 조건이 동시에 1이 되었을 경우 S1→S2→S3의 순

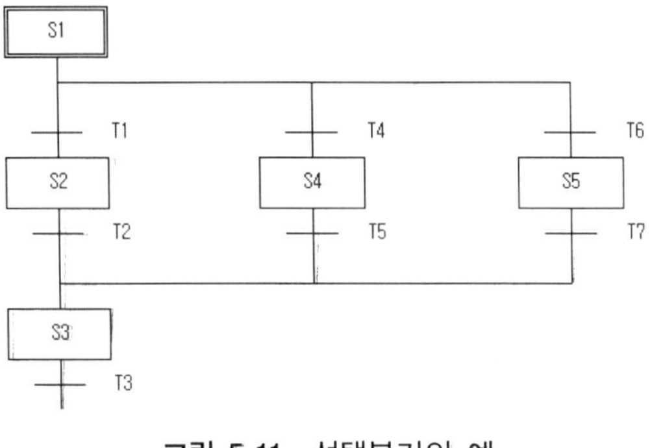

그림 5.11 선택분기의 예

서로 활성화 상태가 진행되며, T4, T6의 트랜지션 조건이 동시에 1이 되었을 경우 S1 →S4→S3의 순서로 활성화 상태가 진행된다.

5.4.3 병렬분기

병렬분기로 연결되어 있는 경우, 활성화된 스텝 다음에 연결되어 있는 트랜지션의 조건이 1이 되면 이 트랜지션 아래에 연결되어 있는 모든 스텝들이 동시에 활성화 상태가 된다. 병렬분기된 스텝들이 합쳐질 경우 각 분기의 마지막 스텝들이 모두 활성화된 상태에서 트랜지션 조건이 1이 되면 다음에 연결된 스텝이 활성화 상태가 된다. 따라서 병렬분기에 의해 두 가지 이상의 동작이 동시에 진행될 수 있다.

그림 5.12는 병렬분기의 예를 제시하고 있다. S1이 활성화된 상태에서 T1의 트랜지션 조건이 1이 되면 S2, S6, S8이 동시에 활성화되고 S1은 비활성화된다. 프로그램이 계속 진행되어 S4, S7, S8이 동시에 활성화된 상태에서 T4의 트랜지션 조건이 1이 되면 S5가 활성화되고 S4, S7, S8은 비활성화 상태가 된다.

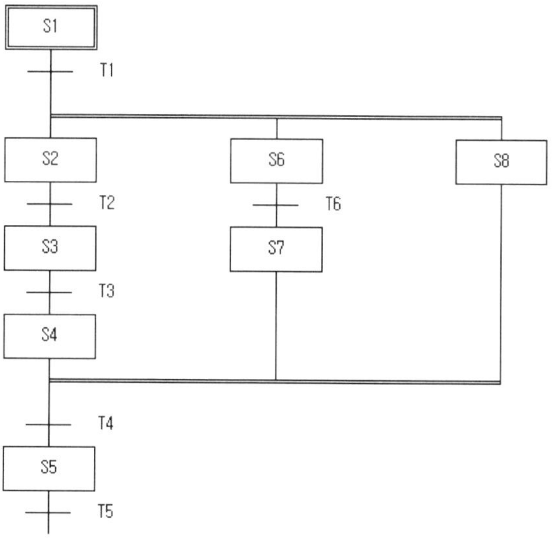

그림 5.12 병렬분기의 예

5.4.4 점프

점프는 프로그램의 실행을 다른 위치에 있는 스텝으로 이동시키는 데 사용된다. 점프는 트랜지션 바로 다음 위치에서 시작되며 점프되는 스텝 바로 앞으로 들어간다.

점프는 SFC 프로그램 끝 또는 선택분기 끝에만 올 수 있다. 병렬분기 안으로 또는 밖으로 점프할 수는 없으나 병렬분기 안에서의 점프는 할 수 있다. SFC의 마지막 스텝이 활성화 상태로 된 후 다음에 연결된 트랜지션의 조건이 1이 되면 프로그램의 실행 단계는 자동적으로 SFC의 초기 스텝으로 점프되며 초기 스텝은 활성화된다.

그림 5.13은 점프에 의한 프로그램 실행 순서의 예를 제시하고 있다.

(a)는 S3가 활성화된 상태에서 T3의 조건이 1이 되면 현재 스텝 S3는 비활성화되고 초기 스텝 S1이 활성화되는 것을 나타낸다.

(b)는 S4가 활성화된 상태에서 T6의 조건이 1이 되면 레이블 JUMP1으로 점프하여 현재 스텝 S4는 비활성화되고 S2가 활성화된다. 만일 S2 다음에 T2의 조건이 1이 되어 S3가 활성화되고 T3의 조건이 1이 되면 당연히 다음 단계로 S5가 활성화된다. 따라서 프로그램 실행 순서로 볼 때 S5가 활성화된 다음 S4가 활성화될 수는 없다.

(c)는 S5가 활성화된 상태에서 T6의 조건이 1이 되면 레이블 JUMP2로 점프한다. 즉 S5는 비활성화되고 S2가 활성화된다.

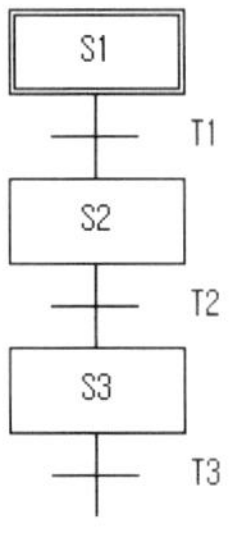

(a) T3의 조건이 1이 되면 S1이 활성화된다.

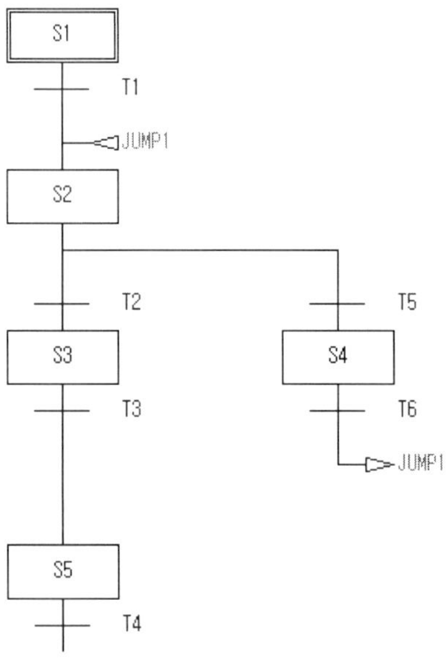

(b) S4 다음에 S2가 활성화된다.

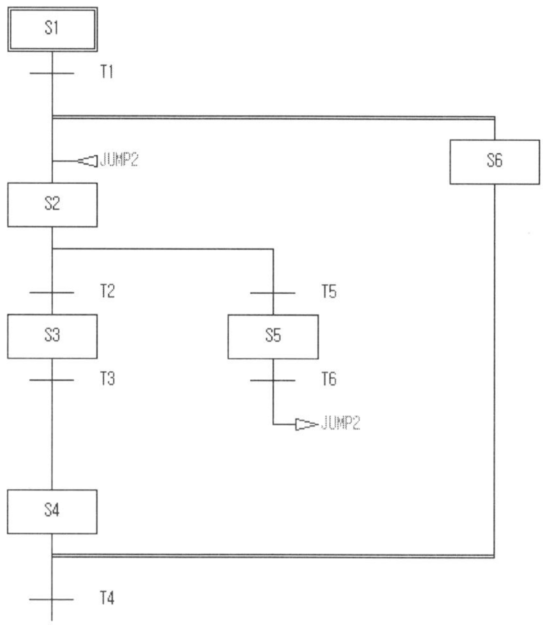

(c) T6의 조건이 1이 되면 S2가 활성화된다.

그림 5.13 점프에 의한 프로그램의 실행

5.5 SFC에 의한 프로그램 작성

5.5.1 2개 램프의 On/Off 제어

2개의 램프를 순차적으로 제어하는 프로그램을 작성한다. 램프는 적색, 녹색의 두 종류이며 다음과 같이 제어가 실행된다.

(1) 프로그램이 시작되면 적색 램프 RL은 Off가 되고, 녹색 램프 GL도 Off가 된다.
(2) 스위치 PB0가 On이 되면 RL은 On이 된다.
(3) 스위치 PB1이 On이 되면 RL은 Off가 되고, GL은 On이 된다.
(4) 스위치 PB2가 On이 되면 GL은 1초 주기로 On/Off를 반복한다.
(5) 스위치 PB3가 On이 되면 GL은 Off가 되고, 초기 스텝 S0로 복귀한다.

입 · 출력 할당표

입 · 출력	주 소	변수 명	용 도
입력	%IX0.0.0	PB0	트랜지션 조건용 스위치
입력	%IX0.0.1	PB1	트랜지션 조건용 스위치
입력	%IX0.0.2	PB2	트랜지션 조건용 스위치
입력	%IX0.0.3	PB3	트랜지션 조건용 스위치
출력	%QX0.2.0	RL	적색 파일럿 램프
출력	%QX0.2.1	GL	녹색 파일럿 램프

SFC 프로그램

그림 5.14(a)와 같이 프로그램을 작성한다. 액션 RL_ON, GL_ON, GL_ON_OFF를 작성할 때 액션 등록 정보에서 포스트 스캔(P)을 체크하고 제한자는 N(Non stored)을 선택한다.

액션 프로그램 코드에서 사용된 _ON과 _T1S는 플래그이며 그림 5.14(b)에 프로그램 실행에 따른 타임 차트가 제시되어 있다.

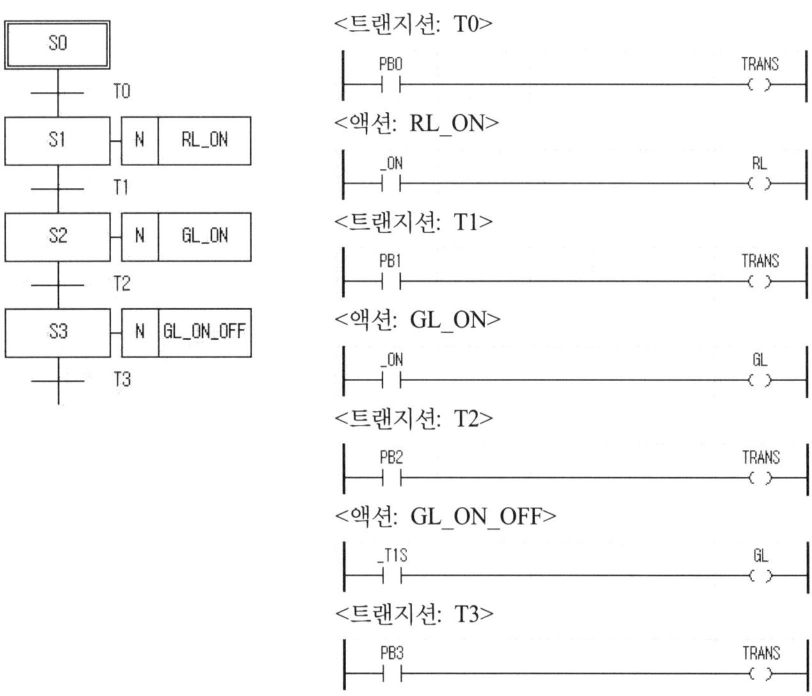

(a) 제어 프로그램

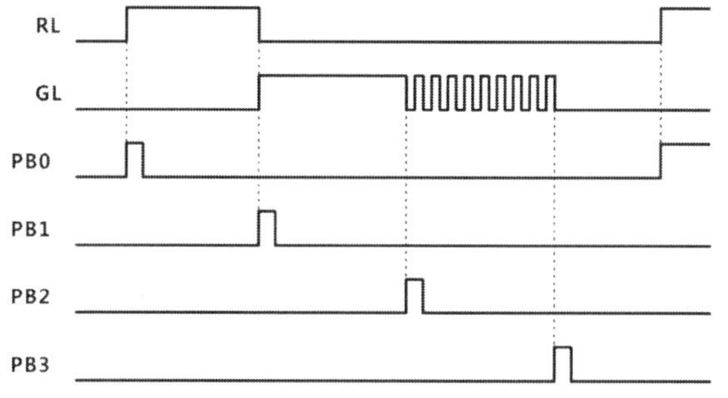

(b) 타임 차트

그림 5.14 램프 On/Off 제어 프로그램

예제 5.3

그림 5.14에 설명된 프로그램 예에 대하여 트랜지션 T0, T1, T2, T3를 LD 프로그램이 아닌 변수를 이용하여 트랜지션 프로그램을 작성하라. 이때 사용하는 변수는 PB0, PB1, PB2, PB3로 한다. 트랜지션으로서 각각의 변수를 입력할 때 트랜지션 등록정보 대화상자에서 구분을 변수(V)로 체크한다. 각각에 대한 주소는 그림 5.14의 경우와 같다.

풀이 다음과 같이 프로그램을 작성할 수 있다. 각각의 트랜지션 변수 이름 앞에는 자동으로 * 표시가 붙는다. 변수 이름 대신 %IX0.0.0 등과 같은 주소를 트랜지션 변수로 직접 입력할 수도 있다.

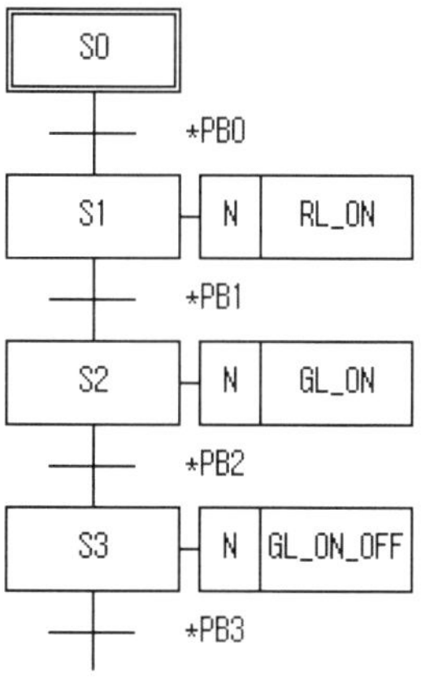

그림 5.15 트랜지션으로 변수를 사용

■

5.5.2 3개 램프 제어

Set와 Reset에 의해 동작하는 램프 제어 프로그램을 작성한다.

(1) 프로그램이 시작된 후 트랜지션 변수 %IX0.0.0이 On이 되면 램프 PL0는 On이 된다.

(2) %IX0.0.1이 On이 되면 램프 PL0는 On인 상태를 유지하고, 램프 PL1과 램프 PL2는 On이 된다. 이와 동시에 설정 시간 5초의 On-Delay 타이머가 시작된다.

(3) 스텝 S2가 활성화된 후 5초가 경과된 후에 트랜지션 Trans1의 이행 조건이 만족되면 스텝 S3가 활성화된다. 이때 PL0와 PL1은 On인 상태를 유지하고 램프 PL2는 Off가 된다.

(4) %IX0.0.2가 On이 되면 램프 PL0와 PL1은 Off가 된다.

(5) %IX0.0.3이 On이 되면 초기 스텝 S0로 복귀한다.

입 · 출력 할당표

입 · 출력	주 소	변수 명	용 도
입력	%IX0.0.0	–	트랜지션 변수
입력	%IX0.0.1	–	트랜지션 변수
입력	%IX0.0.2	–	트랜지션 변수
입력	%IX0.0.3	–	트랜지션 변수
출력	%QX0.1.0	PL0	파일럿 램프
출력	%QX0.2.1	PL1	파일럿 램프
출력	%QX0.2.2	PL2	파일럿 램프

SFC 프로그램

그림 5.16(a)와 같이 프로그램을 작성한다. 액션 *PL0, *PL1, *PL2를 작성할 때 액션 등록 정보에서 변수를 선택한다.

그림 5.16(b)에 프로그램 실행에 따른 타임 차트가 제시되어 있다. 액션 제한자가 S인 액션과 N인 액션의 출력 접점의 실행 결과의 차이점에 대해 살펴본다. 또한 트랜지션 Trans1이 어떻게 동작하는지에 대해서도 살펴본다.

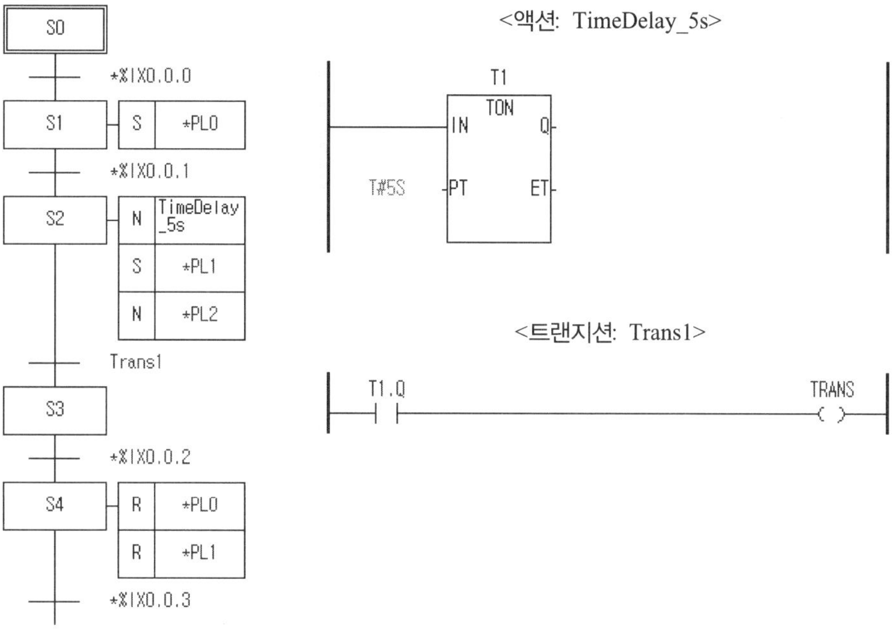

(a) 제어 프로그램

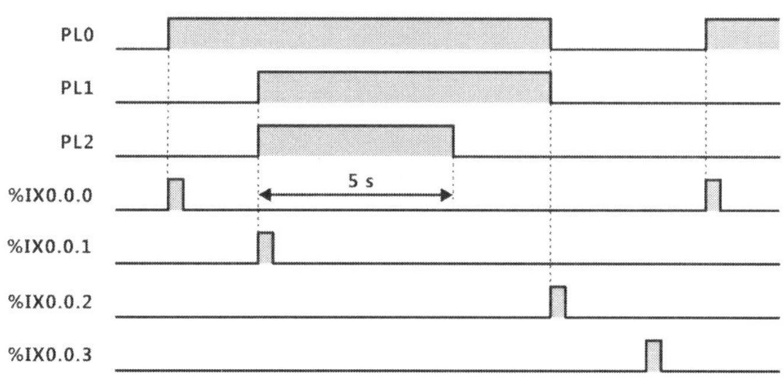

(b) 램프 제어 타임 차트

그림 5.16 램프 제어 프로그램

예제 5.4

그림 5.16(a)에서 스텝 S1의 액션 *PL0가 실행되면 2초 후에 PL0가 On이 되도록 액션 제한자를 변경하여 프로그램을 작성하라.

풀이 그림 5.17과 같이 스텝 S1의 액션 PL0를 등록할 때 제한자로 SD를 사용하고 시간은 T#2S로 설정한다. 프로그램이 실행이 되고 난 후 %IX0.0.0의 값이 1이 되고 나서 2초가 경과된 다음 PL0가 On이 된다.

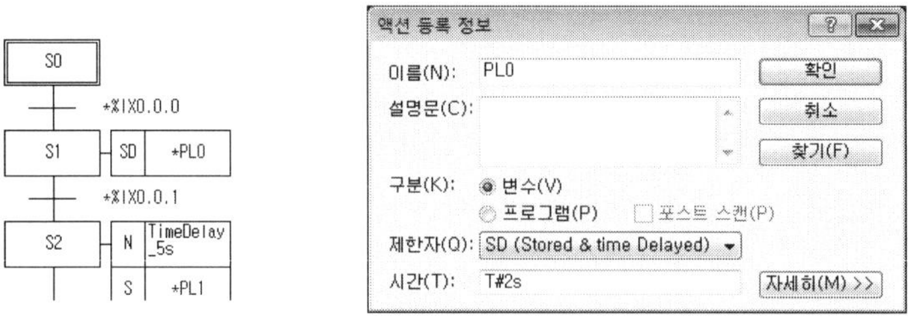

그림 5.17 램프 제어 프로그램

5.5.3 가공 제어

그림 5.18과 같이 공작물을 절단 바이트로 가공하는 선반의 가공 제어를 고려한다. 시작 버튼을 누르면 절단 바이트가 이송되어 공작물을 절단 가공하고 난 후 원래의 위치로 복귀하는 공정이다.

(1) 가공 시작 스위치인 '시작'이 On이고 실린더 후진 위치 검출 리드 스위치인 '후진 LS'가 On이면 가공 공정이 시작된다.

※ 실린더의 위치 검출에 가장 많이 사용되는 센서는 리드 스위치(reed switch)이며 실린더 오토 스위치라고도 한다.

(2) 선반의 주축이 회전을 시작하고 2초 후 툴홀더가 전진 방향으로 이동한다. 툴홀더의 전진과 후진은 복동 실린더를 이용하며, 실린더는 솔레노이드 밸브를 조작하여 전진, 후진 동작을 하도록 한다. 솔레노이드 밸브의 조작은 PLC의 출력을 이용해

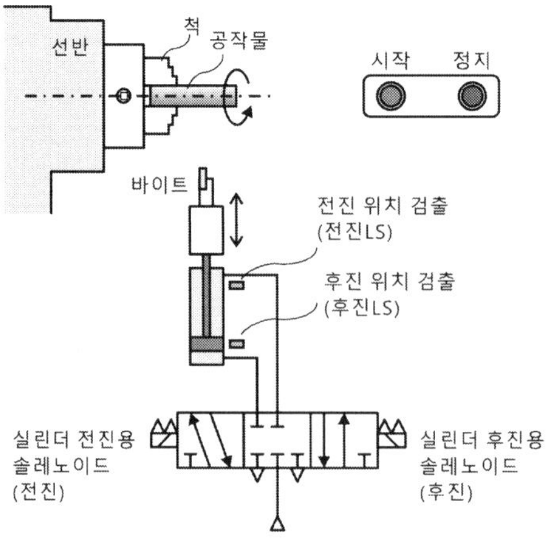

그림 5.18 선반 가공 제어

솔레노이드를 동작시킨다.

(3) 툴홀더가 전진 위치에 도달하면(전진 리드 스위치로 체크) 2초 동안 정지한 후 후진 방향으로 후진한다.

(4) 툴홀더가 후진 위치에 도달하면(후진 리드 스위치로 체크), 툴홀더의 이송은 정지되고 주축의 회전은 정지된다.

(5) 프로그램 동작 중 정지 버튼을 눌러 On이 되면 초기 상태로 복귀한다(툴홀더는 후진 위치, 주축의 회전은 정지).

입 · 출력 할당표

입 · 출력	주 소	변수 명	용 도
입력	%IX0.0.0	시작	가공 시작 스위치
입력	%IX0.0.1	정지	가공 정지 스위치
입력	%IX0.0.2	전진LS	실린더 전진 위치 검출 리드 스위치
입력	%IX0.0.3	후진LS	실린더 후진 위치 검출 리드 스위치
출력	%QX0.2.0	모터	주축 회전 모터
출력	%QX0.2.1	전진	툴홀더 전진용 실린더를 구동하기 위한 솔레노이드
출력	%QX0.2.2	후진	툴홀더 후진용 실린더를 구동하기 위한 솔레노이드

SFC 프로그램

트랜지션 '가공시작'은 '시작'과 '후진LS'의 값이 1이고 '정지'의 값이 0일 경우 TRANS의 값이 1이 되어 스텝 S1과 S3가 활성화된다. S3의 액션에 의해 '모터'가 1이 되고, 툴홀더 전진용 실린더의 솔레노이드인 '전진'은 액션 제한자 SD에 의해 2초 후에 그 값이 1이 된다. '전진'의 값이 1이 되면 실린더를 전진시키기 위한 솔레노이드에 전류가 공급되어 실린더는 전진하게 되며 이에 따라서 툴홀더는 전진 위치로 이동한다.

트랜지션 '전진위치'는 툴홀더의 위치가 전진 위치에 있는지를 '전진LS'를 이용해 체크하는데, 전진 위치에 있을 경우 '전진LS'의 값이 1이므로, 현재 스텝 S1은 비활성화되고 다음 스텝 S2가 활성화된다.

스텝 S2가 활성화되면, '전진'은 리셋되어 그 값이 0이 되고, '후진'은 액션 제한자 D에 의해 2초 후에 그 값이 1이 된다. '후진'의 값이 1이 되면 실린더를 후진시키기 위한 솔레노이드에 전류가 공급되어 실린더는 후진하게 되며 이에 따라서 툴홀더는 후진 위치로 이동한다.

트랜지션 '후진위치'에서 툴홀더의 위치가 후진 위치로 이동되어 '후진LS'의 값이 1이 되면, 스텝 S2와 S3는 비활성화되고 다음 스텝 S4가 활성화된다. S4는 액션 블록이 없으므로 특별한 실행 동작은 없다.

트랜지션 '가공완료'의 TRANS는 '모터'와 '후진'의 값이 0이고 '후진LS'의 값이 1이면 현재의 스텝 S4를 비활성화시키고 초기 스텝 S0를 활성화시킨다.

만일 제어 진행 중에 '정지' 버튼을 누르면 모터는 즉시 Off되고 툴홀더 후진용 솔레노이드가 On이 되어 후진 위치로 복귀하여 초기 상태로 된다. 이는 각 트랜지션 프로그램 중에 변수 '정지'를 이용하여 프로그램이 작성되어 있음으로부터 알 수 있다. 이와 같이 동작하는 프로그램이 그림 5.19에 제시되어 있다.

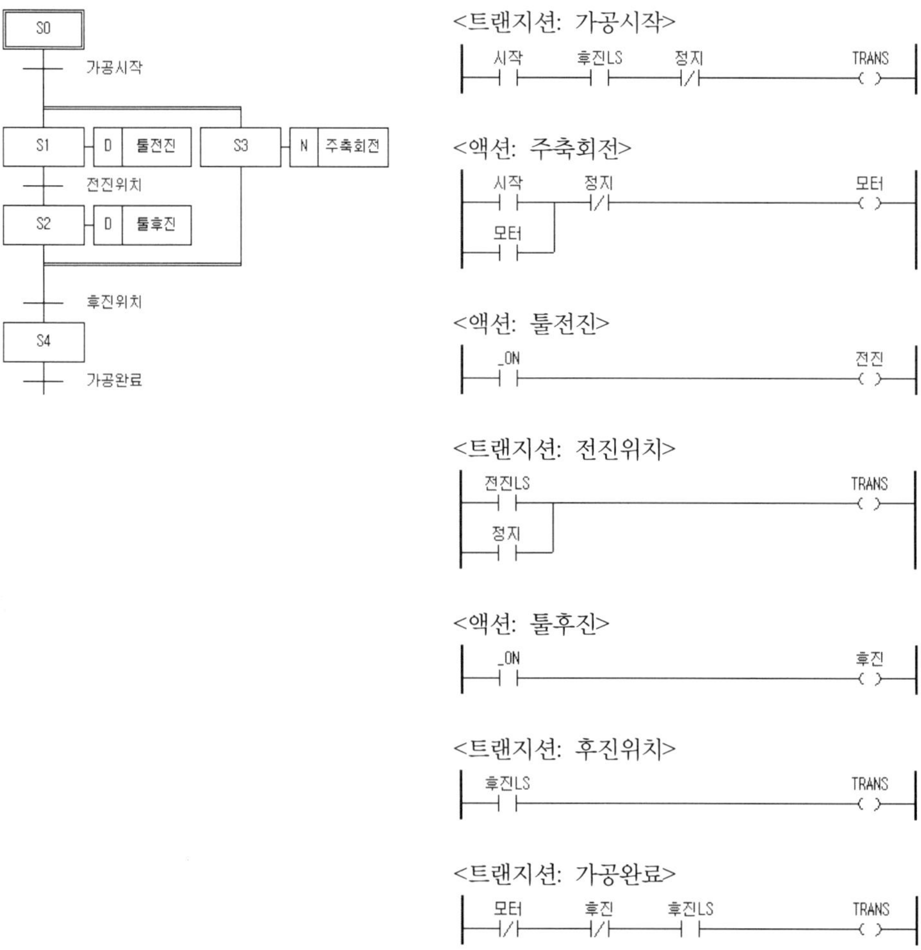

그림 5.19 가공 제어 프로그램

예제 5.5

그림 5.19의 프로그램에 대하여 시작, 전진LS, 후진LS, 모터, 전진, 후진에 대한 타임 차트를 작성하라.

풀이 타임 차트를 작성하면 다음과 같다.

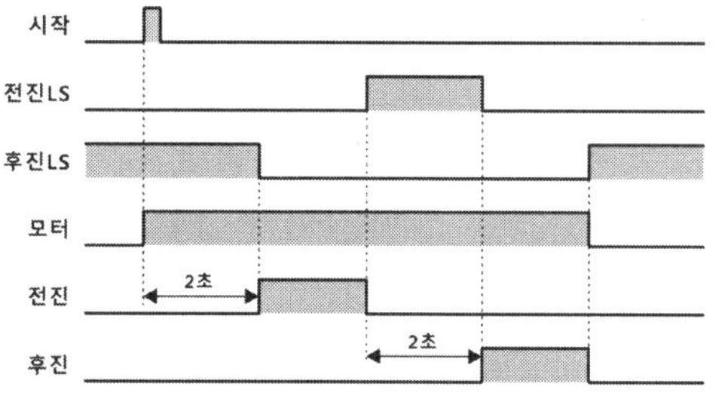

그림 5.20 선반 가공 제어 타임 차트

■

예제 5.6

만일 그림 5.19에서 제시된 프로그램에서 액션 '툴전진'과 '툴후진'에서 사용된 액션 제한자인 D를 사용하지 않고 펑션 블록 On-Delay 타이머인 TON을 사용하여 시간 지연을 주고자 할 경우 액션 '툴전진'과 '툴후진'에 대한 프로그램을 작성하라.

풀이 액션 '툴전진'과 '툴후진'의 액션 제한자를 N으로 하고 각각의 액션에 대해 그림 5.21과 같이 타이머 TON을 이용하여 프로그램을 작성한다.

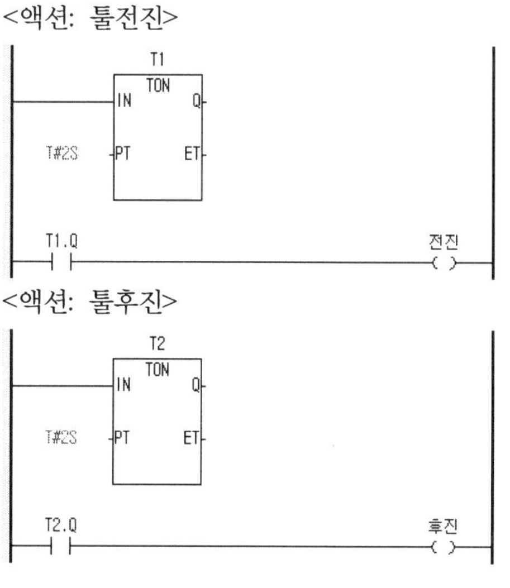

그림 5.21 선반 가공 제어 프로그램(프로그램 변경)

■

예제 5.7

3개의 스위치 PB1, PB2, PB3가 있다. PB1을 누르면 파일럿 램프 PL1이 On되고 PB2, PB3에 대해서는 각각 PL2와 PL3가 On된다. 일단 PB1을 눌러 파일럿 램프 PL1이 On되면 다른 스위치를 누르더라도 PL2와 PL3는 On이 되지 않는다. 그리고 스위치 PB4를 On하면 현재 On되어 있는 파일럿 램프는 Off된다. 이와 같이 동작하는 프로그램을 선택분기를 사용하여 작성하라.

풀이 그림과 같이 선택분기를 사용하여 프로그램을 작성한다. PB4를 On하여 트랜지션 T5의 결과가 참이 되면 스텝 S0로 되돌아온다. 각각의 트랜지션과 액션에 대한 프로그램은 다음과 같다.

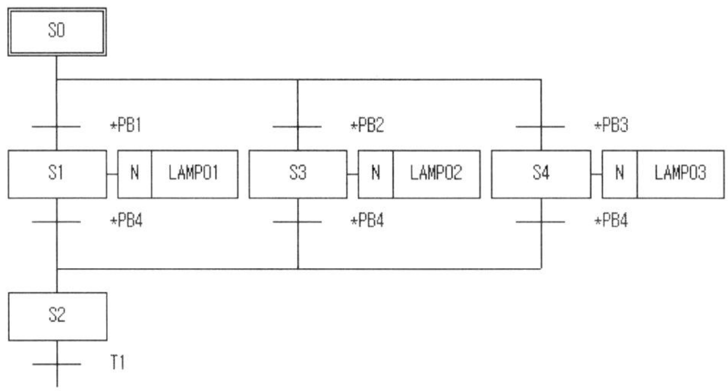

액션/트랜지션	프로그램/변수
*PB1	PB1, %IX0.0.1
*PB2	PB2, %IX0.0.2
*PB3	PB3, %IX0.0.3
*PB4	PB4, %IX0.0.4
LAMP01	_ON PL1
LAMP02	_ON PL2
LAMP03	_ON PL3
T1	TRANS

그림 5.22 선택분기에 의한 램프 제어

5.5.4 PTP 로봇 제어

PTP 로봇을 이용하여 제품을 A 위치에서 B 위치로 이동시키는 작업에 대한 프로그램을 작성한다. 각각의 실린더는 복동 실린더를 사용하고 솔레노이드 밸브의 개폐로 동작한다. 솔레노이드 밸브는 PLC의 출력을 이용하여 솔레노이드에 전류를 공급하거나 차단함으로써 동작시킨다.

그림 5.23에 PTP 로봇에 대한 그림이 제시되어 있다. 그림에서 제품을 A 위치에서 B 위치로 이동시키는 작업만을 고려하여 프로그램을 작성한다.

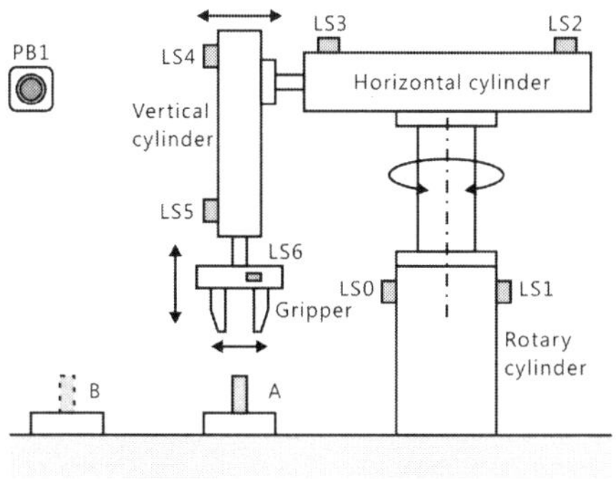

그림 5.23 PTP 로봇에 의한 제품의 이동

● 입 · 출력 할당표

입 · 출력	주 소	변수 명	용 도
입력	%IX0.0.0	LS0	회전 실린더 위치 검출용 리드 스위치(0°)
입력	%IX0.0.1	LS1	회전 실린더 위치 검출용 리드 스위치(180°)
입력	%IX0.0.2	LS2	수평 실린더 위치 검출용 리드 스위치(후진 위치)
입력	%IX0.0.3	LS3	수평 실린더 위치 검출용 리드 스위치(전진 위치)
입력	%IX0.0.4	LS4	수직 실린더 위치 검출용 리드 스위치(상승 위치)
입력	%IX0.0.5	LS5	수직 실린더 위치 검출용 리드 스위치(하강 위치)
입력	%IX0.0.6	LS6	Gripper Open/Close 검출용 리드 스위치
입력	%IX0.0.7	PB1	프로그램 시작 푸시 버튼 스위치
출력	%QX0.2.0	RCYL	회전 실린더 구동용 솔레노이드
출력	%QX0.2.1	HCYL	수평 실린더 구동용 솔레노이드
출력	%QX0.2.2	VCYL	수직 실린더 구동용 솔레노이드
출력	%QX0.2.3	GRIP	Gripper 구동용 솔레노이드

SFC 프로그램

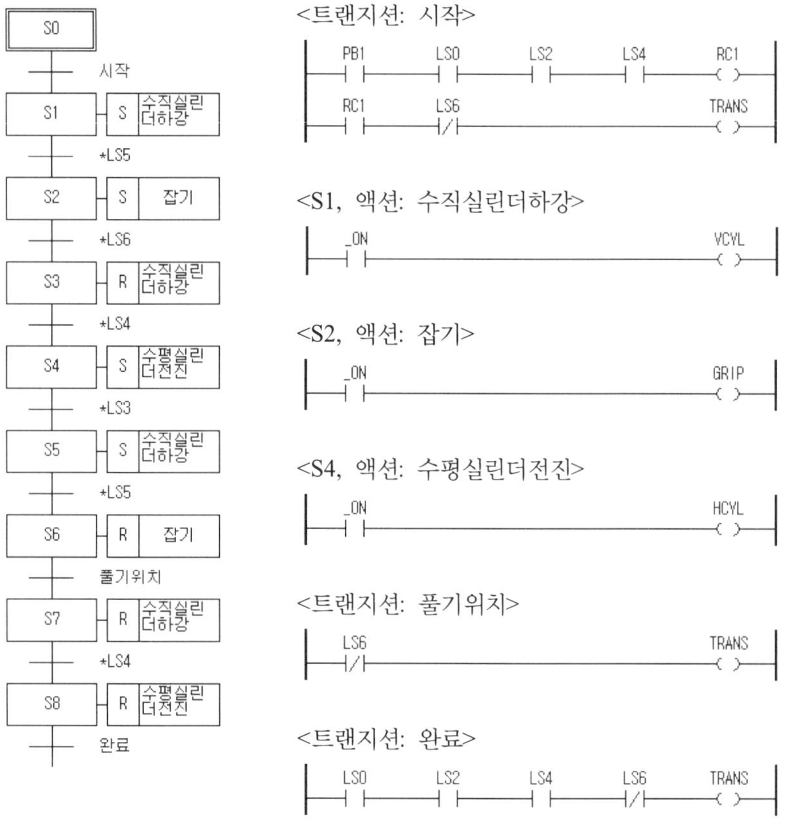

그림 5.24 PTP 로봇의 위치 제어 프로그램

① 트랜지션 '시작'은 PTP 로봇이 초기 상태의 기준 위치에 있음을 확인하고 이를 만족하면 제어를 시작하기 위한 조건에 해당한다. PTP 로봇의 기준 위치는 회전 실린더가 0° 위치, 수평 실린더가 후진 위치, 수직 실린더가 상승 위치, Gripper가 Open 상태를 의미한다. 이러한 상태에서 프로그램의 시작을 위해 푸시 버튼 스위치를 눌러 On으로 하면 트랜지션 '시작'의 조건이 만족되므로 다음의 스텝 S1이 활성화된다.

* Gripper가 Open 상태일 때 검출용 리드 스위치의 값은 0이며, 기타 실린더의 위치 검출용 리드 스위치는 실린더의 위치가 해당 센서의 위치에 있을 때 그 값이 1이다.

② 스텝 S1의 '수직실린더하강'은 수직 실린더 동작을 위한 솔레노이드에 전류를 흐르게 하여 수직 실린더를 하강시키는 동작을 실행한다. PTP 로봇에 사용되는 모든 실

린더는 복동 실린더이며 실린더에 연결된 솔레노이드 밸브는 솔레노이드에 전류가 흐르게 되면 초기 상태에서 위치를 변경하도록 동작하게 되어 있다. 액션 '수직실린더하강'의 제한자로 Set가 사용되고 있음에 유의하자.

제어에 사용된 공압 회로는 그림 5.25와 같으며, 수직 실린더와 수평 실린더에 적용된다.

③ 트랜지션 '하강위치'는 수직 실린더가 하강하여 하강 위치에 있을 경우 이를 검출하기 위한 조건이다. 하강 위치에 도달하면 리드 스위치 LS6의 값이 1이 된다. 이 조건이 만족되면 스텝 S1은 비활성화되고 스텝 S3가 활성화된다.

④ 스텝 S2의 '잡기'는 Gripper에 의해 제품을 잡는 공정을 의미한다. PLC의 출력 변수인 GRIP의 값을 1로 함으로써 Gripper를 동작시키기 위한 솔레노이드에 전류를 흐르게 하고, 이로써 Gripper 실린더를 동작시켜 Close시킨다.

⑤ 트랜지션 '잡기위치'는 Gripper가 Close되어 제품을 잡았음을 검출하기 위한 조건이다. Gripper가 Close되면 리드 스위치 LS7의 값이 1이 된다. 이 조건이 만족되면 스텝 S2는 비활성화되고 스텝 S3가 활성화된다.

⑥ 스텝 S3는 하강 위치에 있는 수직 실린더를 다시 상승 위치로 복귀시키는 공정이다. 이를 위해서 액션 제한자 Set로 설정되어 있는 액션 '수직실린더하강'을 Reset로 설정하여 실행시키면 변수 VCYL의 값이 0이 되면서 솔레노이드에 전류가 흐르지 않게 되어 밸브의 위치는 초기 상태로 복귀되고 이에 따라서 실린더도 초기 상태(상

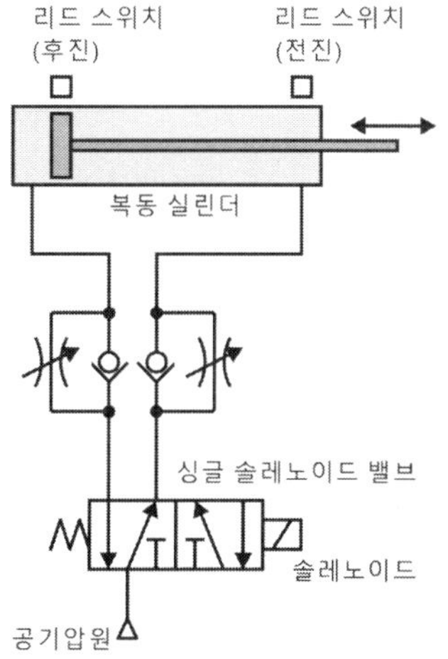

그림 5.25 5포트 2위치(5/2-way) 솔레노이드 밸브에 의한 복동 실린더 제어

승 위치)로 복귀한다. 즉, 솔레노이드에 흐르는 전류를 제거하면 솔레노이드 밸브에 내장된 스프링의 복원력에 의해 밸브의 스풀의 위치가 초기 상태로 복귀되어 실린더의 피스톤의 위치가 초기 상태로 된다.

⑦ 트랜지션 '상승위치'는 수직 실린더가 상승하여 상승 위치에 있을 경우 이를 검출하기 위한 조건이다. 상승 위치에 도달하면 리드 스위치 LS5의 값이 1이 된다. 이 조건이 만족되면 스텝 S3는 비활성화되고 스텝 S4가 활성화된다.

⑧ 스텝 S4의 '수평실린더전진'은 수평 실린더 동작을 위한 솔레노이드에 전류를 흐르게 하여 수평 실린더를 전진시키는 동작을 실행한다.

⑨ 트랜지션 '전진위치'는 수평 실린더가 전진하여 전진 위치에 있을 경우 이를 검출하기 위한 조건이다. 전진 위치에 도달하면 리드 스위치 LS4의 값이 1이 된다. 이 조건이 만족되면 스텝 S4는 비활성화되고 스텝 S5가 활성화된다.

⑩ 스텝 S5의 '수직실린더하강'은 제품을 B 위치에 놓기 위해 수직 실린더를 하강하기 위한 제어 동작이며, 앞서 나온 스텝 S1과 동일하다.

⑪ 트랜지션 '하강위치'는 수직 실린더가 하강하여 하강 위치에 있어야만 제품을 놓을 수 있으므로 실린더의 하강 위치를 검출하여 확인하기 위한 조건이다.

⑫ 스텝 S6의 '잡기'는 Gripper를 Open하여 제품을 B 위치에 놓기 위한 제어 동작이다. 앞서 제시된 경우와 동일하게 액션의 제한자를 Reset으로 하여 실행함으로써 Gripper의 솔레노이드에 흐르는 전류가 차단되고 Gripper 실린더는 초기의 상태인 Open 위치로 복귀되어 제품을 B 위치에 놓게 된다.

⑬ 트랜지션 '풀기위치'는 수직 실린더를 상승시키기에 앞서 제품이 올바로 B 위치에 놓여 있는지의 여부를 검출하기 위한 수단이다. 조건이 만족되면 스텝 S6는 비활성화되고 스텝 S7이 활성화된다.

⑭ 스텝 S7은 하강 위치에 있는 수직 실린더를 다시 상승 위치로 복귀시키는 공정이다. 이를 위해서 액션 '수직실린더하강'에 대한 제한자를 Reset으로 설정하여 실행시킨다.

⑮ 트랜지션 '상승위치'는 수직 실린더가 상승했는지의 여부를 검출하기 위한 과정이고, 이 조건이 만족되면 다음 스텝에서 수평 실린더를 후진시킨다. 이와 같은 동작이 진행되면 트랜지션 '종료'의 조건이 만족되어 결과적으로 PTP 로봇은 초기의 위치 스텝 S0로 복귀된다.

SFC 프로그램의 수정

그림 5.24에 제시된 프로그램의 문제점은 실제 동작을 하는 과정에서 각 동작 단계별로 시간 차이를 두어 명확하게 동작을 구분하지 않는 것이다.

예를 들면, 트랜지션 '시작'에서 LS0, LS2, LS4가 1이고 LS6가 0일 때 푸시 버튼 스위치를 눌러 PB1의 값을 1로 하면 TRANS의 값이 1이 되어 트랜지션 조건을 만족하게 된다. 그러면 이와 동시에 스텝 S1이 활성화되어 수직 실린더를 하강하기 위한 명령이 실행된다. 이 명령은 VCYL의 값을 1로 출력시킴으로써 이루어지는데, 푸시 버튼 스위치를 1로 만들어 주는 것과 수직 실린더가 하강하기 시작하는 동작이 거의 동시에 발생한다는 의미이다.

여기서 만일 푸시 버튼 스위치를 1로 만들어 주고 약 1초 내지 2초 후에 수직 실린더가 하강하기 시작한다면 어떻겠는가? 당연히 1초 내지 2초 후에 수직 실린더가 하강하는 경우가 제어를 수행하는 공정이 상호 구분되면서 안정적인 동작을 구현할 수 있다. 이러한 동작을 위해서 그림 5.26과 같이 프로그램을 수정하는 것이 올바르다. 액션 '수직실린더하강'의 액션 제한자를 SD로 설정하고 시간 지연을 1초(T#1S)로 입력한다.

이와 같이 프로그램을 작성하면 트랜지션 '시작'의 조건이 만족되면서 스텝 S1의 액션 '수직실린더하강'이 실행되기 전에 1초의 시간 지연이 일어난다. 결과적으로는 트랜지션에 타이머를 이용하여 프로그램을 수정한 경우와 동일한 결과를 얻을 수 있다. 단, 액션에 제한자를 이용하여 시간 지연을 부여할 경우에는 프로그램 전체를 고려할 때 문제점이 없는지를 체크하고 사용하는 것이 바람직하다.

또 다른 예로서 스텝 S1에서 수직 실린더가 하강하고 난 후 트랜지션 *LS5에서 LS5의 값이 1이 되면 트랜지션 조건이 만족되어 즉시 스텝 S2에서 'GRIP'의 값이 1이 되어 Gripper가 제품을 잡는 동작을 취한다. 이때 수직 실린더가 하강하고 연이어서 제품을

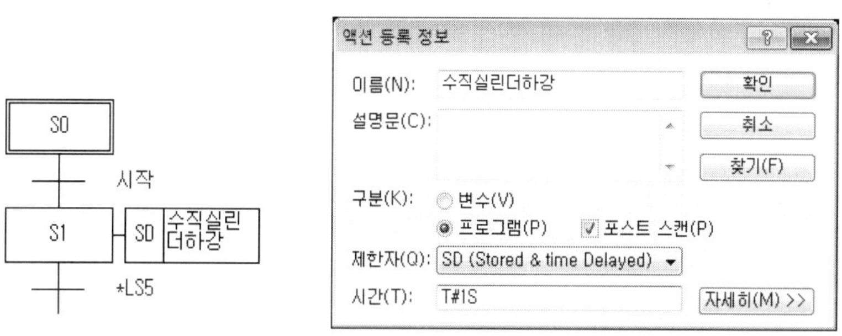

그림 5.26 액션 제한자 SD에 의한 시간 지연 부여

잡는 동작이 이루어진다면 제품을 정확하게 잡는 동작에 에러가 발생할 수 있으며, 각 공정 간의 제어 동작이 연이어 이루어져 제어 공정의 구분이 어렵게 되고 상호 동작 과정에서 간섭의 원인이 발생할 수도 있다.

따라서 수직 실린더가 하강한 후 약 1초 내지 2초 후에 Gripper가 제품을 잡는 동작을 취할 수 있도록 프로그램을 작성하면 좋을 것이다. 이러한 동작을 위해서 그림 5.26과 같은 방법으로 프로그램을 수정하는 것이 올바르다. 액션 '잡기'의 제한자를 SD로 설정하고 시간 지연을 1초로 입력한다.

5장 연습문제

01 SFC에 대해 다음의 질문에 답하라.

(1) 스텝이란 무엇인가?

(2) 트랜지션이란 무엇인가?

(3) 액션이란 무엇인가?

(4) 액션 제한자란 무엇인가?

02 다음 프로그램을 XG5000을 사용하여 SFC로 작성하라.

(1) '5.5.1 2개 램프의 On/Off 제어'의 프로그램에 대해서 액션과 트랜지션을 변수만으로 표현하라.

(2) '5.5.2 3개 램프 제어'의 프로그램에 대해서 트랜지션 *IX0.0.1, *IX0.0.2, *IX0.0.3을 타이머를 사용하여 이전 스텝이 시작되고 3초 후에 이행 조건이 자동으로 만족되도록 수정하라.

(3) '5.5.3 가공 제어'의 프로그램을 병렬분기를 사용하지 않고 직렬연결로 전개되는 형식으로 작성하라.

03 다음 프로그램을 SFC로 작성하라. 3개의 스위치 PB1, PB2, PB3 중에서 먼저 On이 된 쪽의 스위치에 해당하는 램프를 On시키고 PB4를 On하면 램프가 Off되면서 최초 스텝으로 복귀된다. 사용되는 램프는 PL1, PL2, PL3이다.

04 다음 프로그램을 SFC로 작성하라. 4개의 펌프를 순차적으로 동작시키기 위해서 최초에 시작 스위치 PB1을 On하면 펌프 P1이 가동되면서 운전용 파일럿 램프 PL_RUN이 On된다. 이후 30초 후에 펌프 P2가, 또 30초 후에 펌프 P3가 가동된다. 그리고 마지막으로 30초 후에 펌프 P4가 가동된다. 4개의 펌프가 모두 가동되고 1시간 후에 4개의 펌프는 자동으로 동시에 정지한다. 펌프 가동 중 정지 스위치 PB2를 On하면 모든 펌프는 정지하고 정지용 파일럿 램프 PL_STOP이 On된다.

05 다음 프로그램을 작성하라. 적색→녹색→황색 램프 순서로 동작하는 신호등을 제어하기 위한 프로그램을 SFC로 작성하라. 각각의 램프가 On인 시간은 다음과 같다. 적색 램프 30초, 녹색 램프 25초, 황색 램프 5초이다.

06 다음 프로그램을 SFC로 작성하라. 제품 상자가 컨베이어에 의해 이동되다가 상자 포토 센서에 의해 감지되면 컨베이어는 정지한다. 1초 후 제품을 상자에 공급하기 위한 컨베이어가 동

작하기 시작하여 5개의 제품을 상자에 공급한다. 공급되는 제품의 수량은 포토 센서에 의해 검출된다. 5개의 제품 공급이 완료되면 제품 공급 컨베이어는 정지하고 1초 후에 상자 운반 컨베이어는 다시 이동하기 시작한다. START 버튼을 누르면 시작되고 STOP 버튼을 누르면 종료된다. 컨베이어 운전 시 운전 램프가 On되고 정지 시 정지 램프가 On된다.

입 · 출력	주 소	변수 명	용 도
입력	%IX0.0.0	RUN	시작 스위치
입력	%IX0.0.1	STOP	정지 스위치
입력	%IX0.0.2	PT1	상자 검출 센서
입력	%IX0.0.3	PT2	제품 검출 센서
출력	%QX0.2.0	CON1	상자 운반 컨베이어
출력	%QX0.2.1	CON2	제품 공급 컨베이어
출력	%QX0.2.2	PL1	운전 램프
출력	%QX0.2.3	PL2	정지 램프

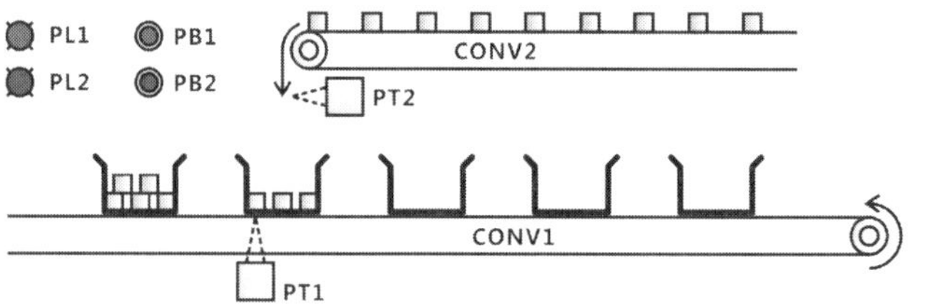

그림 P5.6

07 다음 프로그램을 SFC로 작성하라. 시작 스위치를 누르면 광파이버 센서(FS1)가 매거진에 부품이 있음을 검출하고 실린더(CYL1)가 매거진에 있는 부품을 왼쪽으로 밀어 공급한다. 리드 스위치(LS2)가 실린더가 왼쪽으로 이동했음을 확인하면 실린더(CYL1)는 원래 위치로 복귀된다. 그리고 동시에 컨베이어(CONV)가 기동된다. 실린더(CYL2)는 광파이버 센서(FS2)에 의해 부품이 있음을 검출하고 부품을 이송시키기 위해서 오른쪽으로 부품을 밀어 컨베이어 위에 밀어 넣는다. 이와 같은 부품 공급 동작이 매거진에 부품이 없을 때까지 계속하여 반복된다. 정지 스위치를 누르면 실린더 2개와 컨베이어는 초기 상태로 복귀된다. 2개의 실린더는 복동 실린더이며 5/2−way 솔레노이드 밸브에 의해 구동된다. 각 공정과 공정 사이에 1초의 시간 지연을 고려한다.

입·출력	주 소	변수 명	용 도
입력	%IX0.0.0	PB1	시작 스위치
입력	%IX0.0.1	PB2	정지 스위치
입력	%IX0.0.2	FS1	매거진 부품 검출 센서
입력	%IX0.0.3	FS2	이송 부품 검출 센서
입력	%IX0.0.4	LS1	부품 공급 실린더(CYL1) 후진 위치 검출용 리드 스위치
입력	%IX0.0.5	LS2	부품 공급 실린더(CYL1) 전진 위치 검출용 리드 스위치
입력	%IX0.0.6	LS3	부품 이송 실린더(CYL2) 후진 위치 검출용 리드 스위치
입력	%IX0.0.7	LS4	부품 이송 실린더(CYL2) 전진 위치 검출용 리드 스위치
출력	%QX0.2.0	CONV	부품 운반 컨베이어
출력	%QX0.2.1	SOL1	부품 공급 실린더(CYL1)용 솔레노이드
출력	%QX0.2.2	SOL2	부품 이송 실린더(CYL2)용 솔레노이드
출력	%QX0.2.3	PL1	운전 램프
출력	%QX0.2.4	PL2	정지 램프

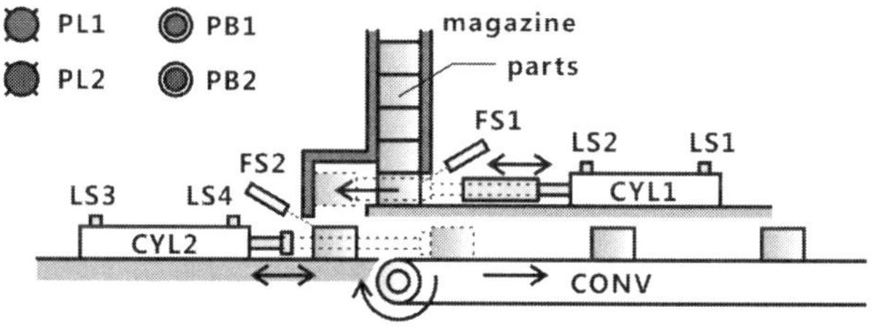

그림 P5.7

06

플로 차트를 이용한 LD

이 장에서는 LD를 보다 체계적으로 작성하기 위한 방법으로서 제어 동작을 플로 차트로 나타내고 이를 이용하여 LD를 작성하는 방법에 대해 학습한다.

무엇보다도 가장 기본적인 것은 제어 대상에 대한 충분한 이해이다. 이를 통해서 제어가 진행되는 과정을 단계별로 나눠서 서술하고 플로 차트를 작성한다. 작성된 플로 차트를 이용하여 LD를 작성하는 일은 기본적인 원리를 이해함으로써 쉽게 접근할 수 있다. 제어 동작을 정확하게 플로 차트로 나타내는 일은 매우 중요하며, 플로 차트를 정확하게 작성하기 위해서는 여러 번의 연습 과정이 필요하다.

플로 차트를 이용하여 LD를 작성하는 방법에 익숙해지면 이를 응용하여 보다 효율적이고 진보된 LD를 작성할 수 있을 것이다.

6.1 개요

PLC에 의한 제어동작을 플로 차트로 표현하고 이를 이용하여 LD를 프로그래밍한다. PLC 제어를 위한 플로 차트는 '판단'과 '처리' 기호 위주로 구성된다. 그림 6.1에 간단한 플로 차트의 예가 제시되어 있다. 이 플로 차트는 PLC 제어를 위한 것이 아니라 플로 차트를 이해하기 위해서 제시된 예로서 햄버거를 주문하고 비용을 지불하기까지의 과정을 개략적으로 나타낸 것이다. 플로 차트의 구조와 진행 과정, 각각의 기호의 역할에 대해서 이해해야 한다.

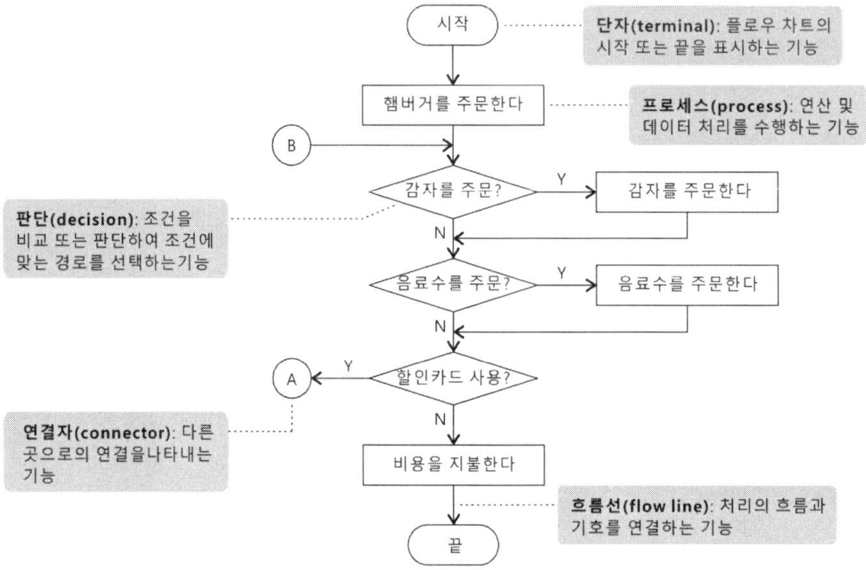

그림 6.1 플로 차트(순서도)의 예

6.2 플로 차트 작성

PLC 제어를 위한 플로 차트는 판단(decision)과 처리(process) 기호를 중심으로 구성된다. 판단은 분기 조건의 역할을 하며 제어의 흐름을 다음 스텝으로 진행시키기 위한 트리거 신호의 역할을 한다. 보통 접점에 의한 On, Off 신호를 이용한다. 즉, 스위치 또는 센서 등의 접점의 값이 On인지의 여부를 묻고 Y(yes) 또는 N(no)으로 판단하여 여기에 해당하는 동작을 취하도록 제어의 흐름을 진행시킨다.

처리는 실행 스텝의 역할을 하며 PLC의 출력을 발생시킨다. 즉, 판단에서의 트리거 신호와 이전 스텝에서의 출력을 이용하여 자기유지 회로를 구성하고 출력을 발생시킨다. 이 출력을 이용하여 제어 대상인 램프 또는 솔레노이드 밸브 등과 같은 출력 장치를 제어한다.

예를 들어 다음과 같은 제어 동작을 생각한다.

시작 버튼 PB1을 On하면 램프 PL1은 On되고 램프 PL2는 Off된다. 그리고 정지 버튼(PB2)을 On하면 램프 PL1은 Off되고 램프 PL2는 On되어 초기 상태로 된다. 이와 같이 제어가 진행되는 과정을 단계별로 구분하여 다음과 같이 서술한다.

① 시작 버튼(PB1)을 On한다. → 실행 스텝 1을 처리(램프 PL1 On, 램프 PL2 Off)

② 정지 버튼(PB2)을 On한다. → 실행 스텝 2를 처리(램프 PL1 Off, 램프 PL2 On)

③ 모든 실행 스텝을 클리어(clear)하고 초기 상태 ①로 복귀한다.

※ 여기서 주의해야 할 것은 'PB1을 On한다'는 의미는 PB1을 계속 On 상태로 유지한다는 의미가 아니고 PB1을 Off→On→Off한다는 의미라는 것이다. 즉, 일반적으로 사용하는 푸시 버튼 스위치를 1회 눌러 입력 신호를 준다는 의미이다.

위의 제어 동작을 플로 차트로 표현하는 과정은 다음과 같다.

①의 첫 번째 단계인 판단은 그림 6.2와 같이 PB1이 On이면 Y의 조건이 되며 제어의 흐름은 아래에 있는 처리 과정인 실행 스텝 1으로 진행한다. 만일 Off이면 N의 조건이 되며 제어의 흐름은 위로 흘러서 다시 PB1이 On인지 Off인지의 여부를 묻는다. 즉, PB1이 On인 조건이 될 때까지 계속 현재의 상태를 유지한다.

①의 두 번째 단계인 처리는 그림 6.3과 같이 PB1이 On이 되어 실행 스텝 1이 실행되면 자기유지 회로의 출력 P1을 On으로 만든다. 그리고 P1을 이용하여 두 개의 램프 PL1과 PL2를 각각 On, Off시킨다.

②의 첫 번째 단계인 판단은 그림 6.4와 같이 PB2가 On이면 제어의 흐름은 아래에 있는 처리 과정인 실행 스텝 2로 진행한다. 만일 Off이면 현재의 상태를 그대로 유지한다.

②의 두 번째 단계인 처리는 그림 6.5와 같이 PB2가 On이 되어 실행 스텝 2가 실행되면 자기유지 회로의 출력 P2를 On으로 만든다. 그리고 P2를 이용하여 두 개의 램프 PL1과 PL2를 각각 Off, On시킨다.

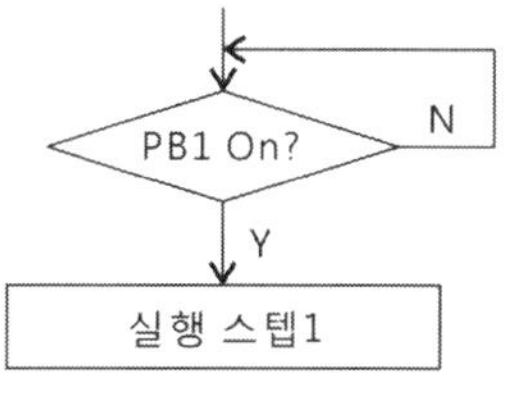

그림 6.2 판단 부분의 플로 차트

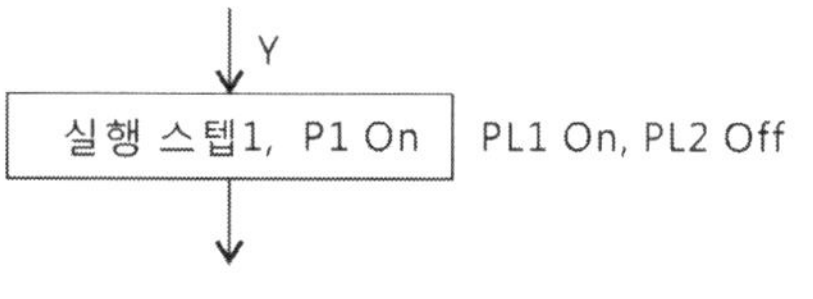

그림 6.3 처리 부분의 플로 차트

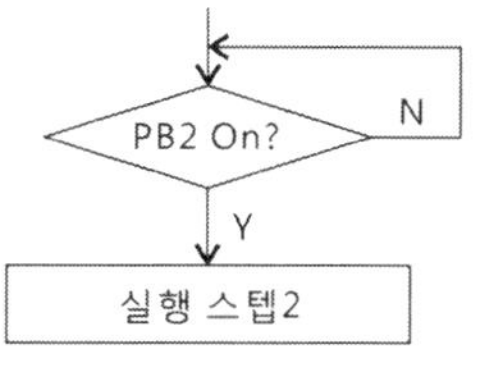

그림 6.4 판단 부분의 플로 차트

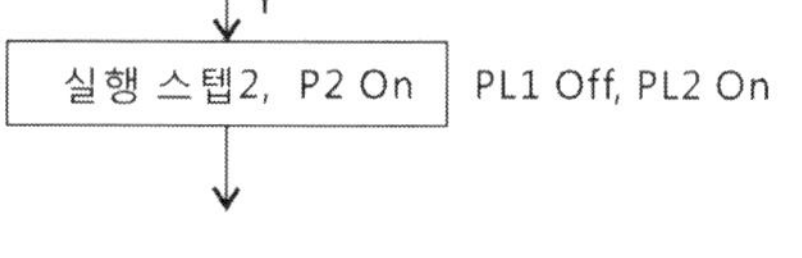

그림 6.5 처리 부분의 플로 차트

③은 그림 6.6과 같이 실행 스텝 2가 실행됨과 동시에 모든 실행 스텝을 클리어시키고 초기 상태로 복귀한다. 즉, 실행 스텝 1, 2의 출력인 P1과 P2를 Off시킨다.

이상의 과정을 전체 플로 차트로 나타내면 그림 6.7과 같다.

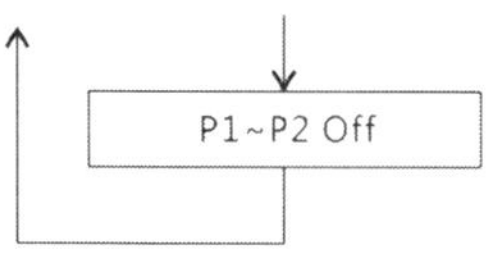

그림 6.6 실행 스텝 클리어 및 초기 상태 복귀

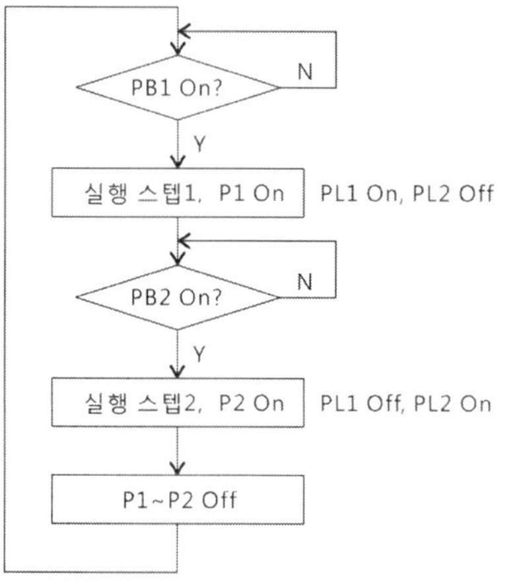

그림 6.7 램프 제어 플로 차트

6.3 프로그램 작성

이제 그림 6.7의 플로 차트를 이용하여 PLC를 제어하기 위한 LD를 작성한다.

먼저 플로 차트 작성에 대한 설명 ①을 LD로 작성한다. 분기 조건의 트리거 신호 PB1이 On되면 출력 코일 P1이 On되고 램프 PL1은 On, PL2는 Off되도록 한다.

앞서 설명된 바와 같이 판단은 분기 조건이며 제어의 흐름을 다음 스텝으로 진행시키기 위한 트리거 신호이다. 이 트리거 신호는 일반적으로 접점의 On/Off 상태로 판단한다. 따라서 이 예에서도 분기 조건으로서 a 접점을 사용했으며 그 변수 명은 PB1이다.

그림 6.8의 LD는 위쪽에 있는 플로 차트를 LD로 프로그램한 것이다. 1행에서 PB1이 On되면 출력 코일 P1이 On되고 자기유지 회로에 의해 출력이 유지된다. 그리고 4행과 5행에서 P1이 On되면 a 접점에 연결된 출력 램프 PL1은 On되고 b 접점에 연결된 출력 램프 PL2는 Off된다.

출력부(4행과 5행)는 프로그램 하단에 분리하여 작성되어 있다. 즉, 프로그램상의 출력부를 연산 위주의 자기유지 회로 프로그램과 분리하여 별도로 작성하는 것이 편리하다.

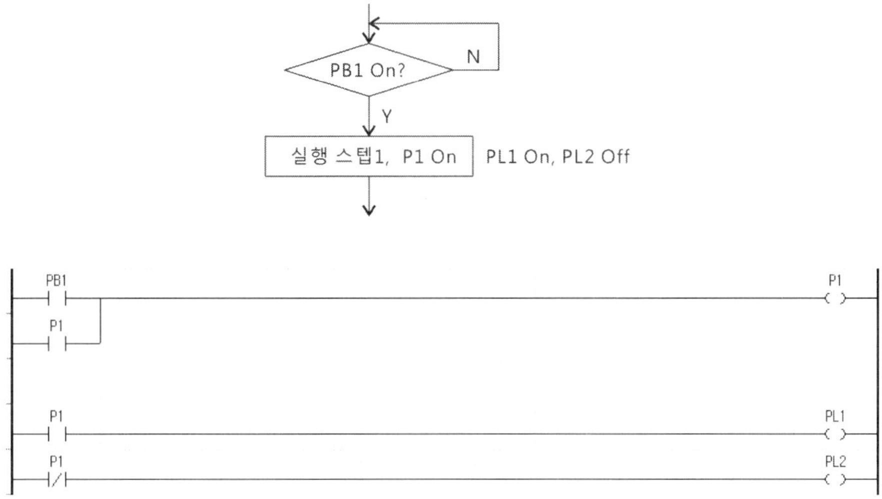

그림 6.8 플로 차트를 이용한 LD 작성

이 프로그램은 아직 완전한 프로그램이 아니므로 이를 주지할 필요가 있다.

그림 6.9는 그림 6.8의 플로 차트에서 추가된 플로 차트를 고려하여 LD로 프로그램을 작성한 것이다. 3행에서 분기 조건 PB2가 On되면 출력 코일 P2가 On되고 자기유지 회로에 의해 출력이 유지된다. 이때 자기유지가 되기 위한 조건으로서 앞선 스텝의 출력 코일 P1의 a 접점이 사용되고 있다.

6행에서 P2가 On되면 P2 b 접점에 연결된 출력 램프 PL1은 Off되고, 8행에서 P2가 On되면 P2 a 접점에 연결된 출력 램프 PL2는 On된다. 여기서 PL1을 Off하기 위한 P2 b 접점은 직렬로, PL2를 On하기 위한 P2 a 접점은 병렬로 연결되어 있는 이유를 이해해야 한다.

시작과 정지 버튼인 PB1과 PB2의 동작에 따라서 출력 램프 PL1과 PL2의 동작이 이루어지고 있으나, 이 프로그램 또한 아직 완전한 프로그램이 아니므로 이를 주지할 필요가 있다.

마지막으로 모든 실행 스텝을 클리어하고 초기 상태로 복귀하는 부분을 그림 6.9에 추가한 결과가 그림 6.10에 제시되어 있다. 실행 스텝 2의 결과, 자기유지 회로의 출력 코일 P2가 On되어 PL1이 Off, PL2가 On되었으며, 동시에 P1과 P2를 Off시켜 초기 상태로 복귀해야 한다.

이를 위해서는 그림과 같이 P2 b 접점을 프로그램 1행 2열에 삽입하면 된다. 즉, 3행의 P2가 On되면 1행의 P2가 On되어 접점이 열리면서 출력 코일 P1이 Off되고, 자기유지 조건인 3행의 P1 a 접점이 Off되어 출력 코일 P2가 Off되면서 프로그램이 초기 상태로 된다. 따라서 그림 6.10은 모든 제어 동작을 만족하는 LD 프로그램이 된다.

그림 6.10의 프로그램은 플로 차트를 이용하여 LD를 작성한 예이다. 여기서 프로그램

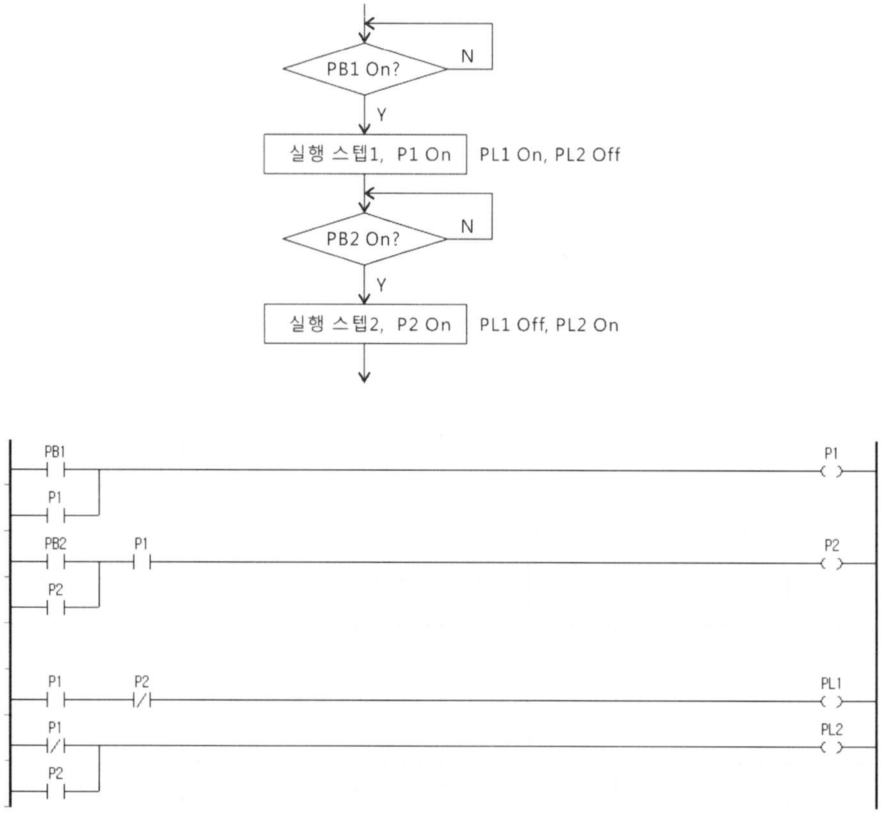

그림 6.9 플로 차트를 이용한 LD 작성

그림 6.10 플로 차트를 이용한 램프 제어 LD

의 구조상 중요한 것은 다음과 같다. 각 실행 스텝마다 자기유지 회로를 구성할 경우 앞선 스텝의 출력을 자기유지 조건으로 사용하고 있다. 즉, 1행의 출력 코일 P1을 3행의 자기유지 조건 P1 a 접점으로 사용하고 있다.

또한 초기화를 위해 마지막 실행 스텝의 출력을 1행의 자기유지 조건으로 사용하고 있다. 즉, 3행의 출력 코일 P2를 1행의 자기유지 조건 P2 b 접점으로 사용하고 있다.

그림 6.10의 프로그램에서 PB2가 On되면 초기 상태로 복귀되므로 1행의 P2 b 접점을 PB2 b 접점으로 대체하면 3행과 4행을 생략할 수 있으며, 6행에서 P2 b 접점과 8행의 P2 a 접점을 생략할 수 있다. 이러한 결과로 얻어진 프로그램은 그림 6.11과 같이 간단한 형태가 된다.

물론 이와 같이 프로그램을 간단하게 하기 위해서는 프로그램 작성에 대한 경험이 필요하다. 따라서 처음에는 플로 차트를 그대로 LD로 작성하는 방법에 집중하고, 어느 정도 프로그램 작성에 익숙해지면 프로그램을 간단하게 작성하는 방법을 고려하면 좋을 것이다.

그림 6.11 간단한 형태의 LD

예제 6.1

3개의 램프 PL0, PL1, PL2가 다음과 같이 순차적으로 동작한다.

① 스위치 PB0를 On하면 램프 PL0가 On된다.

② 스위치 PB1을 On하면 램프 PL0는 Off, PL1은 On된다.

③ 스위치 PB2를 On하면 램프 PL1은 Off, PL2는 On된다.

④ 스위치 PB3를 On하면 램프 PL2는 Off된다.

⑤ 모든 실행 스텝을 클리어하고 초기 상태 ①로 복귀한다.

(1) 플로 차트를 작성하라.

(2) LD를 작성하라.

풀이 (1) 플로 차트

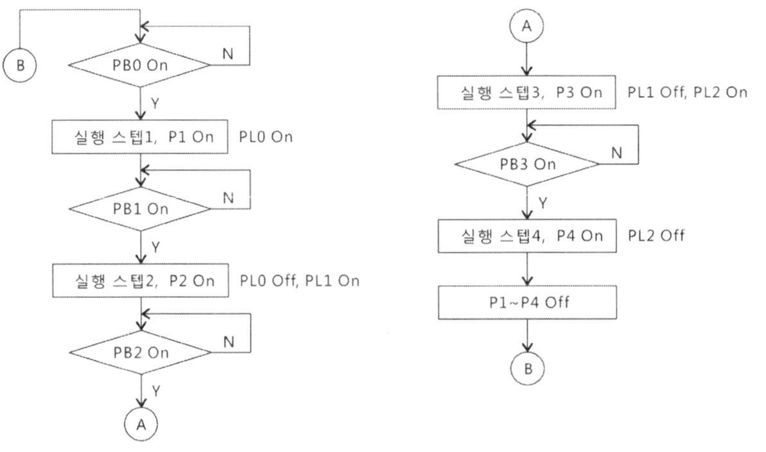

그림 6.12 플로 차트

PB0가 On이 되어 실행 스텝 1이 실행되면 자기유지 회로의 출력 P1을 On으로 만든다. 그리고 P1을 이용하여 램프 PL0를 On시킨다. 그리고 PB1이 On이 되어 실행 스텝 2가 실행되면 자기유지 회로의 출력 P2를 On으로 만든다. 그리고 P2를 이용하여 램프 PL0를 Off, PL1을 On시킨다. 이와 같은 방법으로 플로 차트를 작성해 나가고 실행 스텝 4가 실행되면 램프 PL2가 Off되고 출력 코일 P1~P4를 Off시켜 모든 실행 스텝을 클리어하고 초기 상태로 복귀한다.

(2) 래더 다이어그램

그림 6.12의 플로 차트를 LD로 나타내면 그림 6.13과 같다.

그림 6.13 래더 다이어그램

예제 6.2

2개의 램프 PL0와 PL1이 다음과 같이 순차적으로 동작한다.

① 스위치 PB0를 On하면 램프 PL0가 On된다.

② 스위치 PB1을 On하면 램프 PL0는 Off, PL1은 On된다.

③ 스위치 PB2를 On하면 램프 PL1은 1초 주기로 On/Off를 반복한다.

④ 스위치 PB3를 On하면 램프 PL1은 Off된다.

⑤ 모든 실행 스텝을 클리어하고 초기 상태 ①로 복귀한다.

(1) 플로 차트를 작성하라.

(2) LD를 작성하라.

풀이 (1) 플로 차트

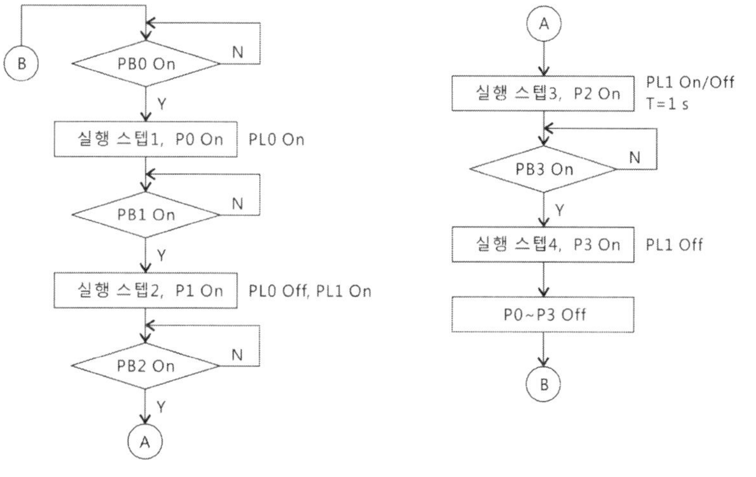

그림 6.14 플로 차트

(2) 래더 다이어그램

그림 6.14의 플로 차트를 이용하여 프로그램을 작성하면 그림 6.15와 같다.

특히 1초 주기로 램프 PL1이 On/Off를 반복하도록 프로그램을 작성하려면 예약변수 _T1S를 a 접점으로 사용하도록 한다.

먼저 10행의 출력부에 있는 램프 PL0의 동작에 대해서 설명한다. P0가 On이면 PL0는 On이다. 만일 P1이 On이면 PL0는 Off이다.

그리고 11, 12행에 있는 램프 PL1의 동작에 대해서 설명한다. P1이 On이면 PL1은 On이다. 만일 P2가 On이면 PL1은 On/Off를 반복하며, P3가 On이면 PL1은 Off이다.

그림 6.15 래더 다이어그램

예제 6.3

다음과 같이 2개의 램프 PL1과 PL2에 대한 인터록 회로를 구성한다. 스위치 PB1은 램프 PL1을 On하기 위한 스위치이고, 스위치 PB2는 램프 PL2를 On하기 위한 스위치이다. 스위치 PB1과 PB2 중에서 먼저 On이 되는 쪽의 램프만 On이 된다.

① 스위치 PB1을 On하면 램프 PL1이 On된다. 이때 램프 PL2는 Off이다.

② 스위치 PB2를 On하면 램프 PL2가 On된다. 이때 램프 PL1은 Off이다.

③ 스위치 PB3를 On하면 On 상태의 램프 PL1 또는 PL2는 Off된다.

④ 모든 실행 스텝을 클리어하고 초기 상태 ①로 복귀한다.

(1) 플로 차트를 작성하라.

(2) LD를 작성하라.

풀이 (1) 플로 차트

플로 차트를 작성하면 그림 6.16과 같다. 스위치 PB1과 PB2가 On되는 시점은 순차적으로 진행되는 것이 아니라 독립적으로 발생되므로 플로 차트는 그림과 같이 병렬 연결된 형태이다.

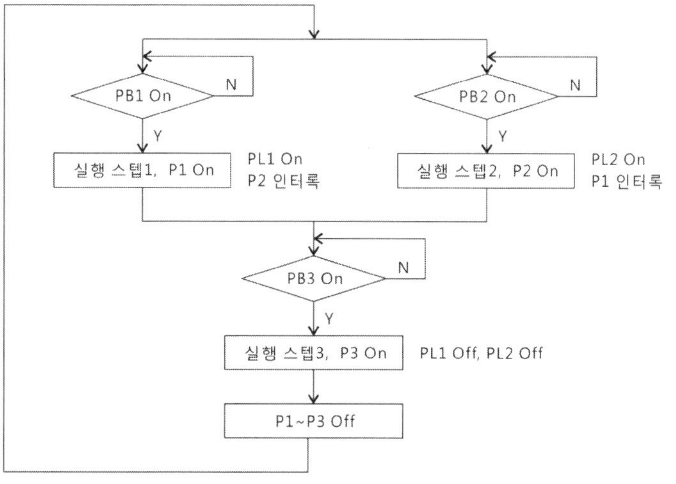

그림 6.16 플로 차트

(2) 래더 다이어그램

그림 6.16의 플로 차트를 이용하여 프로그램을 작성하면 그림 6.17과 같다. P1이 On이 되기 위해서 1행에서와 같이 PB1이 On이고 P2가 Off인 조건이 만족되도록 프로그램이 작성되어 있다. 그리고 P2가 On이 되기 위해서도 3행에서와 같이 PB2가 On이고 P1이 Off인 조건이 만족되도록 되어 있다.

PB3가 On이 되면 PL1과 PL2가 Off가 되어야 하는데 행 5와 6에서와 같이 P1 또는 P2가 On인 조건일 경우 P3가 On이 되면서 행 8, 9에서와 같이 PL1 또는 PL2는 Off된다.

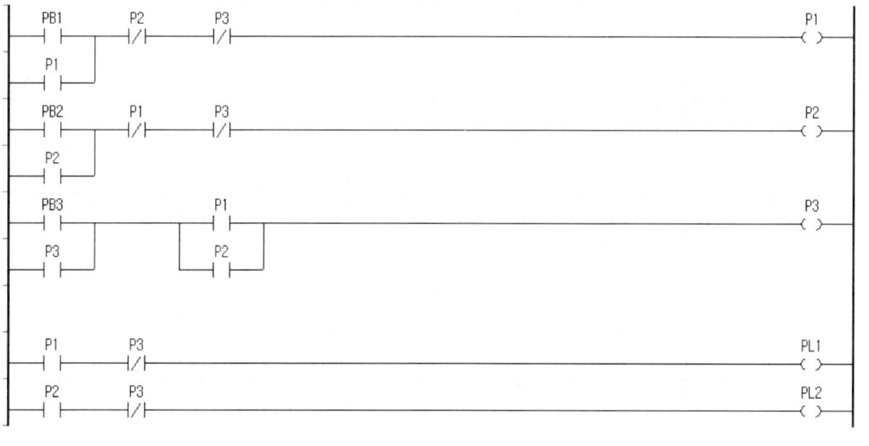

그림 6.17 래더 다이어그램

■

예제 6.4

자동화 장치가 다음과 같이 순차적으로 동작하는 프로그램을 작성하라.

① 리밋 스위치 LS1, LS3, LS5가 모두 On인 상태에서 시작 스위치 PB1을 On하면 제품 공급 실린더 전진용 솔레노이드 밸브 Y1이 On되어 제품 공급 실린더는 전진한다.

② 제품 공급 실린더가 전진하여 LS2가 On되면 드릴 가공 모터 DM이 On되어 회전하고, 드릴 가공 실린더용 솔레노이드 밸브 Y3가 On되어 드릴 가공 실린더가 전진하면서 가공한다.

③ 드릴 가공 실린더가 전진하여 LS4가 On되면 5초 후에 드릴 가공 실린더용 솔레노이드 밸브 Y3가 Off되어 실린더가 후진한다.

④ 드릴 가공 실린더가 후진하여 LS3가 On되면 드릴 가공 모터 DM이 Off되어 정지하고, 제품 공급 실린더 전진용 솔레노이드 밸브 Y1은 Off, 제품 공급 실린더 후진용 솔레노이드 밸브 Y2는 On되어 제품 공급 실린더가 후진한다.

⑤ 제품 공급 실린더가 후진하여 LS1이 On되면 후진용 솔레노이드 밸브 Y2가 Off되어 제품공급 실린더는 정지한다.

⑥ 모든 실행 스텝을 클리어하고 초기 상태 ①로 복귀한다.

※ 제품 공급 실린더는 복동 실린더이며 더블 솔레노이드 밸브(4포트 2위치)를 사용한다. 드릴 가공 실린더는 복동 실린더이며 싱글 솔레노이드 밸브(4포트 2위치)를 사용한다. 따라서 제품 공급 실린더가 전진하기 위해서는 Y1은 On 그리고 Y2는 Off이며, 후진하기 위해서는 Y1은 Off 그리고 Y2는 On이다. 또한 드릴 가공 실린더가 전진하기 위해서 Y3는 On이고, 후진하기 위해서 Y3는 Off이다.

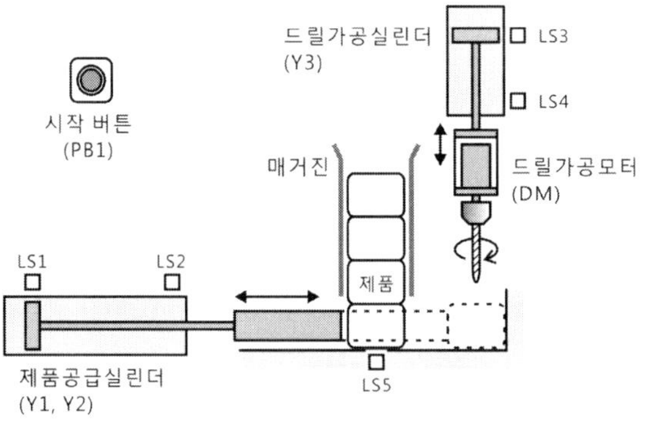

그림 6.18 자동화 장치 개요

프로그램 작성 시 다음의 입출력 변수 목록을 참고하여 변수의 이름을 설정하고 주소를 사용자 정의로 부여한다.

입·출력	주 소	변수 명	용 도
입력	%IX0.0.0	PB1	시작 버튼
입력	%IX0.0.1	LS1	제품 공급 실린더 후진 위치 검출 센서
입력	%IX0.0.2	LS2	제품 공급 실린더 전진 위치 검출 센서
입력	%IX0.0.3	LS3	드릴 가공 실린더 후진 위치 검출 센서
입력	%IX0.0.4	LS4	드릴 가공 실린더 전진 위치 검출 센서
입력	%IX0.0.5	LS5	매거진의 제품 검출 센서
출력	%QX0.2.0	Y1	제품 공급 실린더 전진용 솔레노이드 밸브
출력	%QX0.2.1	Y2	제품 공급 실린더 후진용 솔레노이드 밸브
출력	%QX0.2.2	Y3	드릴 가공 실린더 전진용 솔레노이드 밸브
출력	%QX0.2.3	DM	드릴 모터

풀이 (1) 플로 차트

최초에 LS1, LS3, LS5가 모두 On인 상태에서 PB1이 On이 되면 자기유지 회로의 출력 P1이 On이 되고 이를 이용하여 Y1을 On, Y2를 Off로 만들어 제품 공급 실린더를 전진시킨다. 즉, 제품 공급 실린더를 전진시키기 위한 조건으로서 4개의 조건이 동시에 만족되어야 한다.

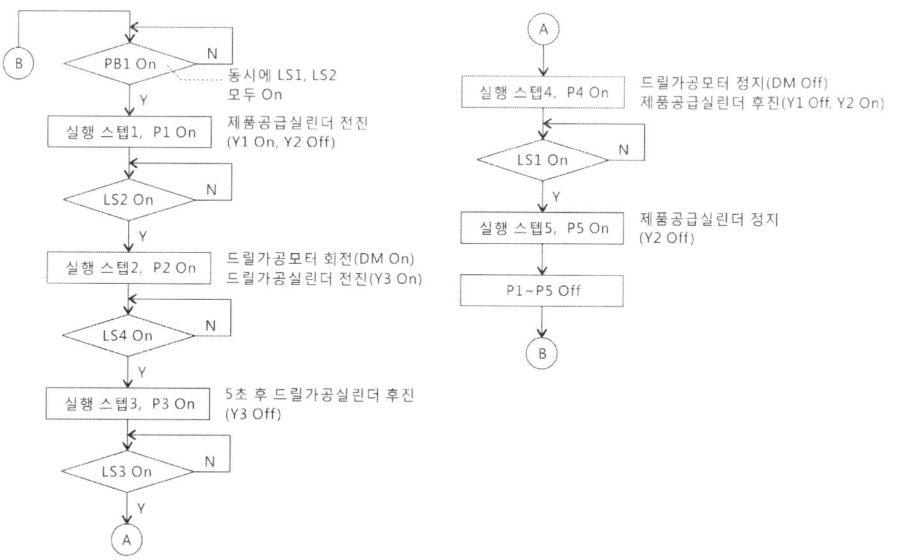

그림 6.19 플로 차트

(2) 래더 다이어그램

그림 6.19의 플로 차트를 이용하여 프로그램을 작성하면 그림 6.20과 같다.

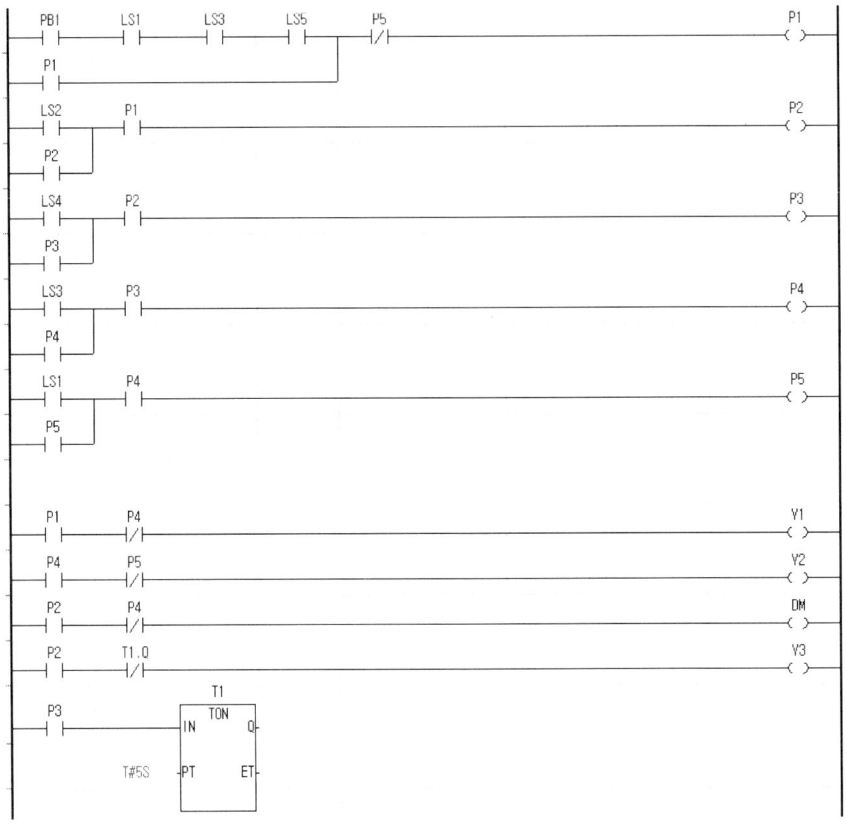

그림 6.20 래더 다이어그램

제품 공급 실린더는 복동 실린더이며 더블 솔레노이드 밸브를 사용하고 있으므로 전진 시에는 Y1을 On하여 전진용 솔레노이드 밸브를 On시키고(이때 후진용 솔레노이드 Y2는 Off), 후진 시에는 Y2를 On하여 후진용 솔레노이드 밸브를 On시킨다(이때 전진용 솔레노이드 밸브 Y1은 Off).

P2가 On이 되면 드릴 가공 실린더 전진용 솔레노이드 밸브 Y3가 On이 되어 실린더가 전진하면서 가공을 실시하고, 전진이 완료되어 LS4가 On이 되면 5초 후에 타이머 T1의 출력 T1.Q가 On이 되면서 Y3가 Off되어 실린더가 원상태로 후진한다. ■

6장 연습문제

01 다음의 문제들에 대해서 제어가 진행되는 과정을 단계별로 나눠서 번호 ①, ② … 등을 붙여 서술하고, 플로 차트를 작성하고, 이를 이용하여 LD를 작성하라.

(1) 3장 연습문제 11

(2) 3장 연습문제 12

(3) 4장 연습문제 06

(4) 4장 연습문제 07

(5) 4장 연습문제 08

02 4개의 램프 PL0, PL1, PL2, PL3가 다음과 같이 동작한다.

① 프로그램이 시작되면 램프 PL0가 On된다.

② 스위치 S0를 On하면 램프 PL0는 Off되고, 램프 PL1은 1초 주기로 On/Off를 반복한다. 그리고 램프 PL2가 On된다.

③ 스위치 S1을 On하면 램프 PL1은 Off되고, 램프 PL2는 On 상태를 유지한다. 그리고 램프 PL3는 1초 주기로 On/Off를 반복한다.

④ 스위치 S2를 On하면 램프 PL2와 PL3는 Off된다.

⑤ 모든 실행 스텝을 클리어하고 초기 상태 ①로 복귀한다.

(1) 플로 차트를 작성하라.

(2) LD를 작성하라.

입·출력	주 소	변수 명	용 도
입력	%IX0.0.0	S0	스위치 0
입력	%IX0.0.1	S1	스위치 1
입력	%IX0.0.2	S2	스위치 2
출력	%QX0.2.0	PL0	파일럿 램프 0
출력	%QX0.2.1	PL1	파일럿 램프 1
출력	%QX0.2.2	PL2	파일럿 램프 2
출력	%QX0.2.3	PL3	파일럿 램프 3

03 2개의 실린더가 다음과 같이 순차적으로 동작한다.

① 시작 버튼 START를 On하면(동시에 LS1과 LS3는 On 상태) 더블 솔레노이드 밸브 A의 SOL1이 On되면서 실린더 A는 전진한다.

② 실린더 A가 전진 완료되면(LS2가 On) 싱글 솔레노이드 밸브 B의 SOL3가 On되면서

실린더 B가 전진한다.

③ 실린더 B가 전진 완료되면(LS4가 On) 더블 솔레노이드 밸브 A의 SOL1이 Off되고 SOL2가 On되면서 실린더 A가 후진한다.

④ 실린더 A가 후진이 완료되어 LS1이 On되면 싱글 솔레노이드 밸브 B의 SOL3가 Off되면서 실린더 B가 후진한다. 또한 SOL2가 Off된다.

⑤ 모든 실행 스텝을 클리어하고 초기 상태 ①로 복귀한다.

(1) 플로 차트를 작성하라.

(2) LD를 작성하라.

입·출력	주 소	변수 명	용 도
입력	%IX0.0.0	START	시작용 스위치
입력	%IX0.0.1	LS1	실린더 A의 후진 위치 검출 리드 스위치
입력	%IX0.0.2	LS2	실린더 A의 전진 위치 검출 리드 스위치
입력	%IX0.0.3	LS3	실린더 B의 후진 위치 검출 리드 스위치
입력	%IX0.0.4	LS4	실린더 B의 전진 위치 검출 리드 스위치
출력	%QX0.2.0	SOL1	솔레노이드 밸브 A의 전진용 솔레노이드
출력	%QX0.2.1	SOL2	솔레노이드 밸브 A의 후진용 솔레노이드
출력	%QX0.2.2	SOL3	솔레노이드 밸브 B의 전진용 솔레노이드

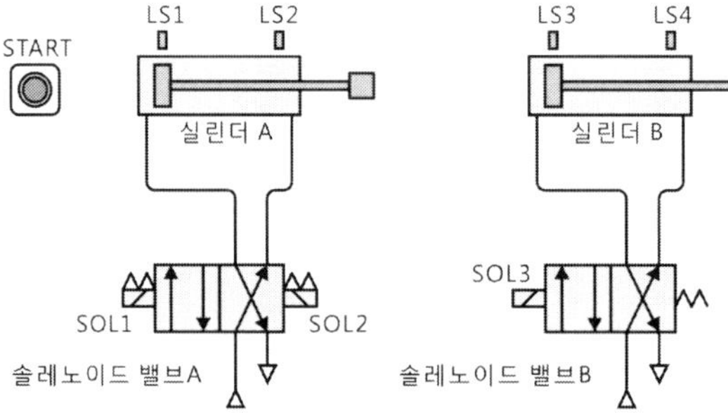

그림 P6.3

04 상하 왕복 운동식 세척기가 다음과 같이 동작한다.

① 초기에 정지 램프 PL2가 On되어 있다.

② 시작 버튼 START를 On하면 정지 램프 PL2는 Off되고 운전 램프 PL1이 On된다. 그리고 타이머 T1(30초)과 T2(3초)가 가동되고, 솔레노이드가 On되어 실린더는 하강한다.

③ 3초 후에 솔레노이드 SOL이 Off되어 실린더는 상승하며, 타이머 T3(2초)가 가동된다.

④ 2초 후에 다시 솔레노이드 SOL이 On되어 실린더는 하강한다.

⑤ 실린더가 하강과 상승을 반복하다가 전체 동작 시간이 30초가 되면 초기 상태로 복귀하고 다시 동작을 반복한다.

⑥ 정지 버튼 STOP이 On되면 모든 동작을 멈추고 초기 상태로 복귀한다.

(1) 플로 차트를 작성하라.

(2) LD를 작성하라.

입·출력	주 소	변수 명	용 도
입력	%IX0.0.0	START	시작용 스위치
입력	%IX0.0.1	STOP	정지용 스위치
출력	%QX0.2.0	PL1	운전 램프
출력	%QX0.2.1	PL2	정지 램프

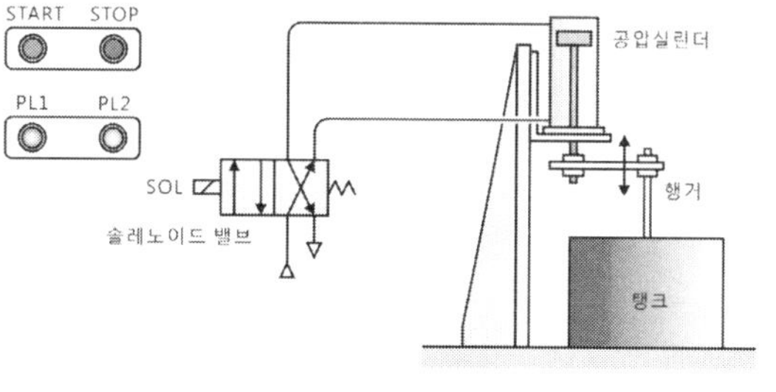

그림 P6.4

05 자동문이 다음과 같이 개폐 제어된다.

① 초음파 센서 S1 또는 S2에 의해서 사람이 감지되면 M_OPEN이 On이 되어 모터가 정회전하여 문이 열린다.

② 문이 완전히 열려 리밋 스위치 LS_OPEN이 On되면 M_OPEN이 Off되어 모터는 정지한다.

③ 초음파 센서 S1 또는 S2에 의해서 사람이 감지되지 않으면 3초 경과 후 M_CLOSE가 On되어 모터가 역회전하여 문이 닫힌다.

④ 초기 상태 ①로 복귀한다.

(1) 플로 차트를 작성하라.

(2) LD를 작성하라.

입·출력	주 소	변수 명	용 도
입력	%IX0.0.0	S1	입구 측 초음파 센서
입력	%IX0.0.1	S2	출구 측 초음파 센서
입력	%IX0.0.2	LS1	문 닫힘 검출 리밋 스위치
입력	%IX0.0.3	LS2	문 열림 검출 리밋 스위치
출력	%QX0.2.0	MOT1	모터 역회전, 문 닫음
출력	%QX0.2.1	MOT2	모터 정회전, 문 열음

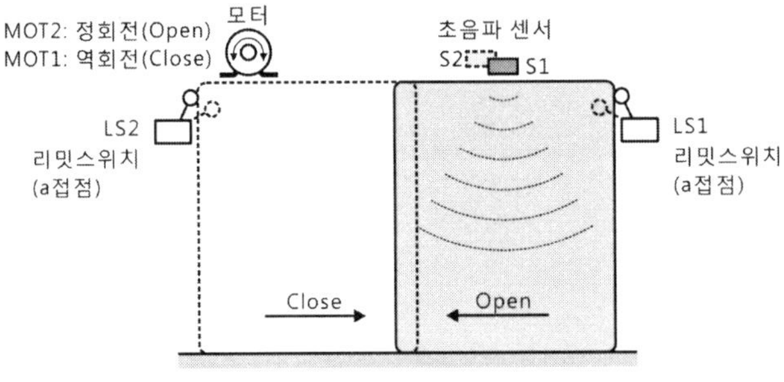

그림 P6.5

06 문제 05에 대해 다음과 같이 동작을 수정한다.

①과 ②는 동일

③ 초음파 센서 S1 또는 S2에 의해서 사람이 감지되지 않으면 3초 경과 후 M_CLOSE가 On되어 모터가 역회전하여 문이 닫힌다(※ 문이 닫히는 과정에서 초음파 센서 S1 또는 S2에 의해서 사람이 감지되면 M_CLOSE가 Off되고 M_OPEN이 On이 되어 문이 열린다).

④ 초기 상태 ①로 복귀한다.

(1) 플로 차트를 작성하라.

(2) LD를 작성하라.

07 제품을 박스에 공급하는 공정은 다음과 같다.

① START를 On하면 박스 운반 컨베이어 모터 MOT1에 의해 컨베이어가 운전되면서 박스가 운반된다.

② 박스 검출 센서인 SEN1이 On되면 MOT1이 Off되어 박스 운반 컨베이어가 정지한다. 이와 동시에 제품 공급 컨베이어 모터 MOT2가 On되어 제품을 박스에 공급한다.

③ 공급되는 제품의 수량은 제품 검출 센서인 SEN1에 의해 검출되고 카운터 C1에 의해 카

운트된다. 제품 5개가 박스에 공급되면 MOT1이 Off되고, MOT2가 On되어 새로운 박스가 컨베이어에 의해 운반된다.

④ STOP이 Off이면 계속 위의 동작을 반복한다. 만일 STOP이 On이면 제품 5개를 박스에 공급 완료하고 초기 상태 ①로 복귀한다.

(1) 플로 차트를 작성하라.

(2) LD를 작성하라.

입 · 출력	주 소	변수 명	용 도
입력	%IX0.0.0	START	시작 스위치
입력	%IX0.0.1	STOP	정지 스위치
입력	%IX0.0.2	SEN1	제품 검출용 포토 센서
입력	%IX0.0.3	SEN2	박스 검출용 포토 센서
출력	%QX0.2.0	MOT1	박스 운반 컨베이어 구동 모터
출력	%QX0.2.1	MOT2	제품 운반 컨베이어 구동 모터

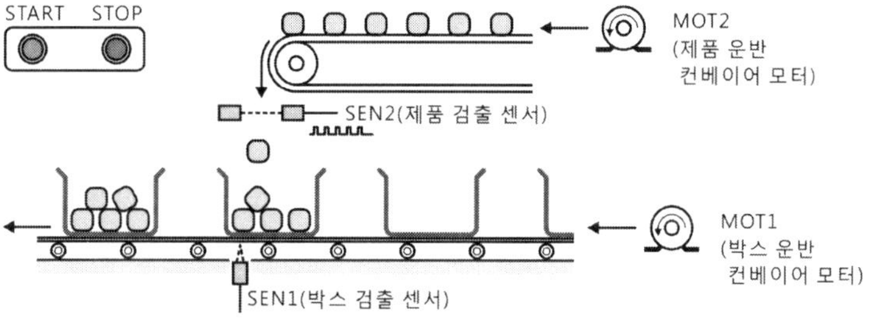

그림 P6.7

APPENDIX

참고문헌

Frank D. Petruzella, *Programmable Logic Controllers 4th Ed.*, McGraw－Hill, 2011.

Karl－Heinz Jone and Michael Tiegelkamp, *IEC61131－3: Programming Industrial Automation Systems*, Springer, 2001.

Kelvin T. Erickson, *Programmable Logic Controllers: An Emphasis on Design and Application 2nd Ed.*, Dogwood Valley Press, 2011.

Hans Kief, Helmut Roschiwal, *CNC Handbook*, McGraw－Hill Professional, 2012.

熊谷英樹, 『シーケンス制御プログラム定石集』, 日刊工業新聞社, 2003.

Anthony Esposito, *Fluid Power with Applications*(번역서), 사이텍미디어, 2004.

GMWIN V4 사용설명서, LS산전, 2013. 2.

XG5000 사용설명서(XGI/XGR용), LS산전, 2014. 2.

XGI/XGR/XEC 명령어집 사용설명서, LS산전, 2013.

XGI CPU 모듈 사용설명서, LS산전, 2014.

XGT Series 위치결정 모듈 사용설명서, LS산전, 2014.

GLOFA GM7U Series 사용설명서, LS산전, 2013.

김영흡, 김중배, 『시퀀스 제어와 PLC』, 북스힐, 2009.

http://www.plcopen.com

INDEX

찾아보기

기초 PLC 제어

2017년 1월 20일 1판 1쇄 인쇄
2017년 1월 25일 1판 1쇄 발행

저 자 ◎ **김 중 배**
발행자 ◎ **조 승 식**
발행처 ◎ (주) 도서출판 **북스힐**
서울시 강북구 한천로 153길 17
등 록 ◎ 제 22-457 호

TEL (02) 994-0071(代)
FAX (02) 994-0073
E-MAIL bookswin@unitel.co.kr
www.bookshill.com

값 15,000원

잘못된 책은 교환해 드립니다.

ISBN 979-11-5971-055-1